RETO U. SCHNEIDER

DAS NEUE BUCH DER VERRÜCKTEN EXPERIMENTE

RETO U. SCHNEIDER

DAS NEUE BUCH DER VERRÜCKTEN EXPERIMENTE

C. Bertelsmann

FSC
Mix
Produktgruppe aus vorbildlich bewirtschafteten Wäldern und anderen kontrollierten Herkünften
Zert.-Nr. SGS-COC-1940
www.fsc.org
© 1996 Forest Stewardship Council

Verlagsgruppe Random House FSC-DEU-0100
Das für dieses Buch verwendete FSC-zertifizierte Papier *Munken Premium* liefert Arctic Paper Munkedals AB, Schweden.

1. Auflage

Umschlaggestaltung: R·M·E Roland Eschlbeck
und Rosemarie Kreuzer, München
Bildredaktion: Dietlinde Orendi
Satz: Uhl + Massopust, Aalen
Druck und Bindung: GGP Media GmbH, Pößneck
Printed in Germany
ISBN 978-3-570-01071-6

www.cbertelsmann.de

Für Regula und Tim

Inhalt

1980

1990

2000

Zeichenerklärung:

☝ Unter verrueckte-experimente.de gibt es Links zu diesem Experiment.

Die kleine Filmrolle weist auf Filmclips hin, die es unter verrueckte-experimente.de zu sehen gibt.

◆ Hinter diesem Symbol findet sich die Hauptquelle für das jeweilige Experiment.

Einleitung

Mit Fortsetzungen erfolgreicher Bücher ist es so eine Sache. Dem ökonomischen Kalkül gehorchend, werden sie so schnell wie möglich auf den Markt geworfen, zusammengeschustert aus Restposten, die es – oft aus guten Gründen – nicht ins erste Buch geschafft haben. Eine Idee, die für ein Buch gedacht war, wird verdünnt in ein zweites gegossen.

Viereinhalb Jahre sind vergangen, seit *Das Buch der verrückten Experimente* erschienen ist. Es entwickelte sich überraschend zum Bestseller, wurde zum »Wissenschaftsbuch des Jahres« gewählt und bisher in sieben Sprachen übersetzt. Dass der zweite Band, der jetzt erscheint, schnell hingeworfen wurde, kann man beim besten Willen nicht behaupten.

Als ich am ersten Buch arbeitete, gab es einen Zeitpunkt, an dem ich entscheiden musste, wie viele Experimente ich noch ins Buch aufnehmen wollte. Ich erinnere mich daran, wie ich an einem Abend etwa eine Woche vor dem Abgabetermin auf einer langen Liste möglicher Experimente jene ankreuzte, auf die ich keinesfalls verzichten wollte, es waren 116 – Platz gab es noch für vier. Beim Buch, das Sie jetzt in Händen halten, ging es mir nicht anders: Viele meiner Lieblinge mussten über die Klinge springen und auf einen späteren Auftritt hoffen. Zu einem Mangel an verwertbarem Material wird es also noch lange nicht kommen.

Noch konsequenter als beim ersten Band habe ich versucht, persönlich mit den Forschern zu sprechen. Dabei bewahrheitete sich mein Eindruck, dass die wirklich interessanten Details nicht in wissenschaftlichen Publikationen zu finden sind.

Hätte ich nicht mit dem Ozeanografen Craig Smith gesprochen, wäre mir entgangen, dass der ersten publizierten Versenkung eines toten Wals zu Forschungszwecken ein nicht publizierter erfolgloser Versuch vorangegangen war, bei dem der Walkadaver einfach nicht untergehen wollte.

Und ich wüsste auch nicht, dass Smith seine Kleider und Taucherausrüstung nach jeder Versenkung wegwerfen muss, weil dem bestialischen Gestank, den sie verbreiten, kein Waschmittel gewachsen war.

Man mag das für unwichtige Details halten, schließlich geht es ums Resultat, doch für mich sind sie die Seele der Wissenschaft: die Sackgassen und Umwege, die glücklichen und unglücklichen Zufälle, über die in der Publikation nichts steht. Sie vermitteln mehr über das Wesen wissenschaftlicher Forschung als die Reden der Nobelpreisträger.

Bei einigen Experimenten in diesem Buch ist denn auch der Weg interessanter als das Ziel. Als James Glasheen untersuchen wollte, wie die Jesusechse übers Wasser geht, war sein größtes Problem, die Echsen in Costa Rica aufzutreiben. Und bei den Warteschlangenexperimenten von Stanley Milgram überraschte nicht so sehr das Ergebnis, sondern die panische Angst seiner Studenten bei ihrer Durchführung.

Oft gestalten sich die Nachforschungen zu den Experimenten wie eine Schatzsuche: Von einer kleinen Notiz in einem vergilbten Buch, über verschiedene Datenbanken und Bibliothekskataloge zur ursprünglichen Facharbeit und von dort nach mehreren Telefonanrufen zu einem pensionierten Forscher, der darüber staunt, dass sich noch jemand für sein Experiment interessiert.

Wenn es nach mir geht, werde ich diese befriedigende Arbeit noch lange weiterführen.

Zürich, im März 2009
Reto U. Schneider

1654 Der leere Raum im Bierfass

Im Mai 1991 bewegte sich ein seltsamer kleiner Konvoi von Magdeburg in Richtung Schweiz: ein Lieferwagen mit einem kleinen Hebekran, schweren Eisenketten, einer Vakuumpumpe und mehreren merkwürdigen Halbkugeln, die größten einen halben Meter im Durchmesser und 290 Kilogramm schwer. Zum Begleitpersonal des tonnenschweren Materials gehörten vier Schauspieler mit ihrem Gepäck: Gehröcken, Kniebundhosen, Schnallenschuhen, Perücken, Filzhüten und einem falschen Schnauzbart.

Der Anführer des Transports, Manfred Tröger, saß im Begleitwagen und hoffte, dass es in den nächsten Tagen keinen Regen geben würde. Nicht, dass er fürchtete, nass zu werden, vielmehr machte ihm der sinkende Luftdruck Sorgen, denn mit ihm verringerte sich auch die Chance für ein Gelingen des Experiments. Selbst bei Hochdruck war die Schweiz kein einfaches Terrain. Zürich, wohin die Reise führte, liegt 400 Meter über Meer, und der Luftdruck dort ist schon deshalb erheblich niedriger als an den meisten Orten Deutschlands, die Tröger und sein Trupp bereits aufgesucht hatten.

Manfred Tröger reiste in seiner Funktion als Geschäftsführer der Guericke-Gesellschaft von Magdeburg in die Schweiz. Er war eingeladen worden, an der Schweizer Forschungsausstellung »Heureka« in Zürich vorzuführen, was der gelehrte Magdeburger Bürgermeister Otto von Guericke bereits Mitte des 17. Jahrhunderts einem erlauchten Publikum demonstriert hatte.

Kupferstich des berühmten Magdeburger Versuchs: 20 Pferde versuchen die evakuierten Halbkugeln auseinanderzureißen. Neue Erkenntnisse brachte dieser Versuch zwar nicht, aber er machte seinen Erfinder berühmt.

Der Versuch mit den Magdeburger Halbkugeln ist eines der wenigen wissenschaftlichen Experimente, das mehrfach auf Briefmarken dargestellt wurde.

Otto von Guericke wurde 1646 einer der vier Bürgermeister von Magdeburg. Im selben Jahr erfuhr der wissenschaftlich interessierte Politiker, der auch als Festungsbauingenieur gearbeitet hatte, vom Buch *Principia philosophiae*, in dem René Descartes die Existenz eines Vakuums bestritt. Der französische Gelehrte setzte Raum mit Materie gleich und folgerte daraus, dass überall, wo Raum sei, auch Materie sein müsse. Ein Raum ohne Materie – ein Vakuum – war unmöglich. Diese These hatte auch schon Aristoteles aufgestellt, indem er den horror vacui postulierte: die Abneigung der Natur gegen die Leere.

Guericke war das zu viel des Philosophierens. Warum nicht einfach überprüfen, ob es ein Vakuum gibt, indem man eines herzustellen versucht? Dieser aus heutiger Sicht naheliegende Gedanke war im 17. Jahrhundert nicht selbstverständlich. Einerseits hatte die katholische Kirche den Glauben an die Existenz des Vakuums als Ketzerei verdammt, andererseits hatte die Wissenschaft erst kurz zuvor Experimente als Mittel des Erkenntnisgewinns entdeckt. Die alten Griechen, auf die sich viele Gelehrte immer noch beriefen, hatten Experimente rundweg abgelehnt. Ihre Vermutungen über die Welt gründeten sich auf Beobachtungen und Überlegungen.

Guericke hingegen war ein Mann der Tat. Er dichtete ein Bierfass ab, füllte es mit Wasser und ließ es mit einer umgebauten Feuerspritze leer pumpen. Die Idee war bestechend einfach: Wenn das Wasser draußen ist, wird es »hinter sich im Fass einen von Luft leeren Raum zurücklassen«, wie Guericke in seinem Buch *Neue Magdeburger Versuche* schrieb. Doch der Versuch verlief nicht nach Plan: Zuerst brachen Ösen und Schrauben, und Guericke musste das Fass verstärken, dann vermochten »drei starke Männer« das Wasser zwar herauszupumpen, aber ein zischendes Geräusch verriet, dass durch schmale Ritzen gleich wieder Luft in das Fass eindrang. Also tauchte Guericke das Fass ganz unter Wasser. Als er glaubte, alles Wasser aus dem Fass gepumpt zu haben, öffnete er es – und fand Wasser und Luft darin. Offenbar hatte das Wasser das Holz von außen nach innen durchdrungen und dabei auch noch Luftbläschen mitbefördert, die darin eingeschlossen waren.

Damit schied Holz für weitere Versuche definitiv aus.

Guericke ließ eine Kupferkugel herstellen, die aber beim ersten Versuch, sie auszupumpen, »mit einem lauten Knall und zu allgemeinem Schrecken so zusammengedrückt ward, wie man ein Leintuch in der Hand zerknüllt«. Hatte Descartes doch recht? Herrschte in der Natur tatsächlich eine Furcht vor dem Vakuum? Guericke glaubte, dass eher ein nachlässiger Handwerker für die kaputte Kupferkugel verantwortlich sei. Mit einer dickwandigeren Kugel klappte es tatsächlich. »Es gibt in der Natur keine Scheu vor dem Leeren, sondern alle diesbezüglichen Erscheinungen werden durch die Schwere der umgebenden Luftmassen bedingt«, schrieb Guericke.

Die Tatsache, dass Luft ein Gewicht hat, war zwar schon damals allgemein bekannt, doch die meisten Menschen machen sich bis heute keine Vorstellung davon, was das wirklich bedeutet. 1 Liter Luft wiegt etwa 1 Gramm. Die Luft in Ihrem Wohnzimmer dürfte also etwa 100 Kilogramm schwer sein. Das Gewicht der Luftsäule, die über jedem Quadratzentimeter Ihres Kopfes fast bis in den Weltraum reicht, beträgt ungefähr 1 Kilogramm. Auf einer Fläche von 10 mal 10 Zentimetern, die bequem auf Ihrem Kopf Platz findet, lasten also 100 Kilogramm Luft.

Wir leben auf dem Grund eines Ozeans aus Luft. Dass uns dessen enormes Gewicht nicht zerquetscht – wir merken noch nicht einmal etwas davon –, hat zwei Gründe: Erstens verhält sich Luft wie eine Flüssigkeit und übt von allen Seiten gleich hohen Druck aus; zweitens besteht der Körper des Menschen – bis auf wenige Stellen, die Luft enthalten – aus Stoffen, die nicht komprimierbar sind. Und bei den Stellen mit der Luft (zum Beispiel im Trommelfell) wird dafür gesorgt, dass innen und außen immer der gleiche Druck herrscht.

Guericke verbesserte seine Pumpe und fand dabei heraus, dass er die Luft auch direkt aus Gefäßen pumpen konnte. 1654 führte er einige seiner Versuche auf dem Reichstag zu Regensburg öffentlich vor. Wäre es dabei geblieben, so würde Manfred Tröger 350 Jahre später wohl kaum mit seiner Vakuum-Show durch die Lande tingeln. Richtig berühmt wurde Guericke nämlich erst mit einem Versuch, der zwar keine neue wissenschaftliche Erkenntnis erbrachte, der aber ein Schauspiel bot, wie man es noch nie erlebt hatte.

Der Versuch wurde auf mehreren Gedenkmünzen wiedergegeben.

Es war dieser wahrscheinlich 1657 zum ersten Mal durchgeführte Versuch, der später auf Briefmarken und Geldnoten gedruckt wurde, der als Denkmal in Magdeburg steht und mit dem Tröger im Jahr 2006 auch in Nashville/Tennessee aufgetreten ist. Selbst im Firmenzeichen des Jeansherstellers Levi Strauss hinterließ das Experiment seine Spuren: In Anlehnung an zeitgenössische Darstellungen von Guerickes sensationellen Vorführungen zeigt es zwei Pferde im vergeblichen Bemühen, eine dieser unverwüstlichen »Levi's« zu zerreißen. Um das Gewicht der Luft spektakulär zu veranschaulichen, ließ Guericke zwei Halbkugeln von 39 Zentimeter Durchmesser aus Kupfer herstellen. »Wenn ich diese aufeinanderlege und die Luft auspumpe, werden sie vom Gewicht der äußeren Luft so kräftig zusammengepresst gehalten, dass sechs starke Männer sie nicht auseinanderzureißen vermögen«, schrieb er. Als Nächstes spannte er seine vier Pferde vor – zwei auf jeder Seite – und ließ die Tiere ziehen. Nichts geschah. Guericke spannte acht Pferde an. Die rissen zwar die Lötungen ab und zerbrachen die Eisenringe, schafften es aber nicht, die Halbkugeln zu trennen.

Guericke ließ alles »doppelt so stark verfertigen« und zwölf Pferde ziehen, dann sechzehn. Erst jetzt gelang es hin und wieder, die Halbkugeln zu trennen. Guericke ließ noch größere Halbkugeln anfertigen (55 Zentimeter Durchmesser, 2 Zentimeter Wandstärke), an denen sich 24 Pferde vergeblich abmühten. Doch wenn ein Kind den Hahn an der einen Halbkugel öffnete, sodass Luft einströmen konnte, fiel die Kugel ohne weitere Kraftanstrengung auseinander.

Die bei den Experimenten verwendeten Magdeburger Halbkugeln sind heute im Deutschen Museum in München

Im Jahr 2002 hat Magdeburg ein neues Denkmal zu Guerickes Versuch erhalten.

ausgestellt. Zum Gedenken des 250. Todestages von Guericke im Jahr 1936 gossen die Krupp-Werke zwei neue Halbkugelpaare aus Stahl, mit denen die Versuche in ebendiesem Jahr erstmals in neuerer Zeit wiederholt wurden.

Diese Halbkugeln lagen im Lieferwagen, als Manfred Tröger in Zürich ankam. Die Pferde für den Versuch stellte die Brauerei Hürlimann zur Verfügung. Die Schauspieler kleideten sich in historische Gewänder, einer klebte sich den Schnauzbart ins Gesicht: So ähnlich hatte Guericke ausgesehen. Die Halbkugeln wurden mit einer Gummidichtung dazwischen aufeinandergelegt und leer gepumpt. Mit der elektrischen Vakuumpumpe war hierzu gerade mal eine halbe Stunde erforderlich. Von Hand hatte das zu Guerickes Zeiten acht Stunden gedauert.

Das Firmenzeichen von Levi's-Jeans lehnt sich an die historischen Darstellungen von Guerickes Versuch an.

Nachdem die Pumpe 99 Prozent der Luft aus der Kugel entfernt hatte, wurden die Pferde angespannt, zuerst vier, dann acht, zwölf, schließlich sechzehn. Und als dann die Fuhrleute ihre Tiere – Brabanter, mächtige belgische Kaltblüter – antrieben, geschah es: Mit einem lauten Knall trennten sich die Halbkugeln. Die kraftvollen Pferde, die Höhenlage Zürichs, der niedrige Luftdruck hatten sich im Kampf gegen das Vakuum zusammengetan. »Zudem haben die Kutscher am Abend noch heimlich trainiert«, sagt Tröger. Das Experiment war trotzdem nicht misslungen. Auch zu Guerickes Zeiten hatten die Pferde hin und wieder die Halbkugeln auseinanderreißen können. Guericke ging es ja gerade darum, zu zeigen, dass der Luftdruck zwar groß, aber nicht unendlich groß ist. Drei- bis sechsmal wird die Guericke-Show pro Jahr gebucht. In einer modernen Version versuchen dabei Motorschiffe die Kugeln auf dem Wasser auseinanderzureißen.

Magdeburger Halb & Halb ist wohl der einzige Schnaps mit einem wissenschaftlichen Experiment auf dem Etikett.

Spätere Experimente anderer Forscher bestätigten, dass es nicht das Vakuum war, das eine Saugkraft ausübte, wie man lange glaubte, sondern dass sich alle Effekte mit dem Gewicht der Atmosphäre erklären ließen.

Wer beispielsweise einen Strohhalm in ein mit Wasser

gefülltes Glas steckt und dann an dem Halm saugt, zieht nicht das Wasser hoch, sondern senkt den Luftdruck im Strohhalm, worauf die Luft mit ihrem Gewicht das Wasser im Strohhalm emporddrückt. Auch ein Staubsauger saugt nicht etwa Staub, wie sein Name vorgibt, sondern pumpt am Schlauchende Luft weg, was dort den Luftdruck senkt. Der Staub wird dann vom Gewicht der umgebenden Luft in den Schlauch gedrückt – auch wenn das unserer Intuition gründlich zuwiderläuft.

verrueckte-experimente.de

◆ von Guericke, O. (1672). *Experimenta nova (ut vocantur) Magdeburgica de vacuo spatio*. Amsterdam, Janssonium à Waesberge.

1747 **Killer an Bord**

Am 20. Mai 1747 suchte sich der Schiffsarzt James Lind an Bord der »Salisbury« für ein Experiment ein Dutzend Männer aus, die »so ähnlich waren, wie ich sie zusammenbekommen konnte«. Mit »ähnlich« meinte Lind »ähnlich krank«: Allen zwölf faulte das Zahnfleisch, schmerzten die Gelenke, blutete spontan die Haut. Zudem waren sie schwach und apathisch – typische Anzeichen für Skorbut. Sie dürften deshalb wenig begeistert gewesen sein von Linds Plan, sie während der folgenden vierzehn Tage seltsamen Behandlungen auszusetzen. Die »Salisbury« war wie die anderen Schiffe der britischen Kanalflotte im Ärmelkanal im Einsatz. In der Enge des 45 Meter langen, mit 50 Kanonen bewaffneten Schiffs taten 350 Männer Dienst. Die Arbeit an Bord war hart und gefährlich, die hygienischen Verhältnisse waren prekär, die Quartiere kalt und feucht, die Verpflegung oft verdorben und mit Rattenkot durchsetzt. Auf der »Salisbury« gab es morgens üblicherweise gezuckerten, wässrigen Haferschleim zu essen, mittags häufig Hammelbrühe, sonst Wurst oder Teigauflauf, gekochten Zwieback mit Zucker, abends Graupen mit Rosinen, Reis mit Johannisbeeren, Sago mit Wein. Diese Mahlzeiten wurden zubereitet von einem Schiffskoch, dessen einzige Qualifikation häufig darin bestand, dass er für keine andere Tätigkeit an Bord taugte.

Die HMS »Salisbury« hatte schon einige Wochen in keinem Hafen mehr angelegt, und wie immer in einem solchen Fall begannen die meisten der Seeleute an Skorbut zu leiden, 80 unter ihnen so schwer, dass sie ihre Arbeit nicht mehr verrichten konnten.

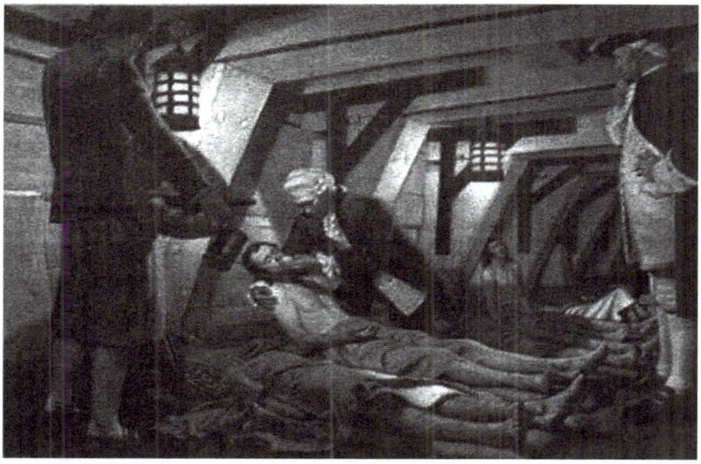

Der Schiffsarzt James Lind untersuchte sechs Mittel gegen Skorbut. Sein Versuch im feuchten Krankenlager der HMS »Salisbury« wurde zum Vorbild für moderne Medikamentenstudien.

Lind hatte sieben Jahre als Gehilfe eines Schiffsarztes gedient, bevor er auf der »Salisbury« selber einen solchen Posten bekam. Der Anblick der von Skorbut ausgezehrten Körper muss ihm vertraut gewesen sein. Auf längeren Fahrten war das geheimnisvolle Leiden der große Killer, schlimmer als tropische Krankheiten, Unfälle und Seeschlachten zusammen.

Lind kannte auch alle vermeintlichen Mittel gegen Skorbut und kam als Erster auf die Idee, einige davon systematisch zu testen. Er teilte die Männer in sechs Zweiergruppen auf, ließ ihre Hängematten in einem gesonderten Raum anbringen und behandelte für zwei Wochen jede Gruppe anders: Vier mussten zu ihrer normalen Verpflegung Apfelwein, Essig, verdünnte Schwefelsäure oder Meerwasser trinken. Eine bekam ein damals gebräuchliches Gemisch aus Knoblauch, Senfkörnern, Perubalsam und Harz des Balsambaums verabreicht, und die Männer der sechsten Gruppe aßen täglich zwei Orangen und eine Zitrone.

Es gab viele Vermutungen darüber, was die Krankheit verursachte: die schlechte Luft an Bord, Ratten, eine Leberinfektion, zu stark gesalzene Nahrung, zu heißes Wetter, zu kaltes Wetter. Und es gab ebenso viele Mittel dagegen, doch bei keinem war eine Wirkung wirklich nachgewiesen worden.

Das Resultat von Linds Versuch hätte klarer nicht sein können: Obwohl der Vorrat an Orangen und Zitronen schon nach sechs Tagen ausging, erholten sich die zwei Männer dieser Gruppe fast völlig. Von den anderen Mitteln zeigte nur der Apfelwein geringe Wirkung. Die übrigen schienen nutzlos zu sein.

Es dauerte sechs Jahre, bis Lind diese Resultate in seinem Werk *Treatise on the Scurvy* veröffentlichte. Seine umfassenden Recherchen zum seinerzeitigen Wissen über Skorbut ließen den geplanten Fachartikel zu einem 400-seitigen Buch anschwellen. Lind hielt darin nicht mit Kritik an den absurden Ideen seiner Kollegen über Skorbut zurück. Er war der Meinung, dass eine Theorie nur dann akzeptiert werden darf, wenn sie belegt werden kann. Diese Forderung scheint aus heutiger Sicht selbstverständlich, doch damals hatte eine auch noch so verschrobene Theorie aus dem Mund eines bedeutenden Mediziners mehr Gewicht als das Resultat eines Versuchs. Auch Lind selbst konnte in *Treatise on the Scurvy* nicht widerstehen, ein wirres Gedankengebäude über die Gründe für Skorbut zu entwerfen, das dem Resultat seines eigenen Experiments widersprach. Immerhin gelangte er zu der eindeutigen Erkenntnis: »Orangen und Zitronen sind die wirkungsvollsten Heilmittel für diese Krankheit auf See.«

Wie Stephen R. Bown in seinem Buch *The Age of Scurvy* schreibt, dauerte es trotz dieser klaren Aussage noch 48 Jahre, bis die britische Marine Zitronensaft zur Prävention einsetzte und damit Skorbut auf ihren Schiffen praktisch zum Verschwinden brachte. Diese Verzögerung hatte viele Gründe. Einer bestand darin, dass Lind nicht der Einzige war, der glaubte, ein Heilmittel gegen Skorbut gefunden zu haben. Die Admiralität erhielt viele Berichte anderer Kapitäne und Ärzte, die überzeugt davon waren, dass zum Beispiel Malzwürze oder Skorbutgras das Mittel der Wahl sei. Lind stand auch vor dem Problem, dass er nun zwar die Effizienz von Orangen und Zitronen gegen Skorbut kannte, er aber keinen Schimmer hatte, warum sie das taten. Er wäre niemals darauf gekommen, dass Skorbut eine Mangelerkrankung ist.

Heute wissen wir, dass der Körper ohne Vitamin C kein funktionstüchtiges Kollagen produzieren kann. Fast alle Symptome von Skorbut gehen darauf zurück, dass dem Körper der Leim fehlt, der ihn zusammenhält.

Dass das Fehlen eines Nährstoffs in der Nahrung eine Krankheit auslösen kann, war damals undenkbar. Erst mit der Entdeckung des ersten Vitamins Anfang des 20. Jahrhunderts begannen Wissenschafter, Mangelerkrankungen zu erforschen.

James Lind auf einer Briefmarke der Transkei (heute zu Südafrika gehörig) aus dem Jahr 1993.

Doch es waren nicht nur wissenschaftliche Gründe, die den Durchbruch von Linds Erkenntnissen verhinderten. Die Marine hatte lange Zeit gar kein Interesse daran, die Gesundheit auf den Schiffen zu verbessern. Erst als sich bei Zählungen herausstellte, dass einer von sieben Seeleuten an Skorbut starb und die Flotte dadurch dramatisch an Leistungsfähigkeit und Kampfkraft verlor, bekam die Behandlung von Skorbut eine höhere Priorität.

Und dann gab es noch ein ganz praktisches Problem: Zitronen und Orangen waren teuer und für lange Fahrten schlecht konservierbar. Lind versuchte deshalb ein Konzentrat herzustellen, das sich einfacher mitnehmen und verabreichen ließ. Er konnte nicht wissen, dass Wärme bei der Herstellung des Konzentrats das Vitamin C weitgehend zerstört. Hätte er sich an den Grundsatz aus seinem eigenen Buch gehalten, »keine Maßnahme vorzuschlagen, die nur in der Theorie begründet war, sondern sie in der Praxis zu überprüfen«, so wäre ihm dieses Problem nicht entgangen. Aber Lind hat, soviel wir wissen, keine weiteren systematischen Studien mehr betrieben.

Vielmehr begann er an den Erkenntnissen aus seinem Experiment zu zweifeln. In der dritten Auflage des *Treatise on the Scurvy* empfahl er unter anderem Stachelbeeren und Bier als Heilmittel gegen Skorbut, ohne ihre Wirksamkeit überprüft zu haben. Am Ende seines Lebens war Lind nicht viel weiter als vor seinen Experimenten. Er starb 1794, ein Jahr vor der Einführung von Zitronensaft gegen Skorbut in der britischen Marine, die von anderen vorangetrieben wurde.

Doch seine Vorgehensweise wurde später zum Standard bei medizinischen Studien. Um alle anderen Einflüsse auszuschalten, teilt man die Versuchspersonen in möglichst ähnliche Gruppen auf, die man unterschiedlich behandelt. Heutige Medikamententests werden zudem doppelblind durchgeführt: Patient und Arzt erfahren erst nach der Studie, welche Substanz sie genommen beziehungsweise verabreicht haben. So wird verhindert, dass allein das Wissen, ein bestimmtes Medikament bekommen zu haben, eine Wirkung zeigt.

Anfang des 19. Jahrhunderts hatte sich Zitronensaft als Prävention gegen Skorbut durchgesetzt. Die königliche Marine verbrauchte 200 000 Liter pro Jahr. An Bord lagerte der Saft in Fässern unter einer Schicht Olivenöl. Frische Zitronen wurden gesalzen und in Papier eingewickelt. Später ersetzte die Marine Zitronen durch Limonen, weil Limonenplantagen in den englischen Kolonien unter eigener Kontrolle waren. Daher rührt der Slangausdruck »Limeys« für englische Seeleute und später für Briten überhaupt.

Was wirklich hinter Skorbut steckt, entdeckten Forscher erst Anfang des 20. Jahrhunderts. Meerschweinchen, die bloß Getreide zu fressen bekamen, entwickelten skorbutähnliche Symptome, die wieder verschwanden, sobald man ihnen Früchte und Gemüse gab. Es war ein glücklicher Zufall, dass die Forscher Meerschweinchen für ihre Experimente benutzten. Sie gehören mit den Fledermäusen, einigen Affenarten und dem Menschen zu den wenigen Lebewesen, die Vitamin C im Körper nicht selbst produzieren können.

1932 isolierte der ungarische Chemiker Albert Szent-Györgyi schließlich Vitamin C. Es wird auch Askorbinsäure genannt – Askorbin von »antiskorbutisch«.

◆ Lind, J. (1753). *A treatise of the scurvy*. London, Printed for S. Crowder.

1752 **Eine Blitzidee**

Kein Experiment hat je eine steilere Karriere gemacht. Am 19. Oktober 1752 veröffentlichte die *Pennsylvania Gazette* einen Brief von Benjamin Franklin, in dem er beschrieb, wie er während eines Gewitters einen Drachen steigen ließ.

Kurze Zeit später war das »mutigste Experiment, das je ein Mensch gemacht hat« – so die Einschätzung eines Zeitgenossen – in aller Munde. Der Philosoph Immanuel Kant nannte Franklin einen »modernen Prometheus«. Der Ver-

Die berühmteste von vielen Darstellungen des Blitzexperiments: das Kalenderblatt von Currier & Ives. Wenn Franklin die Leine wie im Bild gehalten hätte, hätte er den Versuch kaum überlebt. Es gibt Zweifel daran, ob er den Versuch je durchgeführt hat.

such wird heute an runden Jahrestagen gefeiert, Franklin mit Drachen gibt es als Kalenderblatt, im Schulbuch, auf Briefmarke. Da ist nur ein Problem: Vielleicht hat Franklin den Versuch nie durchgeführt.

Franklin war ein brillanter Wissenschaftler. Eines seiner vielen Interessen galt der Elektrizität. Ohne Kenntnisse über die Natur der Elektronen – sie wurden erst viel später entdeckt – stellte er sich Elektrizität korrekt als eine Art unsichtbare Flüssigkeit vor, die vom Ort höherer zum Ort tieferer Ladung fließt.

Wissenschaft im Kinderzimmer: Der Benjamin-Franklin-Schlumpf mit Drachen.

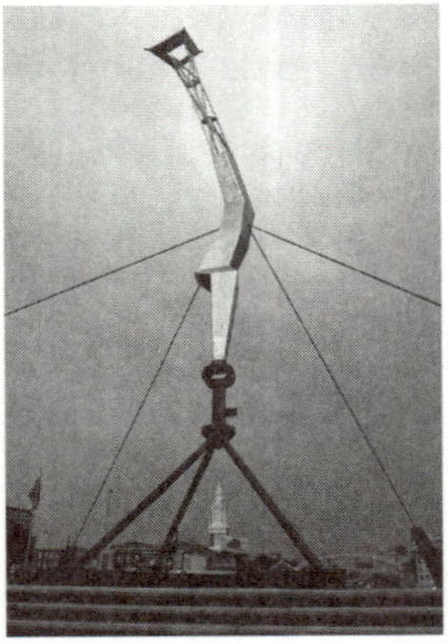

Das Blitzexperiment als Denkmal das Künstlers Isamu Noguchi in Philadelphia (eingeweiht 1984).

Der Drachenversuch drehte sich um die Frage, ob Gewitterblitze eine Form elektrischer Entladung seien. Franklin war ihre Ähnlichkeit mit den Funken, die man mit den einfachen Elektrisierungsmaschinen jener Zeit erzeugen konnte, aufgefallen. Um zu beweisen, dass sie ein und dasselbe waren, musste er den Blitz an einen Ort leiten, wo er ihn untersuchen konnte. 1749 schlug er vor, eine 20 bis 30 Fuß (etwa 6,50 bis 9,50 Meter) hohe Eisenstange – einen Blitzableiter – zu errichten, an deren unterem Ende man die abgeleitete Elektrizität abzapfen könnte. Kurze Zeit später soll er auf eine einfachere Lösung gekommen sein: den Drachen.

Franklin schilderte in der *Pennsylvania Gazette*, wie er den Drachen aus Zedernholzleisten und einem Seidentuch baute, einen Eisendraht an der Spitze befestigte und das Fluggerät mit einer langen Hanfleine versah. An das untere Ende der Leine hängte er einen Schlüssel und knüpfte als Isolation ein kurzes Seidenband daran, an dem er den Drachen aus einem Fenster einer Hütte herausfliegen ließ. Auf diese Weise blieb das Seidenband im Trockenen und verlor seine Eignung als Isolation nicht.

Was immer es war, was dann die Leine entlang vom Himmel strömte – laut Franklin erzeugte es Funken, wenn er einen Finger dem Schlüssel näherte, und er konnte es in eine Leidener Flasche leiten, der damals üblichen Vorrichtung, um elektrische Ladung zu speichern. Diese Ladung konnte für elektrische Experimente verwendet werden, und damit, so Franklin, sei »die Gleichheit von elektrischem Stoff mit dem von Blitzen zweifelsfrei nachgewiesen«.

»Und was nun, Mister Genie?« – Eine von vielen Karikaturen über das Blitzexperiment.

Anders als es in vielen Darstellungen wiedergegeben wird, ist kein Blitz in den Drachen eingeschlagen – das hätten weder der Drachen noch Franklin überlebt. Aber Franklin nahm richtig an, dass die vom Himmel abgeleitete Elektrizität dieselbe war, die zu Blitzen führte.

Schon bald nach Bekanntwerden von Franklins Heldentat wurden Zweifel laut. Der Brief in der *Pennsylvania Gazette* enthielt weder Angaben zum Ort noch zum

Datum des Experiments und nannte auch keine Zeugen. Erst 14 Jahre später konnte man einer indirekten Quelle entnehmen, dass es im Juni 1752 durchgeführt worden sein soll und dass Franklins Sohn William dabei gewesen sei. Warum hat Franklin vier Monate mit der Publikation gewartet? Warum hat er nicht, wie damals üblich, mehr Zuschauer eingeladen? Warum hat er das Experiment nie wiederholt?

Auf Fragen wie diese versuchen Historiker seit Jahrzehnten eine schlüssige Antwort zu finden. Die einen halten Franklin die Stange, die anderen sind der Meinung, es gebe einfach zu viele Ungereimtheiten. Diese These vertritt auch Tom Tucker in seinem Buch *Bolt of Fame* (etwa: »Blitzstrahl des Ruhms«).

Tucker konnte den bereits bekannten Indizien noch weitere hinzufügen, die für einen Betrug sprechen. Dazu gehört auch der Schlüssel: Ein Hausschlüssel des 18. Jahrhunderts wog ein Viertelpfund. Tucker hat mit einem Nachbau des Drachens versucht, dieses Gewicht in die Luft zu befördern – ohne Erfolg.

Damit hatte offensichtlich auch der Zeichner des bekannten Kalenderblatts von Currier & Ives Probleme. Franklin hält die Hanfleine dort mit der rechten Hand vor dem Schlüssel und dem isolierenden Seidenband, was keinen Sinn ergibt, da die Elektrizität dann sofort über ihn abflösse.

Tucker versuchte später, das Gewicht mit einem modernen Drachen nach oben zu bekommen. Seine Frau hielt einen großen Bilderrahmen als Modell für das Fenster. Als Tucker sich an die unmögliche zu lösende Aufgabe machte, das Ende der Leine mit dem Gewicht im Trockenen zu halten, ohne dass die Drachenleine den Bilderrahmen berührte, sei ihm klar geworden: Franklin hat das Experiment nie durchgeführt.

Franklins Blitzexperiment als Briefmarkenmotiv.

verrueckte-experimente.de

◆ Franklin, B. (19. Oktober 1752). The Kite Experiment. *The Pennsylvania Gazette.*

1758 **Olivenöl gegen die »Wuth der Wogen«**

Warum bloß hat Benjamin Franklin die Rechnung nicht gemacht? Sie wäre ganz einfach gewesen, und ihr Resultat hätte einem Experiment zu historischer Größe verholfen. So blieb es ein kurioser Trick, mit dem er zwar regelmäßig

Clapham Pond um 1825. Vor 250 Jahren goss Benjamin Franklin einen Teelöffel Öl in diesen Teich – mit überraschenden Folgen für Seefahrer und Biologen.

seine Freunde verblüffte, der es aber nur zur Fußnote in der Wissenschaftsgeschichte brachte.

Als er 1757 mit einem Schiffskonvoi von New York nach London reiste, fiel Franklin auf, dass bei zwei Schiffen das Kielwasser merkwürdig ruhig war. Der Kapitän war darüber nicht erstaunt. »Die Köche haben wohl eben fettiges Wasser durch das Speigatt geleert. Das hat diese Seite des Schiffs etwas eingefettet.« Franklin erinnerte sich nun dumpf daran, dass schon der römische Gelehrte Plinius der Ältere vom Brauch der Seeleute schrieb, Wellen mit Öl zu glätten, und beschloss, es bei Gelegenheit selbst zu versuchen.

Irgendwann im nächsten Jahr ging er bei starkem Wind zum Teich von Clapham bei London und goss Olivenöl ins Wasser. »Das Öl, obwohl nicht mehr als ein Teelöffel voll, bewirkte sofortige Stille«, schrieb Franklin später. Es breitete sich sehr schnell aus, erreichte bald die andere Seite und machte ein Viertel des Gewässers, »vielleicht einen halben Acre, so glatt wie einen Spiegel«. Von da an hatte Franklin in einem Hohlraum seines Gehstocks immer ein bisschen Öl dabei und wiederholte seinen Versuch in anderen Gewässern.

Ließ sich der Effekt auch in der Seefahrt nutzen? Konnte Öl auf dem Wasser das Landen in einer Bucht bei schwerer See erleichtern? Im Oktober 1773 machte Franklin in Portsmouth den Test: Von einem Schiff aus, das vor der Küste kreuzte, gossen Helfer stetig kleine Mengen Öl ins

Wasser. Dadurch verschwanden zwar die weißen Schaumkronen auf den Wellen, doch zu Franklins Enttäuschung konnte er keinen Unterschied in der Stärke der Dünung feststellen.

Der französische Gelehrte M. Achard wollte es genau wissen und baute kurze Zeit später in seinem Labor eine vier mal ein Meter große Wanne, in der sich über eine Kurbel Wellen erzeugen ließen. Er setzte ein Schiffchen in die Wanne und beobachtete, wie lange es dauerte, bis es bei hohem Wellengang kenterte. Ohne Öl auf der Wasseroberfläche sank es nach 30 Kurbelumdrehungen, mit Öl nach 35. Dieser kleine Unterschied und weitere Versuche mit uneindeutigem Resultat überzeugten Achard jedoch nicht. Er vermutete, dass »die Seeleute in ihren Erzählungen stark übertrieben haben«. Achard hatte in seinen Experimenten eine wichtige Komponente vernachlässigt: den Wind.

Die Legende vom Öl gegen hohen Wellengang hielt sich hartnäckig. Ein holländischer Kapitän soll während eines Sturms mit Öl die »Wuth der Wogen« geglättet haben, und ein anderer Seemann hatte angeblich bereits 1735 beobachtet, wie zwei mit Olivenöl beladene Schiffe, die bei einem Sturm geringe Mengen davon verloren, auf ruhigerer See weiterfuhren. Es gab sogar ein altes Seegesetz, demzufolge Öl als Erstes an der Reihe sei, wenn bei Sturm die Ladung über Bord geworfen werden müsse.

1882 ließ der Schotte John Shields im Hafen von Peter-

Ein späteres, nicht von Franklin durchgeführtes Experiment in der Nordsee (1776). B gibt die Windrichtung an, C die Wasserströmung. Das Öl wurde hinter dem Schiff ins Wasser geleert (Buchstaben E D F).

head Röhren legen, die kontinuierlich Öl ins Wasser abgaben. Ein Test schien zwar erfolgreich, doch waren die Mengen Öl, die bei einem Sturm nötig gewesen wären, wohl etwas groß und die technischen Schwierigkeiten beträchtlich. Nach einem weiteren Versuch in Aberdeen verlief die Sache im Sand.

Einfacher und billiger waren mit ölgetränktem Hanf gefüllte Segeltuchsäcke, die je nach Windrichtung an Bug oder Heck über Bord gehängt wurden. Noch in den 1960er-Jahren galt für deutsche Schiffe die Vorschrift, »Wellenberuhigungsöl« mitzuführen. Tierische Öle seien wirksamer als Pflanzenöle und diese besser als mineralische. Das Öl sollte verhindern, dass Wasser in die Rettungsboote schwappte. Weil diese heute oft geschlossen sind und keine Einigkeit über die Wirkung der Maßnahme herrschte, wurde die Vorschrift aufgehoben. Aber es soll immer noch Rettungsboote mit einem kleinen Ölkanister an Bord geben.

Dass ein Ölfilm Wellen tatsächlich dämpfen kann, zeigten Experimente unter der Leitung von Heinrich Hühnerfuß von der Universität Hamburg in den 1970er-Jahren. Im Bereich eines zweieinhalb Quadratkilometer großen Ölfilms, der in der Nordsee ausgebracht wurde, verringerte sich die Höhe größerer Wellen um zehn Prozent.

Warum das so ist, konnten Wissenschafter bereits Ende des 19. Jahrhunderts erklären: Das Öl bildet auf der Oberfläche einen zähen, teilweise elastischen Film. Der Wind, der die Wellen erzeugt, verliert Energie, wenn er diesen Film und mit ihm das darunter liegende Wasser bewegt. So wird die Entstehung kleinerer Wellen unterbunden, was über eine Kettenreaktion auch größere abschwächt.

Bei seinem Versuch fiel Franklin neben der Wellendämpfung auch »... die plötzliche, weitreichende und heftige Ausbreitung« eines Tropfens Öl auf dem Wasser auf. Er beobachtete, dass der Ölfilm so dünn wurde, dass er schließlich unsichtbar war, und vermutete dahinter eine Art Abstoßung des Öls. Obwohl das nicht stimmte, hätte eine einfache Überlegung zu diesem Phänomen ihm die Antwort auf eine der großen Fragen der Zeit geben können.

Damals herrschte bereits Einigkeit darüber, dass Materie aus Teilchen besteht. Doch niemand wusste, wie groß diese Teilchen waren. Franklin hätte lediglich zu der plausiblen Annahme gelangen müssen, dass die schnelle Ausbreitung des Öls erst dann zum Stillstand kommt, wenn der dünne Film nicht mehr dünner werden kann, wenn er also genau ein Molekül dick ist, und das Rätsel wäre gelöst gewesen.

Anhand Franklins Beschreibung lässt sich einfach errechnen, dass der Ölfilm auf dem Teich von Clapham etwa ein Millionstel Millimeter dünn gewesen sein muss, was in der Größenordnung tatsächlich der Länge eines Trioleinmoleküls entspricht (Triolein ist der Hauptbestandteil von Olivenöl und etwa zwei Millionstel Millimeter lang). Doch diese Berechnung kam erst über hundert Jahre später zustande. Es war die erste zuverlässige Schätzung einer Molekülgröße.

Bis man herausfand, warum sich Olivenöl in einer bloß ein Molekül dicken Schicht, einem sogenannten Monolayer, das Wasser bedeckt, dauerte es noch einmal dreißig Jahre. Wie viele andere organische Moleküle stoßen auch die lang gestreckten Atomketten des Trioleins am einen Ende das Wasser ab – deshalb löst sich Öl nicht in Wasser – und ziehen es am anderen Ende an. Mit diesem Ende versuchen sie, mit dem Wasser in Kontakt zu kommen, was zur Bildung des Monolayers führt.

In den 1950ern kam eine andere Verwendung für Ölfilme auf: Man brauchte sie, um in heißen, trockenen Gegenden das Wasser in Reservoiren am Verdunsten zu hindern. Diese Maßnahmen wurden jedoch wieder aufgegeben: Wenn der Wind zu stark blies, blieb der Oberflächenfilm nicht intakt und verlor seinen Effekt.

Die gravierendsten Folgen hatte Franklins Versuch völlig unerwartet in der Biologie bei der Beantwortung der Frage, woraus die Membranen bestehen, die Zellen umhüllen. 1899 publizierte der Botaniker Charles E. Overton eine Arbeit, in der er vermutete, es müsse zwischen Olivenöl und Zellmembran eine Ähnlichkeit geben. Overton hatte per Zufall festgestellt, dass die Durchlässigkeit der Zellmembran für bestimmte Stoffe auf charakteristische Weise mit ihrer Löslichkeit in Olivenöl zusammenhängt: Kann ein Stoff einfach in eine Zelle eindringen, so löst er sich auch gut im Öl auf; hat er hingegen Schwierigkeiten, die Membran zu passieren, so löst er sich auch schwer im Öl.

Die Zelle, so schloss Overton, müsse also von Molekülen umhüllt sein, die jenen des Olivenöls gleichen. Wie diese angeordnet sind, fanden Forscher 1925 heraus, indem sie – wie Franklin 170 Jahre vor ihnen – Öl auf Wasser gaben, wenn auch viel kleinere Mengen.

Evert Gorter und sein Student F. Grendel extrahierten von roten Blutkörperchen alle Fett- und Ölmoleküle (Lipide), weil sie vermuteten, dass diese vor allem die Membran bildeten. Dann gaben sie die gesammelten Lipide auf Wasser, wo sie einen Monolayer bildeten, dessen Fläche genau doppelt so groß war wie die gesamte Oberfläche der ursprünglichen Blutkörperchen. Die Forscher schlossen daraus korrekt: Die Membran der Blutkörperchen muss exakt zwei Moleküle stark sein – zwei Monolayer, die mit ihrem wasserfeindlichen Teil gegeneinanderstoßen.

Gemessen an seiner Einfachheit führte das Experiment, Öl auf Wasser zu gießen, in erstaunlich vielen Gebieten zu wichtigen Erkenntnissen.

Clapham Pond ist heute ein Wallfahrtsort für alle Oberflächenchemiker. Manchmal können die Wissenschaftler nicht widerstehen, Franklins Experiment dort zu wiederholen. Der Olivenölgehalt des Wassers dürfte weit über dem Durchschnitt liegen.

verrueckte-experimente.de

◆ Franklin, B. (1773). Oil on Water. *Letter to William Brownrigg*.

1822 **Aus der Bibel (I): Die importierte Hyäne**

Im Sommer 1821 entdeckten Arbeiter eines Steinbruchs im englischen Kirkdale (Grafschaft Yorkshire) eine Höhle, deren Boden über und über mit Knochen bedeckt war. Sie glaubten, es handle sich dabei um Vieh, das einige Jahre zuvor bei einem Erdrutsch verschüttet worden war. Doch als ein herbeigerufener Naturforscher, der Geistliche William Buckland, in die Höhle stieg, fand er Skelettreste von Tigern, Hirschen, Bären, Pferden, Elefanten, Nashörnern, Flusspferden und Hyänen. Buckland war stets bestrebt, fossile Funde in Einklang mit der Bibel zu bringen. Der Fall schien klar: Die Sintflut musste die Tiere in die Höhle geschwemmt haben. Doch den Pfarrer befielen Zweifel. Wenn Wasser die Kadaver in die Höhle befördert hätte, müssten dann nicht auch Sand und Steine liegen geblieben sein? Davon gab es aber keine Spur. Und wie sollten sich die großen Tiere überhaupt durch die enge Höhlenöffnung gezwängt haben?

Als Buckland die Knochen genauer betrachtete, fielen ihm Fraßspuren auf, die genau zu den am Höhlengrund gefundenen Hyänenzähnen passten. Er gelangte zu dem Schluss, dass in der Höhle vor der Sintflut Hyänen gelebt hatten, die über lange Zeit Beuteteile angeschleppt hatten.

Um seine Hypothese zu überprüfen, scheute Buckland keinen Aufwand. Er ließ von Südafrika eine Hyäne kommen, die er »Billy« taufte, und das Tier an Knochen nagen. Das Experiment war erfolgreich. Einem Freund schrieb er: »Billy hat an Rinderschienbeinen wunderbare Arbeit geleistet und genau diejenigen Teile übrig gelassen, die in Kirkdale übrig geblieben sind, und das verschlungen, was in Kirkdale fehlt. ... So wunderbar gleich waren die Knochen in ihren Brüchen, ... dass es unmöglich war zu sagen, welcher Knochen von Billy durchgebissen worden war und welcher von den Hyänen von Kirkdale!«

Der Geologe William Buckland zeigte mit einem eleganten Experiment, dass die Knochen, die er gefunden hatte, nicht von der Sintflut angeschwemmt worden waren.

Doch Bucklands elegantes Verfahren überzeugte seine bibeltreuen zeitgenössischen Kollegen nicht: Sie behaupteten, die Zahnabdrücke auf den Knochen gingen in Wirklichkeit auf das »wilde Durcheinander« der Sintflut zurück; und überhaupt hätten in England nie tropische Tiere gelebt.

◆ Buckland, W. (1822). Account of an assemblage of fossil teeth and bones of elephant, rhinoceros, hippopotamus, bear, tiger and hyaena ... *Philosophical Transactions of the Royal Society* 112: 171-230.

1874 **Schüsse auf Leichen**

Wie man im *Correspondenz-Blatt für Schweizer Aerzte* lesen konnte, fand kurz vor Weihnachten 1874 in der Nähe von Bern eine seltsame Schießübung statt. »Dr. K. v. Erlach«, der »mit verdankenswerthester Freundlichkeit das Schießen und Treffen zu besorgen« übernahm, schoss mit einem Vetterli-Gewehr, Kaliber 10,4, und einem Chassepot, Kaliber 11, auf »ein System von 5 tannenen Brettern«, »ein geschlossenes Buch«, »eine mit Sand gefüllte trockene Schweineblase« und auf »2 ganze Leichen, welche in knapp anliegende Tücher gehüllt waren«. Bei späteren Versuchen

Theodor Kocher (sitzend, mit schwarzer Melone) bei Schießversuchen des Militäroperationskurses in Thun im Juli 1904. Seinen kuriosen Experimenten verdanken Soldaten in aller Welt bis heute ihr Leben.

kamen noch mit »Kartoffelbrei gefüllte menschliche Schädel« hinzu. Es war »Herr Director Dr. Rud. Schärer«, der für die Versuche »bereitwilligst« seinen »Privat-Schießplatz« zur Verfügung stellte. Rudolf Schärer war Direktor der Irrenanstalt Waldau. Zu den Privilegien seines Amtes gehörte offenbar – aus was für Gründen auch immer – ein eigener Schießstand.

Obwohl die Experimente, denen laut *Correspondenz-Blatt* auch »Bundesrath Welli« zustimmte, kurios anmuten, gehören sie zu den wegweisenden Versuchen der Wundballistik. Die Motive des 33-jährigen Berner Medizinprofessors Theodor Kocher, der sie durchführte, waren durchaus ehrbar: Kocher ging es um die »Verbesserung der Geschosse vom Standpunkt der Humanität«, wie er in einem Vortrag auf dem internationalen medizinischen Kongress in Rom 1894 verkündete. Der Zweck eines Krieges zwischen zivilisierten Nationen sei nicht, möglichst viele Menschenleben zu vernichten, sondern aus »einem kampfestüchtigen Gegner einen pflegebedürftigen Patienten« zu machen.

Im 19. Jahrhundert herrschte kein Mangel an kriegerischen Auseinandersetzungen, an deren Schauplätzen die Mediziner Kriegsverletzungen studieren konnten. Doch durch welche Eigenschaft ein Schuss seine zerstörerische Wirkung entfaltete, war umstritten. War es die Hitze, die das Geschoss zum Schmelzen brachte, sodass Teile absplitterten; war es die Zentrifugalkraft der rotierenden Patrone, die Haut und Fleisch mitriss; oder war es der Druck, den die in Muskeln und Weichteile eindringende Kugel erzeugte?

Gegen die Zentrifugalkraft sprach, dass die Austrittsverletzung bei den Leichen kaum größer war als der Einschuss und die Haut an der Austrittswunde nicht wirbelförmig verdreht war. Auch hielt Kocher es für unwahrscheinlich, dass eine rotierende Kugel den Schusskanal im Körper von 1 Zentimeter Durchmesser auf die beobachteten 15 Zentimeter vergrößern konnte.

Wenn keine Knochen getroffen wurden, fand Kocher auch keine Bleipartikel. So vertrat er die Hypothese, dass der hydrostatische Druck, den ein Schuss erzeugt, das Gewebe zerstöre. Dazu passte der Befund, dass an einem leeren Schädel von einem Schuss bloß zwei Löcher zurückblieben, dass ein mit Kartoffelbrei gefüllter aber förmlich explodierte, wenn er getroffen wurde. Nicht die Geschosse waren explosiv, sondern vielmehr die Gewebe.

Kocher präzisierte diesen Befund mit vielen weiteren Experimenten. Sein Buch *Zur Lehre von den Schusswunden durch Kleinkalibergeschosse* enthält detaillierte Zeichnungen von getroffenen Sandsteinplatten, Blechbüchsen, Glasscheiben und an Schnüren aufgehängten Lebern. Einer der verwendeten Schädel befindet sich immer noch im

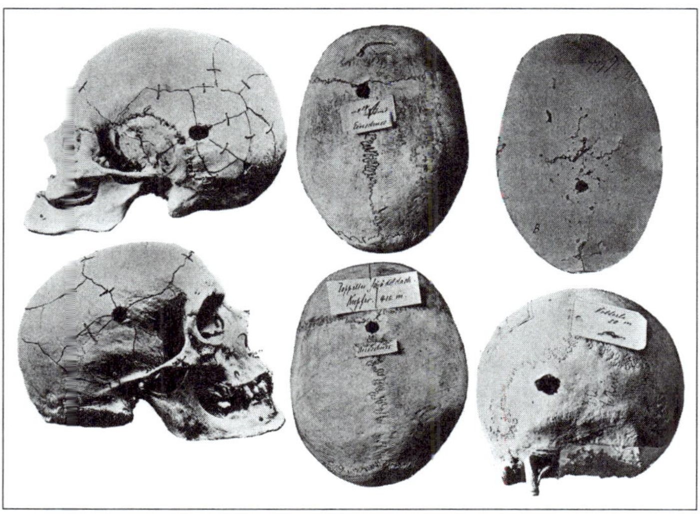

Bevor auf diesen Schädel geschossen wurde, füllte man die Hirnschale mit Kartoffelbrei.

Besitz der Universität Bern. Bekannt wurde Kocher aber durch seine Operationstechniken und die nach ihm benannte Kocher'sche Arterienklemme. 1909 erhielt er als erster Chirurg den Nobelpreis für Medizin.

Obwohl Kochers Schussversuche heute nur noch Spezialisten bekannt sind, hatten sie nicht weniger weitreichende Folgen als seine Arbeiten für den Nobelpreis. Seine Experimente zur Ballistik waren die Grundlage für die vom Direktor der Munitionsfabrik Thun, Eduard Rubin, eingeführte Rubin-Munition, die bis heute in der ganzen Welt verbreitet ist.

Kocher wusste, dass er nichts gegen die ständig zunehmenden Mündungsgeschwindigkeiten bei neuen Waffen ausrichten konnte. Auf die erhöhte Treffsicherheit schnellerer Projektile würde keine Armee verzichten wollen. Also propagierte er möglichst harte und kleinkalibrige Patronen, da diese den geringsten hydrostatischen Druck im Gewebe verursachten. Schließlich, so Kocher, würden auch bei minimaler Größe der Geschosse genug ausgedehnte Körperverletzungen auftreten, auf die es ja »bei der Schlichtung von Meinungsdifferenzen durch Schusswaffen« hauptsächlich ankomme.

◆ Kocher, T. (1875). Ueber die Sprengwirkung der modernen Kleingewehr-Geschosse. *Correspondenz-Blatt für Schweizer Aerzte* 5: 3-7, 29-33, 69-74.

1875 **Ein teuflischer Apparat**

Ernst Mach entwickelte ein Gerät, in dem es den meisten Menschen sofort übel wird.

Ernst Mach war wahrscheinlich nicht bewusst, welch teuflischen Apparat er da erfunden hatte. Er stülpte einen »hohlen, drehbaren linierten Cylinder« über seine Versuchspersonen und versetzte ihn in Drehung. So beschrieb er 1875 ein Experiment über die Bewegungsempfindungen. Für die Versuchsperson entstand dabei immer wieder für kurze Zeit die Illusion, nicht der Zylinder drehe sich, sondern sie selbst.

Man vermutete als Grund für diese Täuschung die Einbildung, die Welt als Ganzes sei normalerweise in Ruhe. Wenn sich also, wie in der Trommel, die ganze Umgebung bewegte, nahm das Gehirn selbstverständlich an, der Proband selbst bewege sich. Mach hatte den gleichen Effekt schon auf Brücken beobachtet. Wenn er von dort auf das fließende Wasser blickte, stellte sich bald das Gefühl ein, das Wasser sei in Ruhe, und er selbst rase samt der Brücke darüber hinweg.

Mit der »optokinetischen Trommel«, wie der »linierte Cylinder« später genannt wurde, konnten solche Phänomene im Labor untersucht werden – und nicht nur das. Es erwies sich nämlich, dass sich die gestreifte Trommel auch hervorragend eignet, um Menschen in Übelkeit zu versetzen. Weil sie einfach zu bauen und zu betreiben ist, wurde sie für Übelkeitsforscher zum Werkzeug ihrer Wahl.

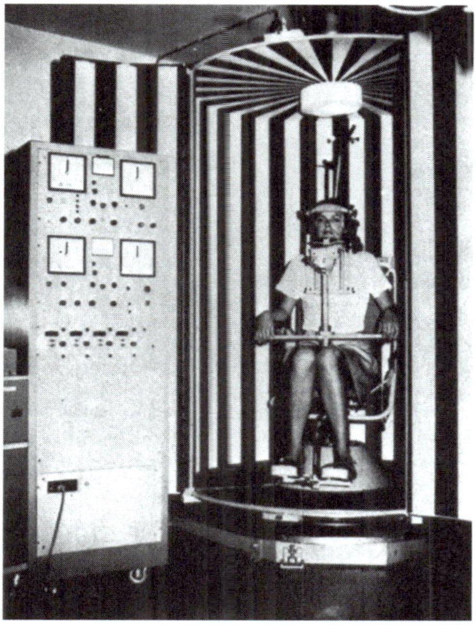

Bis heute das bevorzugte Werkzeug der Übelkeitsforscher: die optokinetische Trommel. Hier ein Modell aus den 1970er-Jahren.

Bereits in den 1920er-Jahren standen Versuchspersonen in von der Decke hängenden Pappzylindern, bis sich ihnen der Magen drehte. Damit der »Brechakt« besser beobachtet werden konnte, mussten sie eine Kontrastmahlzeit zu sich nehmen. Röntgenbilder zeigten dann, wie sich der Magen während des Versuchs zusammenschnürte.

Bei späteren Experimenten fand man auch heraus, dass Asiaten viel schneller übel wird als Europäern und dass Übelkeit und Erbrechen von unterschiedlichen Prozessen hervorgerufen werden. Heute werden mit der Trommel häufig Medikamente gegen Reisekrankheit getestet.

Doch die Brechforschung hat auf viele Fragen noch keine Antworten gefunden. Das größte Rätsel bleibt, warum den Versuchspersonen in der Trommel überhaupt schlecht wird. Die Standarderklärung hierfür: Der drehende Zylinder erzeugt widersprüchliche Sinnesmeldungen. Während das Gleichgewichtsorgan im Innenohr dem Gehirn Ruhe meldet, gaukeln die bewegten Streifen dem Auge Bewegung vor. Den umgekehrten Effekt erleben Schiffspassagiere: Ihnen meldet das Gleichgewichtsorgan »Schaukeln«, während sich den Augen das ruhig daliegende Deck präsentiert.

Offen bleibt die viel wesentlichere Frage, warum widersprüchliche Sinnesmeldungen zu Übelkeit führen müssen. Übelkeit und Erbrechen schützen uns vor giftiger oder verdorbener Nahrung. Es gibt für einen Schiffspassagier keinen einsichtigen Grund, sich bei schwerer See von einem Fünf-Gänge-Menü zu »verabschieden«. Schließlich ist er vollkommen gesund, und das Essen war einwandfrei.

Eine spekulative Erklärung nährt sich aus den Parallelen der Vergiftungssymptome mit den widersprüchlichen Sinnesmeldungen. Viele Gifte erzeugen im Gehirn als Erstes Gleichgewichtsstörungen und Schwindelgefühl: Alles schwankt und scheint sich zu drehen.

Möglich, dass das Gehirn aus diesen Symptomen grundsätzlich auf eine Vergiftung schließt, auch wenn sie nur von einem schwankenden Schiff oder einer optokinetischen Trommel stammen.

◆ Mach, E. (1875). *Grundlinien der Lehre von den Bewegungsempfindungen*. Leipzig, Wilhelm Engelmann.

1881 **Licht mit Rückenwind**

Die Kutschen müssen das Schlimmste gewesen sein. Die durch Pferdehufe verursachten Vibrationen auf der Neuen Wilhelmstraße in Berlin pflanzten sich bis in den Keller des Physikalischen Instituts fort. Dort stand der 29-jährige Albert Michelson vor seiner Erfindung, dem Interferenzrefraktometer, und war der Verzweiflung nahe.

Das Interferenzrefraktometer war so launisch wie sein Name lang. Bei jeder noch so geringen Erschütterung versagte das Gerät völlig seinen Dienst. Michelson stellte es

Nachbau des Interferenzrefraktometers, mit dem Albert Michelson 1881 in Potsdam erstmals versuchte, die Existenz des Äthers nachzuweisen.

Das astrophysikalische Observatorium in Potsdam. Hierher verlegte Michelson das Experiment, nachdem sich das Pferdegetrappel in Berlin als zu störend erwiesen hatte.

auf einen Steinsockel und begann in der Nacht zu arbeiten, doch selbst um zwei Uhr früh war es nicht ruhig genug.

Im April 1881 brachte er den Apparat ins ruhigere Potsdam, in den Keller des dortigen astrophysikalischen Observatoriums. Nun konnte der Forscher endlich durchführen, was als das erfolgreichste misslungene Experiment in die Geschichte der Wissenschaft eingehen sollte. Michelson trug es einen Nervenzusammenbruch und den Nobelpreis ein, doch dem unglaublichen Resultat seines Versuchs misstraute er bis zu seinem Tod.

Der Physiker Albert Michelson suchte nach Äther. Dass er ihn nicht fand, brachte ihm den Nobelpreis ein.

Albert Michelson hatte an der US-Marineakademie in Annapolis, Maryland, Physik studiert und tat sich danach als ideenreicher Konstrukteur von Präzisionsinstrumenten hervor, mit denen er die Geschwindigkeit des Lichts bestimmte. 1880 reiste er zu einem Studienaufenthalt nach Europa. In Berlin angekommen, wagte er sich an eine der schwierigsten Aufgaben in der Physik: den Nachweis des Äthers.

Licht, so viel wusste man, hat die Eigenschaften einer Welle. Und da jede Welle ein Transportmedium braucht, in dem sie sich ausbreiten kann – die Schallwelle die Luft, die Wasserwelle das Wasser –, etablierte sich die Vorstellung vom Äther, durch den die Lichtwellen wanderten. Der Äther musste ein unsichtbares, gewichtloses Medium sein, welches das ganze Universum durchdrang, sich aber von nichts beeinflussen ließ – außer von Licht natürlich. Er transportiert das Licht der Sterne durch den luftleeren Raum des Alls und die Radiowellen vom Sender zum Empfänger. Zwar war der Äther Kernstück aller Theorien über die Ausbreitung elektromagnetischer Wellen, zu denen Licht- und Radiowellen gehören, doch Beweise für seine Existenz gab es keine. Das wollte Michelson ändern.

Er glaubte, die Erde gleite durch den im Universum stillstehenden Äther – wie ein Schiff, das bei ruhiger See und Windstille das Wasser durchteilt. Die Erde legte auf dem Weg um die Sonne 30 Kilometer pro Sekunde zurück. So wie man an Deck des Schiffes den Fahrtwind spürt, musste auf der Erde deshalb ein Äthergegenwind herrschen, der das Licht beeinflusste: Rückenwind würde das Licht beschleunigen, Gegenwind bremsen. Man brauchte nur den Geschwindigkeitsunterschied zu messen, und die Existenz des Äthers wäre bewiesen.

Die Formulierung dieser Idee konnte jedermann in der neunten Ausgabe der *Encylopaedia Britannica* nachlesen, in welcher sie der große britische Physiker Clerk Maxwell entwickelt hatte. Doch Maxwell zweifelte daran, dass es je möglich sein würde, die Lichtgeschwindigkeit mit der erforderlichen Genauigkeit zu ermitteln.

Licht, das kann ohne Übertreibung gesagt werden, ist sehr, sehr schnell. Wer seine Schreibtischlampe einschaltet, kann nur einen extrem kurzen Espresso trinken, bis das Licht auf dem Tischblatt angekommen ist: Es dauert 0,000000001 Sekunden. Selbst die grobe Messung dieser Geschwindigkeit ist eine Meisterleistung, das wusste keiner besser als Michelson. Er hatte 1878 den bis dahin exaktesten Wert bestimmt: 299 940 Kilometer pro Sekunde.

Es gab jedoch eine Methode, mit der sich direkt die Differenz der Geschwindigkeiten zweier Lichtstrahlen ermitteln ließ, ohne dass ihre absoluten Geschwindigkeiten bestimmt werden mussten. Genau dies war die Funktion von Michelsons Interferenzrefraktometer.

Das Gerät teilte den Lichtstrahl einer Lampe in zwei Teile, schickte sie in verschiedene Richtungen und leitete sie über mehrere Spiegel an denselben Ort zurück. Dort bewirkte der Ätherwind, dass die Strahlen nicht gleichzeitig zurückkamen, was aus dem sogenannten Interferenzmuster ersichtlich wurde, das die zwei Lichtstrahlen zusammen erzeugten. Wie das genau funktioniert, ist für das Verständnis des Versuchs unerheblich.

Michelson richtete das Interferenzrefraktometer so aus, dass der eine Strahl der Erdrotation folgte, dort hatte das Licht zuerst Äthergegenwind und – nachdem es vom Spiegel zurückgeworfen worden war – Rückenwind. Im rechten

Winkel dazu schickte er den anderen Strahl aus, der von einem Spiegel auf dem gleichen Weg reflektiert wurde. Er hatte auf beiden Wegen Ätherseitenwind.

Seinen Kindern erklärte Michelson das Experiment so: »Zwei Lichtstrahlen treten gegeneinander an wie zwei Schwimmer: Einer schwimmt zuerst gegen den Strom und dann zurück, der andere legt die gleiche Distanz zurück, indem er den Fluss durchquert und dann zurückschwimmt. Der zweite Schwimmer wird immer gewinnen, wenn der Fluss eine Strömung aufweist.« Das mag im ersten Moment überraschen, könnte man doch annehmen, dass der erste Schwimmer den Rückstand, den er sich einhandelt, wenn er gegen den Strom schwimmt, wieder wettmacht, wenn er mit dem Strom zurückschwimmt. Doch das stimmt nicht, weil er ja nicht in beide Richtungen gleich lang unterwegs ist. Gegen den Strom ist der Schwimmer langsamer und deshalb länger unterwegs als mit dem Strom.

Der Chemiker Edward Morley wiederholte das Potsdamer Experiment mit Michelson in Chicago.

Doch wie Michelson sein Messgerät auch aufstellte – es gab keinen Gewinner. Die Lichtstrahlen kamen immer gleichzeitig zurück. Die Hypothese, dass sich die Erde durch den ruhenden Äther bewege, sei falsch, schrieb Michelson später, doch den Glauben an die Existenz des Äthers mochte er trotzdem nicht aufgeben. Vielmehr spekulierte er, der Äther werde von der sich drehenden Erde mitgerissen, und es herrsche im Potsdamer Keller deshalb Ätherwindstille. Diese These wurde später mit weiteren Experimenten widerlegt.

Weil Michelson mit der Präzision des Interferenzrefraktometers nicht zufrieden war und sich herausstellte, dass er beim Experiment in Potsdam einen kleinen Rechenfehler begangen hatte, wiederholte er den Versuch 1887 mithilfe des Chemikers Edward Morley an der Case School of Applied Science in Cleveland, Ohio. Die beiden montierten Lichtquelle und Spiegel auf einen tischgroßen und 40 Zentimeter dicken Steinbrocken, der vibrationsfrei auf Quecksilber schwamm. Am Resultat änderte sich nichts: Die Lichtstrahlen waren gleich schnell.

Gleich vielen anderen Physikern wollte auch Michelson den einzig möglichen Schluss aus seinen Messungen nicht ziehen: Es gibt keinen Äther. Mit dem Äther mussten sie sich nämlich auch von einem Weltbild verabschieden.

Verbesserter Versuchsaufbau in Chicago: Damit der Steinquader nicht vibrierte, schwamm er auf Quecksilber. Trotzdem ließ sich der Äther nicht nachweisen – weil es ihn nicht gab. Heute gilt dieser Versuch als das erfolgreichste misslungene Experiment in der Geschichte der Wissenschaft.

Die Tatsache, dass die Geschwindigkeit des Lichts (und jeder anderen elektromagnetischen Welle) offenbar zu allen Zeiten und in alle Richtungen gleich sein soll, widerspricht in seltener Harmonie der Newton'schen Physik und dem gesunden Menschenverstand. Man kann vor dem Licht weder davonrennen noch es einholen. Ganz egal, mit welcher Geschwindigkeit man sich bewegt – wenn man die Geschwindigkeit des Lichts misst, wird das Ergebnis immer 300 000 Kilometer pro Sekunde betragen. Dass ein Lichtstrahl für zwei Beobachter, die sich unterschiedlich schnell bewegen, gleich schnell ist, sollte man erst gar nicht versuchen zu verstehen. Unsere Alltagserfahrung lehrt uns das Gegenteil, und auch Physiker müssen akzeptieren, dass es einfach so ist.

1905, seit Michelsons erstem Versuch waren 24 Jahre vergangen, fand der 26-jährige »Technische Prüfer 3. Klasse« des Patentamts Bern, Albert Einstein, heraus, was es mit der konstanten Lichtgeschwindigkeit auf sich hat. Anders als in vielen Lehrbüchern behauptet wird, stützte sich Einstein allerdings nicht auf das Resultat des Michelson-Morley-Experiments, als er die Spezielle Relativitätstheorie aufstellte. Dass die Lichtgeschwindigkeit unabhängig von der Bewegung eines Beobachters konstant sein muss, hatte er durch reine Kopfarbeit herausgefunden.

Den Widerspruch, dass zwei unterschiedlich schnelle Beobachter denselben Lichtstrahl mit der gleichen konstanten Lichtgeschwindigkeit wahrnehmen, löst die Relativitätstheorie auf, indem sie postuliert, dass die Zeit für die zwei Beobachter unterschiedlich schnell vergeht. Obwohl dieser Effekt über jeden Zweifel hinaus nachgewiesen werden konnte (siehe *Das Buch der verrückten Experimente*, Seite 220 für eine besonders amüsante Bestätigung), vermag ihn, wie viele andere bizarre Folgen der Relativitätstheorie, ein Menschenhirn nicht wirklich zu verstehen.

Auch Michelson hatte seine Mühe mit der Relativitätstheorie. Nach einem Vortrag in Göttingen 1907 ging er mit den Zuhörern in ein Café und fragte laut: »An welchen Tisch soll ich mich setzen? An welchem Tisch sitzen die Götzendiener der Relativitätstheorie, und an welchem sitzen die Physiker?« Als Einstein Michelson 1931 am Totenbett zum letzten Mal besuchte, bat ihn seine Tochter: »Bitte vermeiden Sie, dass er wieder vom Äther anfängt.«

In der Wissenschaft hat der Äther nicht überlebt, im allgemeinen Sprachgebrauch dagegen schon. Auch heute gehen die Radiosendungen noch »über den Äther«. Das hartnäckige Festhalten am Begriff mag damit zu tun haben, dass letztlich nicht zu verstehen ist, wie sich eine Welle im Nichts ausbreiten kann.

verrueckte-experimente.de

◆ Michelson, A. A. (1881). The Relative Motion of the Earth and the Lumniferous Ether. *The American Journal of Science* 22: 127-132.

◆ Michelson, A. A., und E. W. Morley (1887). On the Relative Motion of the Earth and the Luminiferous Ether. *American Journal of Science (3rd series)* 34: 333-345.

1882 **Erwürgen oder Genick brechen?**

Es gibt Fragen, von denen man eigentlich annehmen sollte, dass sie sich grundsätzlich nicht mittels eines Selbstversuchs beantworten lassen. Dazu gehört: Wie fühlt es sich an, wenn man erhängt wird? Doch da unterschätzt man den Wissensdurst gewisser Mediziner.

Gegen Ende des 19. Jahrhunderts stritten Experten darüber, welche Art des Erhängens am schnellsten zum Tod führe: der sofortige Genickbruch durch den Fall in die Schlinge oder der Unterbruch der Blut- und Luftzufuhr durch gleichmäßigen Druck am Hals. Die Mehrheit war der Meinung, der Genickbruch sei die sauberste Lösung. Ein Pfarrer namens S. Houghton ersann sogar eine Formel, mit der sich aus dem Gewicht der Verurteilten die Fallhöhe bestimmen ließ, damit es dazu kam. Dem Gottesmann muss allerdings ein Kommafehler unterlaufen sein: Bei der ersten von Houghton berechneten Hinrichtung wurde dem Verurteilten der Kopf abgerissen.

Anders als viele seiner Kollegen – und viele Journalisten – vertrat Graeme M. Hammond vom Medical College New York die Ansicht, dass das »schnelle Erwürgen« dem »Genickbruch« nicht nur in Sachen Geschwindigkeit überlegen sei, es sei auch völlig schmerzlos. Er veröffentlichte einen Fachartikel »Über die richtige Methode, die Strafe ›Tod durch Erhängen‹ auszuführen«, worin er seinem Ärger darüber Luft machte, dass »die Zeitungen vor Sensationsmeldungen strotzten, überschrieben mit quälenden Formulierungen in großen Buchstaben, über das schreckliche Leiden, das der Hingerichtete durchlebt haben soll. ... Diese Beschreibungen bereiteten den Weichherzigen Kummer und erzeugten nicht nur erhebliche unverdiente Sympathie mit den Verurteilten, sondern führten selbst bei entschlossenen und vernünftigen Leuten zu einer Abscheu gegenüber der Todesstrafe.«

Um zu beweisen, dass erwürgt zu werden halb so schlimm war, probierte er es an sich selbst aus. Er ließ sich ein Handtuch um den Hals legen und dieses von einem befreundeten Arzt langsam zudrehen. Ein zweiter Arzt stand vor ihm und prüfte seine Schmerzverträglichkeit. Zuerst fühlte Hammond ein Kribbeln im Körper, dann konnte er zeitweise nichts mehr sehen und hörte ein starkes Rauschen. Nach achtzig Sekunden war er schmerzunempfindlich. »Ein Stich mit dem Messer, so tief, dass meine Hand blutete, war mit überhaupt keiner Empfindung verbunden.« Nach dieser Erfahrung war für ihn klar: Die richtige Methode, jemanden zu erhängen, besteht darin, ihn vom Boden hochzuziehen und dreißig Minuten hängen zu lassen.

So seltsam Hammonds Versuch erscheint, der Arzt war nicht der Einzige, der Hinrichtungsmethoden ausprobierte. Drei Jahre nach seinen Experimenten veröffentlichte die *New York World* unter dem Titel »Wie es ist, erhängt zu werden« einen Bericht über »die vergnügliche Erfahrung von einem, der es versucht hat«. Der anonym bleibende Mann, der einer Art »Selbstmordclub« angehörte, ging allerdings einen Schritt weiter und ließ sich für kurze Zeit richtig hängen. Dabei hatte er die angenehme Empfindung, durch ein Meer aus Öl auf eine Insel zuzuschwimmen, wo er einen wunderbaren Chor aus Menschen- und Vogelstimmen hörte. Doch obwohl er seinen Kollegen danach versicherte, dass die Sache »höchst vergnüglich« sei, wollte es keiner selbst probieren. Aber schon bald würde sich auf der anderen Seite des Atlantiks ein rumänischer Gerichtsmediziner dem Thema mit ganz anderer Ernsthaftigkeit annehmen (siehe Seite 50 ff.).

◆ Hammond, G. M. (1882). On the Proper Method of Executing the Sentence of Death by Hanging. *Sanitarian* 10, 654-668.

1887 Schwanz ab!

Für zwölf weiße Mäuse an der Universität Freiburg im Breisgau begann der 17. Oktober 1887 schlecht: An jenem Montag wurde ihnen der Schwanz abgeschnitten. Dann sperrte man die sieben Weibchen und fünf Männchen in einen Käfig. Während der nächsten 14 Monate warfen die Weibchen im »Zwinger I« 333 Junge. Für 15 von ihnen war der 2. Dezember 1887 der schwarze Tag: Schwanz ab, Umsiedlung in »Zwinger II«, Nachkommen zeugen. Wiederum 14 davon mussten vom 1. März 1888 an schwanzlos im »Zwinger III« weiterleben, und ein Teil ihrer Jungen ereilte am 4. April 1888 in »Zwinger IV« das gleiche Schicksal.

Bringen schwanzlose Mäuse schwanzlose Junge zur Welt? 1887 griff August Weismann zum Messer.

Ihr Quälgeist hieß August Weismann und war einer der berühmtesten Biologen seiner Zeit. Bis Ende 1888 hatte er Dutzende von weißen Mäusen um die elf Zentimeter an ihrem Körperende erleichtert. Von den 849 Jungen schwanzloser Eltern war aber kein einziges ohne Schwanz zur Welt gekommen. Damit war unwahrscheinlich, was viele Naturforscher behaupteten: dass Verletzungen vererbbar seien. Sie stützten diese Meinung auf unüberprüfte Beispiele: Ein Stier, dem in Jena ein zuschlagendes Scheunentor den Schwanz abtrennte, soll schwanzlose Kälber gezeugt haben. Die Tochter einer Frau, die sich in ihrer Jugend den Daumen quetschte, habe ebenfalls einen missgebildeten Daumen. Und dann natürlich, schrieb Weismann, »die schwanzlosen Kätzchen, welche auf der vorjährigen Naturforscher-Versammlung in Wiesbaden vorgezeigt wurden und – wie die Zeitungen berichteten – dort ›so großes Aufsehen hervorriefen‹« Ihre Mutter habe den Schwanz angeblich durch Überfahren verloren, was ihr Besitzer, Herr Dr. Zacharias, als Beweis für die Vererbung von Verstümmelungen präsentierte.

Al diese Vorfälle wurden zitiert, wenn es um die Frage ging, auf welchen Mechanismen die allmähliche Veränderung von Tierarten beruht. Denn dass sie sich verändern können, stand außer Zweifel. Man bekam es in jeder Tierzucht vor Augen geführt. Und viele glaubten zu wissen, was dahintersteckt: Die Tiere geraten in eine neue Umgebung, nehmen neue Gewohnheiten an und vererben sie ihren Nachkommen. Giraffen haben ihre kurzen Hälse gestreckt, um an die Blätter hoher Bäume zu gelangen. Jede Generation hat so der nächsten etwas längere Hälse vererbt. Seit der französische Naturforscher Jean-Baptiste Lamarck im 18. Jahrhundert diese Meinung vertreten hatte, hießen ihre Verfechter Lamarckisten.

Da die Langsamkeit der Veränderungen von Generation zu Generation sie der direkten Beobachtung entzog, versuchten die Lamarckisten, ihre These mit der Vererbung von Verletzungen zu beweisen. Doch Weismann, der früher selbst an die Weitergabe erworbener Eigenschaften geglaubt hatte, war skeptisch. Nicht nur, weil sich die geschilderten Beispiele bei genauer Überprüfung oft als Fantasieprodukte herausstellten, sondern auch, weil er keinen Weg sah, wie sich eine Verletzung praktisch hätte vererben lassen können. Die Information über den Ort und die Art der Verletzung hätte ja irgendwie in die Samenzelle oder in die Eizelle gelangen müssen, denn nur diese Zellen erreichen die nächste Generation. Die Tatsache, dass eine Maus ihren Schwanz verloren hat, hätte in die Sprache der Ei- oder Samenzellen übersetzt und in sie eingeschrieben werden müssen. Das schien Weismann unmöglich.

Er glaubte vielmehr, dass neue Gewohnheiten oder Verletzungen keinen Einfluss auf die Keimzellen hatten. Das Erbmaterial bleibe unverändert.

Was sich hingegen je nach Umständen änderte, war die Anzahl Nachkommen, die ein bestimmtes Tier hatte. Eine Giraffe, der eine zufällige Veränderung im Erbmaterial einen etwas längeren Hals bescherte, kam in einer Steppe mit hohen Bäumen besser an die Blätter heran, überlebte länger, war stärker und hatte deswegen mehr Nachkommen, die ihren langen Hals erbten. Der Naturforscher Charles Darwin nannte diesen Prozess »natürliche Auslese« und erklärte damit langsame Veränderungen und infolgedessen die Entstehung neuer Arten.

Weismann schnitt den Mäusen noch bis in die 22. Generation die Schwänze ab. Alle Nachkommen hatten Schwänze.

◆ Weismann, A. (1889). *Ueber die Hypothese einer Vererbung von Verletzungen*. Jena, Gustav Fischer.

1888 Die humane Hinrichtung

Arthur E. Kennelly hätte die Experimente lieber in der Nacht durchgeführt – »ein Versuch dieser Art weckt große Neugierde, was der nötigen Ruhe und Sorgfalt abträglich ist«. Aber es war nicht an ihm, den Zeitpunkt zu bestimmen. Und so trafen sich die Beobachter der makabren Tests am Nachmittag des 5. Dezember 1888 im Labor von Thomas A. Edison, dem Erfinder der Glühlampe, in Orange, New Jersey. Kennelly war der Chefelektriker von Edison und für den Ablauf der Experimente verantwortlich. Unter den Zuschauern waren nicht nur Politiker und Mitglieder der Medico-Legal Society, einer Vereinigung, die die Beziehungen zwischen Ärzten und Juristen förderte, sondern auch Journalisten.

Zwei Tage später konnte man in den Zeitungen lesen, dass an diesem Nachmittag ein Kalb mit einem Gewicht von 124,5 Pfund und 3200 Ohm elektrischem Widerstand, ein zweites Kalb (145 Pfund, 1300 Ohm) und ein Pferd (1230 Pfund, 11 000 Ohm) durch die »tödlichste der Wissenschaft bekannte Gewalt« zu Tode gekommen waren: durch Wechselstrom.

Anlass des Versuchs war ein neues Gesetz im Staat New York. Es schrieb vor, dass ab dem 1. Januar 1889 zum Tod Verurteilte mittels Strom hingerichtet werden müssten.

Dass sich mit Elektrizität Mäuse, Katzen und kleine Hunde töten ließen, wusste man schon seit den ersten Versuchen mit der neuen Wunderkraft im 18. Jahrhundert. Auch waren schon einige Menschen in tollkühnen Experimenten gestorben oder einfach, weil sie zum falschen Zeitpunkt das falsche Kabel angefasst hatten. Es sei ein »blitzartiger und schmerzloser Tod« gewesen, wie eine Zeitung über einen der ersten Unfälle mit Strom berichtete. Schnell hatten sich Wissenschaftler und Politiker darauf verständigt, dass die Elektrizität »menschliche, effiziente und beeindruckende« Hinrichtungen ermögliche. Der Strick schien für eine zivilisierte Nation nicht mehr zeitgemäß.

Thomas A. Edison hat immer bestritten, den elektrischen Stuhl erfunden zu haben, aber er verhalf ihm zweifellos zum Durchbruch.

Ein neues Gesetz schrieb vor, dass zum Tod Verurteilte mittels Strom hingerichtet werden mussten. Weil niemand wusste, wie viel Strom es dazu brauchte, machte Edison am 5. Dezember 1888 Versuche mit Tieren.

Obwohl Edison noch im Jahr vor den Versuchen in seinem Labor sagte, er sei gegen die Todesstrafe, zitierte ihn der *Brooklyn Citizen* im November 1888 mit den Worten, Verbrecher mit Strom hinzurichten, sei eine »gute Idee«. Edison versprach, dass mit »der richtigen Anzahl Volt« ein Mann innerhalb einer Zehntelsekunde sterben werde. Einen knappen Monat vor der Einführung der »Elektrokution«, wie die neue Methode genannt wurde, wusste allerdings noch niemand, wie groß diese »Anzahl Volt« war, ob eine Zehntelsekunde wirklich ausreichte und wie und wo die Elektroden angebracht werden mussten.

Es waren zwar schon einige Versuche mit Hunden gemacht worden, bei denen sich herausstellte, dass Wechselstrom schneller zum Tod führt als Gleichstrom. (Bei Gleichstrom fließen die Elektronen immer in die gleiche Richtung, bei Wechselstrom ändern sie sie.) Doch weil die Hunde ein viel geringeres Körpergewicht hatten als Menschen, waren diese Versuche nicht besonders aussagekräftig.

Das erste Kalb wurde an diesem Nachmittag um 15.50 Uhr für 30 Sekunden unter Strom gesetzt. Es fiel hin, erhob sich aber nach neun Minuten wieder. Nach einer kleinen Veränderung an der Apparatur wurde es um 15.59 Uhr noch einmal acht Sekunden elektrisiert, worauf es tot zusammensackte. Das zweite Kalb starb um 16.26 Uhr nach fünf Sekunden Wechselstrom.

Beim Pferd blieb ein erster kurzer Stromschlag um 17.20 Uhr ohne Wirkung, ebenso wie fünf Sekunden Strom um 17.25 Uhr und ein Schock von 15 Sekunden zwei Minuten später. Erst nach 25 Sekunden Strom um 17.28 Uhr starb es. In *The Electrical World* schrieb Harold P. Brown später: »Der Tod trat sofort ein und war schmerzlos.«

Brown war ein junger Elektrofachmann, der leidenschaftlich gegen die Nutzung von Wechselstrom im Haushalt kämpfte. Er hatte die Versuche mit vorbereitet und machte die Journalisten darauf aufmerksam, dass Wechselstrom mit »weniger als der Hälfte der in dieser Stadt üblichen Spannung für den sofortigen Tod ausreichte«.

Zehn Jahre waren vergangen, seit Edison die erste brauchbare Glühlampe erfunden hatte. Der Kampf um die lukrativen Verträge, die Städte zu elektrifizieren, war voll entbrannt. Edison setzte auf Gleichstrom, sein Konkurrent George Westinghouse auf Wechselstrom, den Edison für gefährlicher hielt. Auf die Frage, welches die beste Methode sei, Verbrecher hinzurichten, antwortete er einmal: »Gebt ihnen einen Job als Stromleitungsverleger bei einer Firma für elektrisches Licht in New York.«

Anders als Gleichstrom ließ sich Wechselstrom aber auf einfache Weise mit einem Transformator wandeln: Westinghouse entwarf ein System mit 1000 Volt, die er in der Nähe der Abnehmer auf 50 Volt reduzierte. So war es ihm möglich, mit einem einzelnen Elektrizitätswerk viel größere Gebiete abzudecken als Edison.

Westinghouse glaubte, dass Edison die Tierexperimente nur machte, um Westinghouse Electric zu schaden. Was wäre besser geeignet, der Öffentlichkeit die Gefährlichkeit des Wechselstroms vor Augen zu führen, als die Tatsache, dass er bei Hinrichtungen benutzt wurde? Und er verdächtigte Harold Brown, dass dieser von Edison für seine Agitation gegen den Wechselstrom bezahlt würde.

Daraufhin forderte Brown Westinghouse zu einem bizarren »Duell«: In 50-Volt-Schritten, beginnend bei 100 Volt, sollte Westinghouse elektrische Schläge in Wechselstrom ausgeteilt bekommen, Brown in Gleichstrom, bis einer »öffentlich seinen Irrtum eingesteht«. Westinghouse ging auf den Vorschlag nicht ein.

Als der Staat New York Brown im folgenden Jahr beauf-

Im Kampf um die Elektrifizierung der Städte setzte Edisons Gegenspieler George Westinghouse auf Wechselstrom. Um ihm zu schaden, versuchte Edison bei Hinrichtungen auf dem elektrischen Stuhl, Wechselstrom durchzusetzen.

tragte, das nötige Instrumentarium zur Vollstreckung von Todesurteilen zu beschaffen, bestand er darauf, Generatoren von Westinghouse zu verwenden. Dieser weigerte sich zwar, seine Geräte für Hinrichtungen zu verkaufen, doch irgendwie gelangte Brown auf Umwegen in ihren Besitz. Auf der Suche nach einem Wort für die neue Todesart schlug ein Anwalt von Edison vor, Verbrecher, die man auf dem elektrischen Stuhl hingerichtet habe, seien »westinghoused« worden.

Der Erste, dem dieses Schicksal zuteil wurde, war William Kemmler. Dieser wurde wegen Mordes vor Gericht von einem renommierten Verteidiger vertreten, den er sich nie hätte leisten können. Die Zeitungen vermuteten, dass Westinghouse die Rechnung bezahlte, weil er verhindern wollte, dass es zur Hinrichtung mit seinen Generatoren kam.

Nach langen Berufungsverhandlungen, einem Hearing in Washington, bei dem Edison als Fürsprecher der Elektrokution auftrat, und einer Verschiebung der Hinrichtung in letzter Minute – Kemmler hatte schon auf dem elektrischen Stuhl gesessen – war es dann am 6. August 1890 so weit.

Nachdem Kemmler im Gefängnis von Auburn an den elektrischen Stuhl geschnallt worden war, befestigte ein Aufseher die beiden Elektroden: eine am Rücken, etwa in der Mitte der Wirbelsäule, die andere an der geschorenen Stelle auf seinem Kopf. Diese Anordnung war das Resultat weiterer Versuche mit Tieren. Eigentlich war alles bereit, als sich herausstellte, dass niemand wusste, wie lange die etwas über 1000 Volt eingeschaltet bleiben sollten. Schließlich sagte einer der anwesenden Ärzte, er werde das Signal zum Ausschalten geben.

Der Schalter wurde umgelegt. Kemmlers Körper verkrampfte sich unter den Lederriemen. Sein Gesicht verzog sich zu einem grausigen Grinsen. Sein rechter Zeigefinger bohrte sich in die Handfläche, bis sie blutete. Nach 17 Sekunden glaubte der Arzt, es sei genug. Der Strom wurde abgestellt.

Doch dann begann Kemmler zu stöhnen. Er lebte! Panik breitete sich aus. »Schaltet den Strom ein! Schaltet den Strom ein!«, rief einer. Doch der Generator war bereits ausgeschaltet worden. Es dauerte mehr als zwei Minuten, bis er wieder anlief. Dann wurde Kemmler noch einmal elektrisiert. Ob eine Minute oder zwei, wusste danach niemand mehr. Die mit Salzwasser getränkten Schwämme der Elektroden trockneten aus, es roch nach verbranntem Fleisch. Ein Zeuge übergab sich, ein anderer fiel in Ohnmacht. Die *New York Times* titelte: »Viel schlimmer als Hängen«.

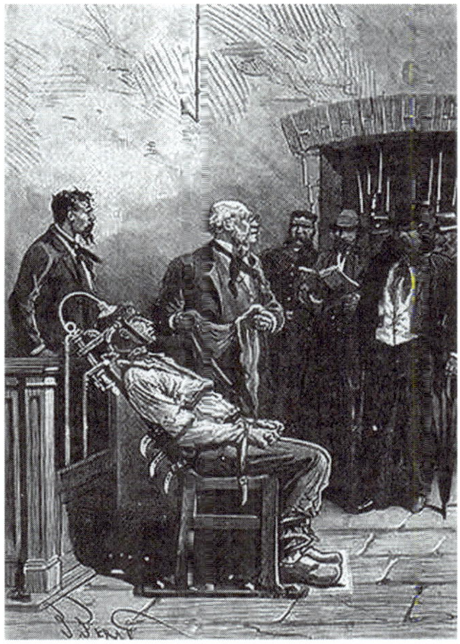

Die erste Hinrichtung auf einem elektrischen Stuhl am 6. August 1890 geriet zum Fiasko. Der Mörder William Kemmler überlebte den ersten Stromstoß von 17 Sekunden und musste ein zweites Mal »elektrokutiert« werden.

Wie Mark Essig in seinem großartigen Buch *Edison and the Electric Chair* schreibt, war der elektrische Stuhl für Edison wie jedes andere neue Gerät: Es brauchte einige Versuche, um seine Kinderkrankheiten auszumerzen. Westinghouse dagegen sagte einem Reporter: »Das hätten sie mit einer Axt besser hingekriegt.«

Als Edison 1905 nach der Elektrokution gefragt wurde, sagte er, seine Ansichten hätten sich nicht geändert: Er halte die Todesstrafe immer noch für »barbarisch«, die Elektrokution aber für die schnellste und daher menschlichste Hinrichtungsmethode.

Edison hat immer bestritten, den elektrischen Stuhl erfunden zu haben, aber nach Essigs Urteil war zweifellos er es, der ihm mit seinem hohen Ansehen zum Durchbruch verholfen hatte. Sein Hauptmotiv, auf diese Weise gegen den Wechselstrom zu kämpfen, sei die tiefe Überzeugung gewesen, er sei gefährlich.

In den späten 1970er-Jahren kamen immer mehr amerikanische Bundesstaaten vom elektrischen Stuhl als Hinrichtungsart ab. Die Methode der Wahl wurde die Giftspritze.

Was heute aus der Steckdose kommt, ist Wechselstrom. Obwohl tatsächlich gefährlicher als Gleichstrom (weil er zu stärkeren Muskelkontraktionen und zu Schwitzen führt, was den Hautwiderstand senkt), hat er sich durchgesetzt, weil er, wie Westinghouse richtig erkannte, einfach transformiert werden kann.

• Brown, H. P. (1888). Death-Current Experiments at the Edison Laboratory. *Electrical World* 12, 393-394.

1905 **Der Mann, der sich zwölfmal erhängte**

Die Arbeit *Etude sur la pendaison* (»Studie über das Erhängen«), die der rumänische Gerichtsmediziner Nicolas Minovici 1905 publizierte, enthält alles, was man je über diese Todesart hat wissen wollen – und vieles, was man lieber nie erfahren hätte. Sie beginnt mit dem Satz: »Es gibt in der Gerichtsmedizin kein Thema, das zu mehr Diskussionen und wissenschaftlichen Irrtümern Anlass gab als das Erhängen«, und lässt auf den 238 Seiten danach keine Zweifel darüber aufkommen, dass dieser missliche Zustand mit der vorliegenden Publikation nun ein Ende haben würde.

Minovici sortiert 172 Selbstmorde nach Alter, Geschlecht, Zivilstand, Nationalität und Beruf der Opfer, er analysiert Ort und Jahreszeit, kategorisiert die Hilfsmittel – 39 Seile, 12 Gürtel, 1 Taschentuch – und die verwendeten Knoten. All das natürlich erst, nachdem er eine saubere wissenschaftliche Definition geliefert hat: »Das Hängen ist ein gewalttätiger Akt, bei dem der Körper, aufgehängt am sich in einer an einem festen Punkt befestigten Schlinge befindenden Hals und seinem eigenen Gewicht überlassen, über das Seil einen starken Zug ausübt, was eine plötzliche Bewusstlosigkeit herbeiführt, die Atemfunktion stoppt und zum Tod führt.«

Der rumänische Gerichtsmediziner Nicolas Minovici bei einer »unvollständigen Erhängung«.

Trotz dieser Fülle von Angaben scheint Minovici die Information in einem Punkt immer noch unvollständig: Wie fühlt sich das Erhängen an? Die einzige Möglichkeit, darüber etwas zu erfahren, war schnell ausgemacht: Minovici und seine Mitarbeiter mussten sich selbst hängen.

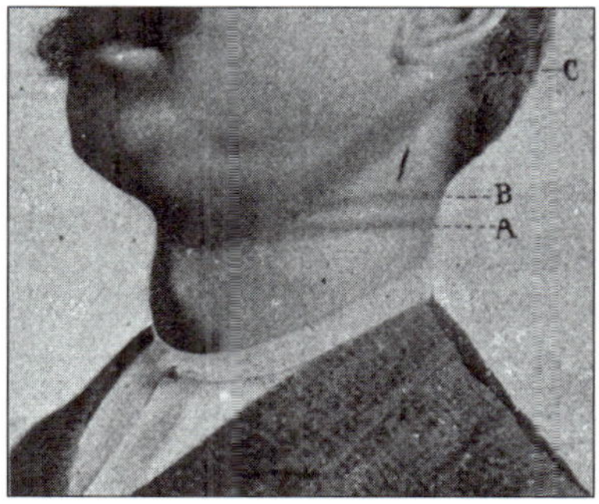

»A, B: Kontusionen, von unvollständigem Erhängen herrührend. C: Kontusion, von vollständigem Erhängen herrührend.« Nicolas Minovici führte detailliert Buch über die Verletzungen, die er sich bei seinen Versuchen zuzog.

Ihre Experimente begannen ganz harmlos damit, dass sie ihre Zeigefinger an die Halsschlagader drückten, bis ihnen schwarz vor den Augen wurde. Als Nächstes unterbrachen sie die gesamte Blutzufuhr für den Kopf, indem sie eine »unvollständige Erhängung« simulierten, deren Resultat, wie Minovici begeistert schrieb, »alle unsere Hoffungen übertraf«.

Die »Unvollständigkeit« der Erhängung bezog sich nicht etwa auf die Tatsache, dass Minovici dabei nicht starb, sondern darauf, dass er nicht mit seinem ganzen Gewicht am Seil hing. Er legte sich auf eine Pritsche, steckte den Kopf durch eine sich zusammenziehende Schlinge aus fünf Millimeter dickem Seil und fasste das andere Ende, das er an der Decke durch eine Rolle geführt hatte, mit der rechten Hand. Dann zog er am Seil, bis sich die Schlinge um den Hals zuzog und der Kopf sich anhob. »Obwohl wir das Experiment oft wiederholten, hielten wir es nie länger als fünf oder sechs Sekunden aus«, schrieb Minovici. Das Kraftmessgerät an der Decke zeigte dabei an, dass mit etwa 25 bis 30 Kilogramm Gewicht an der Schlinge gezogen wurde, wenn Minovici das Bewusstsein verlor. »Das Gesicht wurde rot, dann blau, die Sicht verschwommen, in den Ohren begann es zu pfeifen, und der Mut verließ uns, wir beendeten die Experimente.«

Der Mut hat Minovici allerdings nicht verlassen, sein drittes und viertes Experiment durchzuführen. Für das dritte verwendete er eine Schlaufe aus Stoff, die sich nicht zusammenzog. »Ich ließ mich sechs- oder siebenmal für vier oder fünf Sekunden hängen, um mich daran zu gewöhnen«, schrieb Minovici. »Was ich an diesen ersten kurzen Versuchen am meisten spürte, war der Schmerz.« Umso erstaunlicher, dass er, »ermutigt von diesen ersten Experimenten«, am nächsten Tag länger dauernde unternahm.

Nach etwas Training hielt Nicolas Minovici es schließlich 26 Sekunden aus. Die durch die Schlinge verursachten monströsen Schmerzen hielten zehn bis zwölf Tage an, was Minovici allerdings nicht daran hinderte, sein Königsexperiment durchzuführen: das richtige Erhängen mit einer Schlinge, die sich zusammenzieht. Wie bei allen vorherigen Experimenten entschuldigt sich Minovici wieder dafür, dass er und seine Mitarbeiter »trotz all unserem Mut dieses Experiment nicht länger als drei bis vier Sekunden ertrugen«.

Die Arbeit enthält ein Foto von Minovicis Hals, das seine nüchterne Feststellung illustriert: »Die Verletzungen des Halses als Folge der Experimente waren von einer großen Vielfalt. Die Frakturen von Kehlkopf und Zungenbein sind fast unvermeidlich. Nach dem letzten Experiment hatte ich einen Monat lang Schmerzen.« Im Bild hat er akribisch die Blutergüsse von »unvollständiger« und »vollständiger Erhängung« markiert.

Nicolas Minovici bei einem Versuch mit einer Schlinge, die sich nicht zusammenzieht. Er ließ sich jeweils hochziehen, bis seine Füße einen oder zwei Meter über dem Boden baumelten.

Minovici weist in seinem Artikel mehrmals auf die Gefährlichkeit der Versuche hin. Umso rätselhafter ist es, warum er sich jeweils hochziehen ließ, bis seine Beine einen oder zwei Meter über dem Boden baumelten, wo doch bereits in fünf Zentimeter Höhe das exakt gleiche Resultat zu erwarten gewesen wäre. Bei einem der Versuche wurde ihm das denn auch beinahe zum Verhängnis. Der Assistent, der am Seil zog, wollte Minovici am Ende des Versuchs mit den Armen auffangen, weil er befürchtete, er würde ohnmächtig. Doch das Seil verhedderte sich, und Minovici – obwohl auf den Armen des Assistenten – hing immer noch mit großem Gewicht in der Schlinge.

Minovicis Studie zählt zu den Klassikern der forensischen Medizin. Zu den darin enthaltenen Erkenntnissen gehört etwa, dass die Lage der Schlinge am Hals entscheidend ist. Einer von Minovicis Mitarbeitern brachte es mit der Schleife, die sich nicht zusammenzog, auf dreißig Sekunden, weil er das Seil geschickt positionierte. Minovici korrigierte auch die Ansicht, dass die meisten Erhängten ersticken würden. Der Tod sei vielmehr auf die unterbrochene Blutzufuhr im Gehirn zurückzuführen.

Wer das alles nicht glauben mag, den lädt Minovici ein, »unsere Resultate ohne Gefahr für sein Leben zu überprüfen. Man braucht sich nur hinzustellen und eine Schlinge um den Hals zu legen, deren anderes Ende zu einem Zugapparat führt. Und sobald man einen Zug von drei bis vier Kilogramm verspürt, der Körper sich zu heben beginnt, die Füße den Boden nicht mehr berühren, werden die Schmerzen unerträglich, sodass man das Erhängen bald aufgibt.«

◆ Minovici, N. S. (1905). Étude sur la pendaison. *Archives d'anthropologie criminelle de criminologie et de psychologie normale et pathologique* 20, 564-814.

1911 **Der Fall der 40 Fässer Coca-Cola**

Als am 16. März 1911 in Chattanooga im US-Bundesstaat Tennessee der Gerichtsfall gegen Coca-Cola zur Verhandlung kam, war Harry Hollingworth noch damit beschäftigt, die Daten seiner Experimente auszuwerten. Hätte er gewusst, wie der Prozess ausgeht, hätte er wohl nicht Nächte durchgearbeitet, um aus 64 000 Messungen eine klare Aussage zu gewinnen. Doch an diesem Donnerstag sah es noch ganz danach aus, als ob der Getränkefabrikant Hollingworths Resultate vor Gericht dringend benötigte.

Zwei Jahre zuvor hatten Regierungsbeamte in der Nähe von Chattanooga eine Lastwagenladung Coca-Cola-Sirup beschlagnahmt und Anklage gegen die Firma erhoben wegen Herstellung und Verkaufs eines gesundheitsschädlichen Getränks. Offiziell hieß der Fall »Die Vereinigten Staaten gegen 40 Fässer und 20 Fässchen Coca-Cola«.

Hinter der Aktion stand Harvey Wiley vom Landwirtschaftsministerium. Wiley war ein Kämpfer für natürliche Lebensmittel mit einer starken Abneigung gegen Koffein. Er war überzeugt davon, dass dieser Bestandteil von Coca-Cola giftig sei und süchtig mache.

Kurz vor dem Prozess wurde man sich in der Chefetage von Coca-Cola bewusst, dass es kaum Studien über die Wirkung von Koffein im Gehirn gab. Also beauftragte man Hollingworth, umfangreiche Experimente durchzuführen. Der junge Psychologe wusste, dass die Arbeit für den Getränkekonzern seinen Ruf für immer schädigen konnte. Aber er war in Geldnöten und wollte vor allem seiner Frau

Leta ein Universitätsstudium ermöglichen. Er ließ sich zusichern, dass sein Name nie im Zusammenhang mit Coca-Cola-Werbung verwendet werden dürfe.

Hollingworth mietete eine Sechszimmerwohnung in Manhattan und rekrutierte 16 Versuchspersonen im Alter zwischen 19 und 39 Jahren. Fünf Wochen vor Prozessbeginn begann er mit den ersten Tests: Die Versuchspersonen hielten sich von morgens 7.45 Uhr bis abends 18.30 in der Wohnung auf. Während dieser Zeit wurde wiederholt ihre Konzentrationsfähigkeit gemessen, ihre Wahrnehmung geprüft, ihr Urteilsvermögen abgefragt. Sie mussten kopfrechnen, Farben benennen, die Gegenteile von Begriffen suchen. Alle Versuchspersonen bekamen Kapseln zu schlucken, die entweder Koffein oder Milchzucker als Placebo enthielten. Die Tests sollten zeigen, wie sich das Verhalten der Koffeingruppe von dem der Placebogruppe unterschied.

Am 27. März hatte Harry Hollingworth seinen Auftritt vor Gericht. Er zeigte Grafiken und Tabellen und charakterisierte Koffein als mildes Aufputschmittel. Das einzige negative Resultat: Bei hoher Dosierung konnte es gelegentlich Schlafstörungen verursachen. Die Studie, die er in der kurzen Zeit durchgeführt hatte, gilt heute noch als Modell für gründliche und seriöse Forschung, auf den Ausgang des Prozesses hatte sie allerdings keinen Einfluss.

Nach Anhörung der Zeugen stellte Coca-Cola den An-

Früher wurde Coca-Cola in Fässern transportiert. 1909 ließ der amerikanische Landwirtschaftsminister eine Lastwagenladung Coca-Cola beschlagnahmen, weil er das Getränk für gesundheitsschädlich hielt.

trag, die Klage abzuweisen, weil sie auf der Annahme beruhe, dass Koffein ein künstlicher Zusatzstoff von Coca-Cola sei. Bei Koffein handle es sich um einen inhärenten Bestandteil von Coca-Cola wie von Tee und Kaffee. Dieser Argumentation schloss sich der Richter in seiner 25-seitigen Abhandlung über die Bedeutung des Wortes »Zusatz« an. Nach mehreren Berufungen landete der Fall schließlich beim obersten Gericht, das entschied, Koffein sei doch ein Zusatzstoff, und den Fall an das Gericht in Chattanooga zurückverwies. In der Zwischenzeit hatte Coca-Cola die Zusammensetzung des Getränks geändert und den Koffeingehalt halbiert. Damit wurde die ursprüngliche Klage hinfällig.

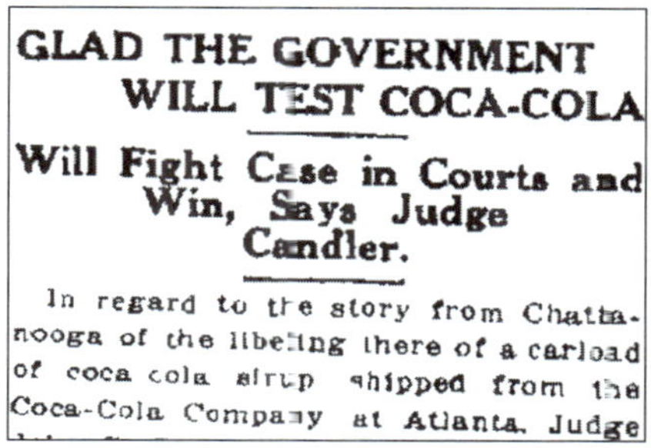
GLAD THE GOVERNMENT WILL TEST COCA-COLA

Will Fight Case in Courts and Win, Says Judge Candler.

In regard to the story from Chattanooga of the libeling there of a carload of coca cola sirup shipped from the Coca-Cola Company at Atlanta, Judge

»Erfreut darüber, dass die Regierung Coca-Cola testen wird« (*The Constitution*, 24. 10. 1909). Die Beschlagnahmung der 40 Fässer Coca-Cola machte Schlagzeilen. Richter Candler war sich sicher, den Prozess zu gewinnen.

Für Hollingworth waren die Koffeinexperimente der Anfang einer erfolgreichen Karriere in angewandter Psychologie. Seine Frau beendete ihre Ausbildung und wurde noch bekannter als ihr Mann. Aus der Koffeinstudie ergaben sich Hinweise darauf, dass – anders, als viele Männer glaubten – der Menstruationszyklus keinen Einfluss auf die geistige Leistungsfähigkeit von Frauen hatte. Leta Hollingworth benutzte die Methode der Coca-Cola-Experimente, um diese Tatsache ein für alle Mal zu belegen. Ihre Doktorarbeit »Funktionale Periodizität: Eine experimentelle Studie der mentalen und motorischen Fähigkeiten von Frauen während der Menstruation« gehört heute zu den Klassikern in der Psychologie.

◆ Hollingworth, H. L. (1912). The Influence of Caffein on Mental and Motor Efficiency. *Archives of Psychology* 22.

1926 **Kinderüberraschung**

Von allen wissenschaftlichen Experimenten mit Säuglingen gehören jene der Kinderärztin Clara Davis zu der erfreulicheren Sorte. Der acht Monate alte Abraham G., wie er in der Studie genannt wurde, konnte sich jedenfalls nicht beklagen. Vom 23. Oktober 1926 an, dem ersten Tag des Experiments, bekam er zu den Essenszeiten jedes Mal ein Tablett mit zehn Speisen und zwei Getränken aus einem Sortiment von über 30 verschiedenen Nahrungsmitteln vorgesetzt. Zur Auswahl standen unter anderem Äpfel, pürierte Ananas, Tomaten, gebackene Kartoffeln, ge-

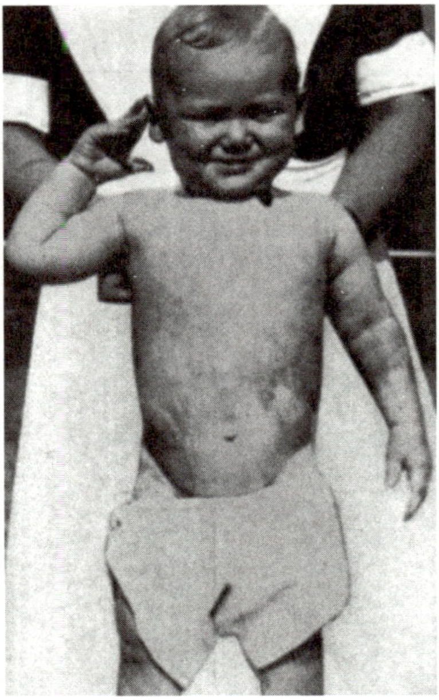

Earl H., eine der Versuchspersonen, mit 15 Monaten. Das Experiment bescherte ihm und den anderen den Kindern in Clara Davis' Experimenten ein Leben wie im Schlaraffenland.

kochter Weizen, Mais, Hafer, Roggen, gehacktes gekochtes Rindfleisch, Knochenmark, Hirn, Leber, Nierchen, gehackter Fisch, Eier, Salz, Wasser, verschiedene Sorten Milch und Orangensaft.

Der kleine Abraham konnte nach Belieben zulangen. Er musste bloß nach einer der Schalen greifen oder auf sie deuten, und eine Kinderkrankenschwester führte einen Löffel mit dem Inhalt des Näpfchens zu seinem Mund. Er konnte auch »mit seinen Fingern oder sonst wie essen, ohne dass seine Manieren kommentiert oder korrigiert werden dürfen«, wie es in der Studie hieß. Am Anfang tauchte er das ganze Gesicht in die Schalen.

Davis wog nach jeder Mahlzeit aufs Gramm genau ab, wie viel Abraham von welchen Speisen gegessen hatte. Etwa 60 Gramm fand sie jeweils auf dem Lätzchen und unter dem Stuhl. Sie wurden abgezogen.

Mit der eigenartigen Fütterungsmethode wollte Davis die alte Ansicht widerlegen, wonach sich die Ernährungsumstellung von der Muttermilch zur Erwachsenenkost kontinuierlich über eine Zeit von drei bis vier Jahren hinziehen sollte. Da die Säuglinge ihre Speisen selber wählten, wurde das Experiment auch oft in Zusammenhang mit einer anderen Auseinandersetzung in den Ernährungswissenschaften herangezogen: Sind Tiere – darunter auch die Menschen – in der Lage, sich aus einem breiten Angebot an Nahrungsmitteln instinktiv für die am besten für ihre Entwicklung geeigneten zu entscheiden, oder sollten sie den Ernährungsplänen von Biochemikern folgen, die alle Speisen nach Nährstoffgehalt analysiert hatten?

Neben Abraham brauchte Davis für ihre Experimente in den 1920er- und 1930er-Jahren in Chicago noch 14 Waisen im Alter zwischen sechs Monaten und viereinhalb Jahren. Die Resultate waren so spektakulär, dass sich ein Journalist fragte: »Hat sich während all der Jahre jemand einen kolossalen Witz mit uns erlaubt?« Obwohl sich Davis' Kinder nicht nach den Geboten von Eltern und Kinderärzten verhielten, entwickelten sie sich völlig normal. Sie wiesen keine Mangelerscheinungen auf, litten weder an Bauchschmerzen noch an Verstopfung.

Nach mehreren Jahren und 37 500 servierten Mahlzeiten zeigte sich: Die »Menüs« der einzelnen Kinder unterschieden sich nicht nur sehr stark, sie waren auch geprägt von Wellen der Vorliebe für ein bestimmtes Produkt. Es gab Kinder, die vier Bananen nacheinander aßen oder sieben Eier. Einen Dreijährigen filmte Davis, wie er als Abendessen ein Pfund Lammfleisch vertilgte. Generell nahmen die Kinder viel mehr Früchte, Fleisch, Eier und Fett zu sich, als Kinderärzte damals empfahlen, und weniger Getreide und Gemüse. Ein Mädchen aß während des Experiments drei Jahre lang nur gerade etwas mehr als ein Kilogramm Gemüse. Spinat wurde von fast allen Kindern verschmäht. Ähnlich unpopulär waren Kohl und Kopfsalat.

Die Kombinationen von Speisen, welche die Kinder sich zusammenstellten, waren »der Albtraum jedes Ernährungswissenschafters«, wie Davis sich ausdrückte: Ein Frühstück konnte aus einem halben Liter Orangensaft und etwas Leber bestehen. Was aussah wie ein ernährungswissenschaftliches Chaos, stellte sich jedoch bei genauerer Betrachtung als sinnvolle Ernährung heraus: Die Mengen an Protein, Fett und Kohlenhydraten lagen nämlich im Rahmen der üblichen Werte.

Davis' Experiment wirkte sich gravierend auf die bis dahin gängige Ernährungspraxis von Kleinkindern aus. Es zeigte, dass Kinder das Essen Erwachsener problemlos verdauen können, dabei normal heranwachsen und dass »normierte Diäten kaum eine optimale Ernährung sind«. Aus den Versuchen wurde aber auch der Mythos geboren, Kinder verfügten über die intuitive Fähigkeit, sich aus einem

Bei jedem Essen durften die Kinder aus einer reichen Selektion von Speisen wählen, was sie wollten. Sie konnten mit ihren Fingern oder sonstwie essen, ohne dass ihre Manieren kommentiert oder korrigiert werden durften.

beliebigen Sortiment von Speisen eine ausgeglichene Diät zusammenzustellen.

Dass das nicht stimmt, wusste schon Clara Davis. Ihre Auswahl bestand ja ausschließlich aus unverarbeiteten, ungewürzten und ungezuckerten Nahrungsmitteln: kein Brot, keine Suppen, keine Süßigkeiten. Zudem hatte sie ein Experiment mit verarbeiteten Speisen beabsichtigt, doch wurden ihr dafür keine Mittel bewilligt. Was dabei herausgekommen wäre, kann man heute an jedem Fast-Food-Stand beobachten.

◆ Davis, C. M. (1928). Self-selection of diet by newly weaned infants: an experimental study. *American journal of diseases of children* 28, 651-679.

1927 Ein langweiliges Experiment

Der Physiker Thomas Parnell hätte sich nicht träumen lassen, dass das Experiment, das er 1927 startete, im *Guinness-Buch der Rekorde* landen würde.

Thomas Parnell muss ein geduldiger Mensch gewesen sein. Irgendwann im Jahr 1927 goss der Professor für Physik an der Universität von Queensland in Brisbane, Australien, heißes Pech in einen unten verschlossenen Trichter – dann wartete er drei Jahre. Das Pech sollte sich in dieser Zeit setzen. 1930 öffnete er den Trichter und wartete erneut – diesmal acht Jahre, bis sich im Dezember 1938 der erste Tropfen Pech löste und in das Becherglas unter dem Behältnis fiel.

Pech ist eine teerartige Substanz, die bei der Verarbeitung von Erdöl, Kohle oder Holz anfällt. Es wurde früher benutzt, um Fackeln herzustellen oder Schiffe abzudichten. Bei Raumtemperatur ist Pech hart wie Stein und brüchig wie Glas. Doch der Eindruck täuscht, es hat auch in diesem Zustand die Eigenschaften einer Flüssigkeit. Berechnungen ergaben, dass es 100 Milliarden Mal zähflüssiger ist als Wasser. Der Tropfen Pech unter dem Trichter ist denn auch genauso hart wie das Ausgangsmaterial.

Neun Jahre nach dem ersten Tropfen hatte sich ein zweiter gebildet, der sich im Februar 1947 absonderte. Dann starb Parnell, und ein Mitarbeiter kümmerte sich um das Experiment – eine Aufgabe, die vor allem darin bestand, nichts zu tun. Im April 1954 machte sich der dritte Tropfen selbstständig.

1961 nahm der Physiker John Mainstone seine Tätigkeit an der Universität auf, und in den fast 50 Jahren – und fünf Tropfen –, die seither vergangen sind, hat er den Versuch beaufsichtigt.

Seit der Physiker John Mainstone 1961 die Betreuung des Experiments übernommen hat, haben sich fünf Tropfen Pech gelöst – doch noch nie hat ein Mensch dabei zugeschaut.

Die große Karriere des Pechtropfenexperiments begann sechzig Jahre nach seinem Start. Mainstone hatte die Idee, es anlässlich der Weltausstellung 1988 in Brisbane im Pavillon der Universität zu zeigen. Von da an verbrachte er einen zunehmenden Teil seiner Arbeitszeit als persönlicher Pressesprecher des langweiligsten Experiments der Welt (genau genommen ist es eher eine Demonstration einer bekannten Eigenschaft von Pech als ein Experiment, bei dem versucht wird, etwas Neues über Pech herauszufinden).

Journalisten von überall her riefen an, Fernsehteams flogen ein. 2003 wurde der pechgefüllte Trichter ins *Guinness-Buch der Rekorde* aufgenommen als der Welt am längsten andauerndes Laborexperiment. 2005 erhielten John Mainstone und posthum Thomas Parnell einen Ig-»Nobelpreis«, die populäre Spaßauszeichnung für seltsame Wissenschaft, »die uns erst zum Lachen, dann zum Denken bringt«. 2006 wurde das Experiment auch noch mit dem Titel »langweiligste Website im Internet« bedacht – knapp vor der Online-Präsentation des Essigmuseums in South Dakota.

Natürlich war es da nur noch eine Frage der Zeit, bis sich auch die erste Popgruppe nach dem Experiment benannte. Die drei Songs, die »The Pitch Drop Experiment« auf ihrer Website bei MySpace veröffentlichen, heißen »First Drop«, »Second Drop« und – man ahnt es – »Third Drop«.

Obwohl Pech extrem spröde ist und unter einem Hammerschlag in tausend Stücke zersplittert, verhält es sich wie eine extrem zähe Flüssigkeit.

Bei so viel Popularität mag es erstaunen, dass bisher kein Mensch einen Tropfen Pech hat fallen sehen. Doch dieser Vorgang dauert nur eine Zehntelsekunde – nach acht bis zwölf Jahren Wartezeit. Beim letzten Tropfen im Jahr 2000 war zwar eine digitale Kamera auf den Trichter gerichtet, doch ausgerechnet, als es so weit war, streikte die Technik.

Nachdem der Trichter mit dem Pech anfangs über Jahrzehnte in einem verschlossenen Kasten untergebracht war, steht er nun im Foyer des Parnell-Gebäudes der Universität. Seit dieser Raum klimatisiert ist, liegt die Durchschnittstemperatur tiefer. Das ist mit ein Grund, weshalb das Pech heute langsamer fließt und größere Tropfen bildet – was Mainstone in ein »schreckliches ethisches Dilemma« versetzte. Der achte Tropfen löste sich zwar am 28. November 2000, weil er aber sehr groß war und deshalb nicht sonderlich tief fiel, wurde er auch nicht völlig vom Teer im Trichter abgetrennt, sondern war immer noch mit ihm verbunden. »Sollen wir die Verbindung kappen, damit der neue Tropfen auf kein Hindernis stößt, oder lassen wir Parnells Experiment ungestört?« Mainstone entschied sich, nicht einzugreifen.

Über die Gründe, die Parnell vor 81 Jahren bewogen, den Versuch zu beginnen, kann Mainstone nur spekulieren. Damals hatte in der Physik die Quantenrevolution eingesetzt. »Vielleicht wollte Parnell zeigen, dass es auch in der klassischen Physik Dinge gab, die nicht sind, was sie zu sein scheinen.«

Die vereinzelten Stimmen, die das kuriose Experiment als der Universität nicht würdig erachteten, sind schon lange verstummt. »Für nichts anderes ist die Universität so berühmt wie für das Pitch-Drop-Experiment«, sagt Mainstone, der hofft, den Fall des nächsten Tropfens, den er in fünf Jahren erwartet, endlich mitzuerleben. Auf den übernächsten Tropfen angesprochen, beginnt Mainstone zu rechnen und sagt dann: »Das könnte etwas problematisch werden.« Der Professor ist 73 Jahre alt.

ve rueckte-experimente.de

◆ Edgeworth, R., B. J. Dalton et al. (1984). The pitch drop experiment. *European Journal of Physics* 5(4), 198-200.

1928 Ohne Beilage bitte!

Als Vilhjalmur Stefansson am 28. Februar 1928 mit seinem Experiment begann, sagten Experten voraus, dass er nicht mehr als vier bis fünf Tage durchhalten würde. Bei früheren Versuchen, so ein Ernährungsspezialist aus Europa, seien die Versuchspersonen bereits nach drei Tagen zusammengebrochen. Stefansson ließ sich aber nicht beirren. Er war sicher, dass ein Mensch nur von Fleisch leben konnte, solange er wollte, und dabei gesund blieb – ob in der Arktis, wo er es bei seinen Expeditionen zu den Inuit bereits praktiziert hatte, oder in der Abteilung B 1 des Bellevue-Hospitals in New York, wo das Experiment unter Aufsicht einer ganzen Schar von Ärzten nun stattfinden sollte. Dass er trotzdem bereits zwei Tage danach Durchfall hatte, lag daran, dass sich die Mediziner eine kleine Gemeinheit ausgedacht hatten.

Schon Anfang des 20. Jahrhunderts gab es eine feste Überzeugung, wie man sich gesund ernährt: Viel Gemüse und Früchte und wenig Fleisch, hieß die Grundregel. Ohne das Vitamin C aus Gemüse und Früchten – diese leidvolle Erfahrung hatten bereits die Seefahrer gemacht – erkrankt der Mensch an Skorbut (siehe Seite 18 ff.). Übermäßiger Fleischgenuss hingegen führe zu Rheumatismus, hohem Blutdruck, Überlastung der Nieren. Kein Mensch kann von Fleisch allein leben. Daran glaubte auch Stefansson, als er 1906 – 22 Jahre vor dem Experiment – seine Stellung als Assistenzlehrer in Anthropologie an der Universität Harvard aufgab und 27-jährig in die Arktis aufbrach.

Von allen Nahrungsmitteln, gegen die man eine Abneigung haben konnte, mochte Stefansson ausgerechnet Fisch überhaupt nicht. »Ich knabberte vielleicht ein- oder zweimal pro Jahr daran herum, nur um meine Meinung zu bestätigen, dass Fisch so schlecht schmeckte, wie ich dachte«, schrieb er später. Die Inuit (Eskimos), bei denen er auf seiner ersten Reise gezwungen war zu überwintern, lebten ausschließlich von Fisch. Immerhin musste Stefansson ihn nicht in Wasser gekocht oder roh essen, wie die Einheimischen es taten. Die Frauen brieten den Fisch für ihn, und er erlebte eine Überraschung. »Entgegen meiner Erwartung und fast gegen meinen Willen begann ich gebratene Lachsforelle zu mögen.« Und nicht nur das, schon bald bevorzugte Stefansson den gekochten Fisch, und auch der rohe, den die Frauen wie eine Banane schälten, schmeckte ihm.

Nach drei Monaten hatte Stefansson die Essgewohnheiten der Inuit weitgehend übernommen. Einzig an verfaulten Fisch wagte er sich nicht so recht heran. Doch dann: »Eines Tages versuchte ich verfaulten Fisch, und ich mochte ihn besser als mein erstes Stück Camembert.« In den darauf folgenden Wochen wurde auch der stinkende Fisch zu einer Delikatesse für ihn.

Stefansson unternahm weitere ausgedehnte Reisen in die Arktis. Nachdem er sich 1918 bereits fünf Jahre ausschließlich von Fisch, Eisbär, Robbe und Rentier – also Fleisch – ernährt hatte, teilte er einem Wissenschaftler der amerikanischen Nahrungsmittelbehörde mit, man müsse den Sachverhalt genauer prüfen. Er selbst schien keine Probleme zu haben, nur Fleisch zu essen. Stefansson bezog sich dabei auf die wissenschaftliche Definition von Fleisch, die Fisch einschließt.

Ständig verhindert durch seine Reisetätigkeit, ließ sich Stefansson schließlich 1926 untersuchen. In der Facharbeit »Die Wirkung von lang anhaltendem ausschließlichem Konsum von Fleisch« kamen die Ärzte zum Schluss, dass Stefansson unter keiner einzigen der angenommenen schädlichen Auswirkungen von maßlosem Fleischkonsum litt.

Doch die Fachwelt blieb skeptisch. Einige Experten vermuteten, dass Stefanssons Fleischdiät nur unter extremen klimatischen Bedingungen unschädlich war, andere

Der Arktisforscher Vilhjalmur Stefansson mit seiner Jagdbeute, einer Robbe. Um skeptischen Ernährungsexperten zu beweisen, dass nicht krank wird, wer ausschließlich Fleisch isst, nahm er ein Jahr lang nichts anderes zu sich.

glaubten, die große körperliche Anstrengung in freier Natur sei nötig, um die einseitige Nahrung zu tolerieren. Positiv reagierte die Vereinigung der amerikanischen Fleischverarbeiter. Sie bat um die Erlaubnis, den Artikel in großen Mengen an Ärzte und Ernährungsberater zu verteilen. Stefansson und die beteiligten Ärzte lehnten ab, machten den Fleischverarbeitern aber ein anderes Angebot. Wenn sie ein Experiment finanzierten, das klären sollte, ob eine reine Fleischdiät auch für den durchschnittlichen amerikanischen Stadtbewohner gesund sei, dürften sie die Resultate für ihre Zwecke nutzen.

Und so trat Stefansson am 13. Februar 1928 im New Yorker Bellevue-Hospital zum Test an. Während der ersten zwei Wochen bestimmten die Ärzte die Eckdaten von Stefanssons Stoffwechsel. Er aß eine gemischte Diät aus Früchten, Gemüse, Getreide und Fleisch und legte sich dann für drei Stunden in ein Kalorimeter, eine Art Sarg mit Glaswänden, der den Gasaustausch überwachte, die Temperatur und andere Werte bestimmte und daraus Rückschlüsse auf die Prozesse im Körper erlaubte. Diese Untersuchungen empfand Stefansson als besonders lästig. »Wir durften nicht lesen, und man warnte uns sogar, an irgendetwas besonders Angenehmes oder Unangenehmes zu denken, weil Gedanken und Gefühle den Körper erhitzen oder kühlen können.«

Ursprünglich wollte sich Stefansson dem Test allein un-

EXPORER IS MUCH BETTER EATING MEAT

Stefansson Has Eaten Nothing But Meat Three Weeks And Is More Ambitious

NEW YORK, March 22 (AP).—After three weeks on an all meat diet,

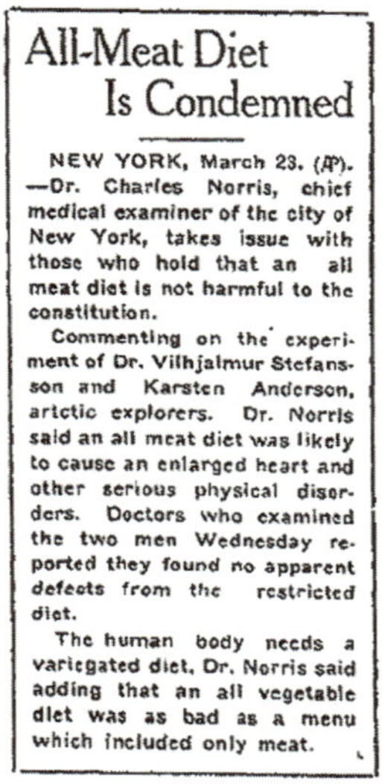

All-Meat Diet Is Condemned

NEW YORK, March 23. (AP).—Dr. Charles Norris, chief medical examiner of the city of New York, takes issue with those who hold that an all meat diet is not harmful to the constitution.

Commenting on the experiment of Dr. Vilhjalmur Stefansson and Karsten Anderson, artctic explorers. Dr. Norris said an all meat diet was likely to cause an enlarged heart and other serious physical disorders. Doctors who examined the two men Wednesday reported they found no apparent defects from the restricted diet.

The human body needs a variegated diet, Dr. Norris said adding that an all vegetable diet was as bad as a menu which included only meat.

»Entdecker geht es viel besser, wenn er nur Fleich isst« (*The Daily Mail*, 22.3. 1928). – »Nur-Fleisch-Diät wird verurteilt« (*The Morning Herald*, 24.3.1928). Stefanssons Experiment löste kontroverse Reaktionen aus.

terziehen, aber »ich hätte von einem Lastwagen überfahren werden können, und das würde von Mischessern und Vegetariern als Zeichen mangelnder Aufmerksamkeit und Vitalität ausgelegt, verursacht von der monotonen Diät und dem Gift im Fleisch«. Als zweiten Versuchsteilnehmer konnte Stefansson seinen früheren Expeditionskollegen Karsten Andersen überreden, einen jungen Dänen, der in Florida lebte und eine Diät, »reich an pflanzlichen Elementen«, bevorzugte, von der Stefansson offensichtlich nicht viel hielt, fügte er doch an, dass Andersen ständig an Erkältungen leide, seine Haare verliere und Probleme mit einer Vergiftung im Darm habe. Jeder Doktor, war Stefansson sicher, würde in einem solchen Fall sagen: »Ich befürchte, Sie müssen auf Fleisch verzichten.«

Nach der Phase mit der Normaldiät begann am 28. Februar der eigentliche Versuch. Stefansson und Andersen bekamen nur noch Fleisch zu essen und wurden Tag und Nacht überwacht. Niemand sollte ihnen vorwerfen können, sie hätten sich heimlich an Salat oder einem Apfel gütlich getan. Selbst telefonieren durften sie nicht mehr ohne Beaufsichtigung.

Andersen aß Koteletts, gekochte Rippen, Hähnchen, Leber, Speck und Fisch nach Belieben, mit ein bisschen Knochenmark als Dessert. Als Kontrast wurde Stefansson – das war die Gemeinheit – auf mageres Fleisch gesetzt, was ihm schon am zweiten Tag Schwierigkeiten bereitete: Durchfall und generelles Unwohlsein setzten ein. Ähnlich war es ihm in der Arktis ergangen, als er zu wenig Fett zu sich genommen hatte. So wusste er, dass die Sache nach ein paar fetten Steaks und in Schmalz gebratenem Hirn ausgestanden sein würde.

Zur Überraschung der Ärzte war die Fleischdiät nicht so eiweißhaltig, wie man bis dahin angenommen hatte, sondern vor allem reich an Fett. Stefansson und Andersen verzehrten pro Tag etwa eineindrittel Pfund mageres Fleisch und ein halbes Pfund Fett. Das Fett deckte drei Viertel ihres Energiehaushalts.

Stefansson verließ das Spital nach drei Wochen, weil er Termine außerhalb New Yorks hatte. Andersen blieb drei Monate unter strenger Überwachung. Beide lebten weiter nur von Fleisch – ein ganzes Jahr lang (Andersen überstand mit dieser Diät sogar eine schwere Lungenentzündung und behauptete, sein Haarausfall habe aufgehört). Dann ließen sie sich noch einmal gründlich untersuchen und wechselten wieder auf eine gemischte Diät. In der Schlussphase war es Andersen, der Probleme bekam. Die Ärzte verabreichten ihm eine Woche lang zu jeder Mahlzeit nur Fett, bis es ihm jeweils übel wurde. Außer in diesem Zeitraum hatte erstaunlicherweise keiner der Männer besondere Lust auf Abwechslung, auf Früchte oder Gemüse. Noch überraschender war die Tatsache, dass Stefansson und Andersen unter der fettreichen Diät etwa zwei Kilo abgenommen hatten.

Das Experiment wäre wohl im Kuriositätenkabinett der Medizin gelandet, hätte nicht 1972 ein amerikanischer Herzspezialist ein Buch mit dem großspurigen Titel *Dr. Atkins' Diät-Revolution* herausgebracht. Robert Atkins war der Überzeugung, dass nicht zu viel Fett in der Nahrung zu Übergewicht führe, sondern zu viele Kohlenhydrate. Spiegelei mit Speck, fette Steaks und Doppelrahmkäse sind ausdrücklich erlaubt, Kartoffeln, Reis, Zucker und andere kohlenhydratreiche Speisen verboten.

Die Atkins-Diät ist heute in aller Munde und immer noch heiß umstritten. Tatsächlich sollen Leute so Gewicht verloren haben. Unklar bleibt, warum, und ob sie Langzeitschäden befürchten müssen. Obwohl Vilhjalmur Stefansson seine Fleischernährung nicht als Diätvorschlag sah, wird er heute in einem Atemzug mit Atkins genannt.

Die Atkins-Diät hat einen neuen Säulenheiligen dringend nötig. Robert Atkins starb im April 2003, nachdem er in New York auf einer eisigen Straße gestürzt war. Wie das vegetariernahe Ärztekomitee für eine verantwortungsvolle Medizin später publik machte, wog er bei seinem Tod 117 Kilogramm. Welches Gewicht Stefansson im Alter auf die Waage brachte, ist nicht bekannt.

◆ Stefansson, V. (1957). *The Fat of the Land*. New York, The Macmillan Company.

1932 **Die ungleichen Zwillinge**

Johnny und Jimmy Woods kamen am 18. April 1932 ohne Komplikationen zur Welt: zuerst Johnny mit den Füßen voran, 16 Minuten und 30 Sekunden später Jimmy in Normalposition. Die Mutter Florence Woods war 32 Jahre alt und hatte schon fünf Kinder, für die ihr Mann Dennis als Taxifahrer in New York kaum genug Geld nach Hause brachte. Die Familie war von der Sozialhilfe abhängig und lebte in einer Wohnung ohne Heizung an der Amsterdam Avenue in New York.

Deshalb musste Florence Woods das Angebot eines seltsamen Experiments als Geschenk des Himmels empfunden haben: Eine Psychologin namens Myrtle McGraw wollte an Johnny und Jimmy studieren, wie sich Fördermaßnahmen auf die motorische Entwicklung von Kindern auswirken. Dieses Projekt erforderte, dass die Zwillinge fünf Tage pro Woche von neun bis fünf Uhr unter der Obhut von McGraw oder in einem Hort verbrachten – eine Art Gratiskrippenplatz in bester Umgebung. Überdies würden Johnny und Jimmy später ein Stipendium an der Columbia University erhalten.

Myrtle McGraw erforschte in der Säuglingsabteilung des Columbia Presbyterian Medical Center in New York die Entwicklung von Kindern. Sie war es zum Beispiel, die herausfand, dass Säuglinge in den ersten Monaten einen angeborenen Tauchreflex zeigen, der sie instinktiv die Luft anhalten lässt, wenn sie ins Wasser tauchen. Zu den Fragen, die sie besonders interessierten, gehörte: Lässt sich durch gezieltes Training beeinflussen, wann die Stadien auftreten, die ein heranwachsender Säugling in seiner Motorik durchläuft?

Prominente Wissenschaftler wie der Psychologe Arnold Gesell vertraten die Meinung, die motorische Entwicklung von Kindern folge einem von der Natur vorgegebenen Muster, das kaum beschleunigt werden könne. McGraw war davon nicht überzeugt und überlegte sich, wie sie die Wirkung frühen Trainings testen könnte.

Die einfachste Methode war, den Effekt unterschiedlicher Fördermaßnahmen an zwei genau gleichen Säuglingen zu beobachten. Solche Wesen gibt es zwar nicht, aber eineiige Zwillinge kamen dieser Voraussetzung recht nahe. Eineiige Zwillinge haben das gleiche Erbmaterial. Falls sie sich unterschiedlich entwickeln, kann der Grund also nicht in ihrer Natur liegen, sondern muss auf Umwelteinflüsse – zum Beispiel McGraws Fördermaßnahmen – zurückgehen.

Welche Wirkung hat die Frühförderung bei Säuglingen? Mit 21 Monaten schaffte es Johnny Woods, von einem 1,60 Meter hohen Podest zu klettern. Sein Zwillingsbruder Jimmy konnte noch nicht einmal gehen.

Unter welchen Umständen Florence Woods und Myrtle McGraw zum ersten Mal zusammentrafen, ist nicht bekannt. Aber es muss im Winter 1932 gewesen sein, nachdem Mrs. Woods – im siebten Monat schwanger – erfahren hatte, dass sie zwei Kinder austrug. McGraw wird ihr erklärt haben, wie das Experiment ablaufen würde: Vom zwanzigsten Tag nach der Geburt an sollte der eine Zwilling ein rigoroses Förderprogramm durchlaufen, der andere während derselben Zeit vor allem in einer Krippe mit höchstens zwei Spielzeugen liegen. In regelmäßigen Abständen durchgeführte Tests würden zeigen, was das Training bewirkte.

Weil Johnny bei der Geburt schlechter entwickelt war und auch weniger Gewicht auf die Waage brachte als Jimmy, wählte McGraw ihn für das Förderprogramm aus. Er bekam Schwimmunterricht, übte, über Hindernisse zu klettern und von Podesten zu springen, lernte, Kisten zu stapeln. Die Wirkung ließ nicht auf sich warten: Mit 15 Monaten vollführte Johnny einen Hecht von einem 1,50 Meter hohen Sprungbrett, mit 17 Monaten schwamm er vier Meter unter Wasser, mit 21 Monaten kletterte er von einem 1,60 Meter hohen Podest, und mit 22 Monaten kroch er mühelos eine 70 Grad steile Rampe empor.

Von all seinen Leistungen war Johnnys Geschick im Rollschuhlaufen am erstaunlichsten. Anlässlich eines Treffens der American Psychological Association 1934 zeigte McGraw einen Film, in dem er auf Rollschuhen die Gänge der Klinik unsicher macht. Die Idee, Johnnys Balance zu

Nichts machte das Experiment berühmter als die Tatsache, dass Johnny mit 13 Monaten Rollschuh laufen konnte (nach mehreren Monaten Training).

beurteilen, indem sie ihn auf Rollschuhe stellte, bezeichnete McGraw später als ihren größten Fehler: Nicht, weil die Methode falsch gewesen wäre, sondern weil ein Säugling auf Rollschuhen für Journalisten ein gefundenes Fressen war.

»Das beste Alter, das Rollschuhlaufen zu lernen, ist sieben Monate«, erklärte die *Reno Evening Gazette* ihren Lesern, und die *New York Times* schrieb: »Konditioniertes Kind beweist Überlegenheit.« Tatsächlich schienen die ersten Resultate die Wirksamkeit des Trainings zu beweisen.

Als die Zwillinge 22 Monate alt waren, konnte das Experiment nicht in der gleichen Form weitergeführt werden. Jimmy quengelte ständig und wurde immer unzufriedener mit seinen restriktiven Spielmöglichkeiten. In einem Intensivprogramm wurde er in den darauf folgenden zweieinhalb Monaten in allem unterwiesen, was Johnny von Geburt an gelernt hatte. Das Resultat war überraschend: Jimmy schloss praktisch in allen Disziplinen zu Johnny auf. Danach lebten die beiden zu Hause, kamen aber zu regelmäßigen Tests in die Klinik, bis sie zehn Jahre alt waren.

Führende Lehrbücher bezeichnen McGraw heute als Anhängerin der Reifungstheorie. Ihr Experiment habe klar gezeigt, dass die Lernbereitschaft letztlich genetisch gesteuert sei und dass eine frühe Förderung letztlich keinen Vorteil bringe. Man müsse einfach warten und die Kinder reifen lassen.

McGraw fühlte sich in dieser Hinsicht missverstanden, weil man ihrer Meinung nach keine allgemein gültigen Aussagen zur Wirksamkeit der Frühförderung machen könne, »da verschiedene Fähigkeiten ganz unterschiedlich bewahrt werden oder verloren gehen«. Persönlich war McGraw überzeugt davon, dass die bessere Körperkoordination, die Johnny im Erwachsenenalter zeigte, auf das Training zurückging.

Die Presseleute gaben dem Experiment von Anfang an einen eigenen Dreh. »Johnny ist ein Gentleman, Jimmy ist ein Idiot«, titelte der *Literary Digest* 1933 und spielte damit auf die Intelligenz und Persönlichkeit der Zwillinge an, obwohl McGraws Studie sich einzig um die motorische Entwicklung drehte.

Die Studie verlor bei den Journalisten rasch an Interesse – vielleicht weil sie keine einfachen Antworten gab, etwa auf die Frage, ob Natur oder Erziehung die wichtigere Rolle spielten. In vielen Artikeln wurde die Autorität der Psychologie in Sachen Kindererziehung infrage gestellt. »›Normaler‹ Jimmy ist ›wissenschaftlichem‹ Johnny überlegen«, schrieb eine Zeitung; eine andere: »Normaler Zwilling herrscht über ›Superbaby‹.« Den Experten sei es peinlich, dass ihren Theorien ein Schlag versetzt worden sei, war in einem Artikel zu lesen. Die Zeitung bezog sich dabei auf die Tatsache, dass Johnny zwar intelligenter sein mochte, zu Hause aber Jimmy das Sagen hatte und seinen Bruder »für sich arbeiten ließ. … Jimmy scheint alle Qualifikationen eines Managers zu haben und Johnny alle Fähigkeiten eines sachkundigen Untergebenen.«

Der Vergleich aus der Geschäftswelt war natürlich lächerlich, aber McGraw hatte selbst einmal gesagt, Johnnys

Eines der vielen Experimente, die Johnny durchlief. Dieser Test war ursprünglich entwickelt worden, um die Intelligenz von Affen zu bestimmen (siehe *Das Buch der verrückten Experimente*, Seite 74).

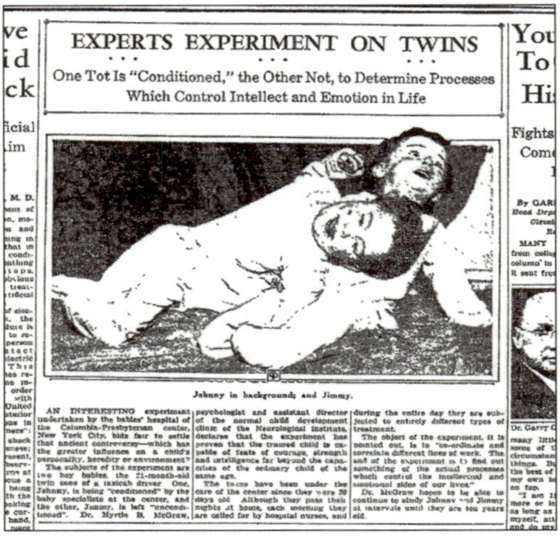
EXPERTS EXPERIMENT ON TWINS

One Tot Is "Conditioned," the Other Not, to Determine Processes Which Control Intellect and Emotion in Life

Johnny in background; and Jimmy.

»Experten experimentieren mit Zwillingen« (*Stevens Point Daily Journal*, 15.3.1934). Einer von unzähligen Presseartikeln über das Experiment.

World Disarn

Scientific Twin Boys Grow Up Different, But Still Normal

»Wissenschaftliche Zwillinge wachsen unterschiedlich, aber normal auf« (*Daily Journal-Gazette*, 14.12.1946). Johnny und Jimmy waren 14 Jahre alt, als dieser Artikel erschien.

Förderprogramm sei »eine schlechte Vorbereitung auf das raue Leben in einer Großfamilie«. Zudem war nicht zu verhindern, dass die Eltern Jimmy aus Mitleid zu Hause stärker förderten als Johnny.

Die Journalisten besuchten Johnny und Jimmy zu Hause und begleiteten sie jedes Jahr auf ihrem traditionellen Geburtstagsausflug in den Zirkus. Als die Zwillinge mit sieben in die Schule kamen, schrieb die *New York Times*: »Nachdem er seit seiner frühsten Kindheit ›wissenschaftlich konditioniert‹ und beobachtet worden war, nahm John Woods gestern Rache an der Wissenschaft, indem er ausrief: ›Ich hasse die Schule!‹«

»Die Presse sammelte sich, um Jimmy zu unterstützen, als ob er der Underdog in einem undemokratischen Experiment sei«, schrieb der Wissenschaftshistoriker Paul M. Dennis vom Elizabethtown College in Pennsylvania, der die Medienberichterstattung über McGraws Experiment untersuchte.

Die entscheidende Frage vergaßen die Journalisten aber zu stellen, und McGraw wies sie aus naheliegenden Gründen nicht darauf hin. Einige Monate nach der Geburt zeigte sich nämlich, dass Johnny und Jimmy sich körperlich nicht so ähnlich waren, wie es eineiige Zwillinge hätten sein sollen. Bereits McGraw erwähnt in ihrer Studie, dass Johnny und Jimmy zweieiig sein könnten. Heute gilt das als praktisch sicher.

1932 gab es noch keine Möglichkeit, den Status von Zwillingen zweifelsfrei zu überprüfen. Als Hinweis auf Eineiigkeit galt, wenn Zwillinge an einer einzigen Plazenta hingen. Darauf hatte man bei der Geburt von Johnny und Jimmy zwar geachtet, aber nicht bemerkt, dass bei ihnen wohl zwei Plazenten zu einer zusammengewachsen waren. Das zentrale Ziel der Studie – Gene und Umwelteinflüsse auseinanderzuhalten – wurde verfehlt. Später unternahm McGraw ein zweites Experiment mit zwei Mädchen, Florie und Margie, von denen man sicher war, dass sie eineiig waren. Die Resultate dieser Studie sind nirgends zu finden.

Myrtle McGraw blieb noch bis 1942 am Columbia Presbyterian Medical Center und widmete sich dann für zehn Jahre ihrer Familie, bevor sie wieder an einer Universität zu unterrichten begann. Sie starb 1988. Über Johnny und Jimmy ist wenig Näheres bekannt. Johnny soll laut Victor W. Bergenn, einem früheren Mitarbeiter von McGraw, 1980 gestorben sein, Jimmy könnte noch am Leben sein. Dann wäre er jetzt 77 Jahre alt.

verrueckte-experimente.de

◆ McGraw, M. (1935). *Growth: A Study of Johnny and Jimmy.* New York, D. Appleton-Century Company.

1932 Der Blutdruck beim Jawort

Die 21-jährige Harriet Berger von Chicago und der 24-jährige Vaclav Rund von Riverside hatten einen ungewöhnlichen Ort ausgesucht, um sich das Jawort zu geben: das Crime-Detection-Labor der Northwestern University in Evanston, US-Bundesstaat Illinois. Auf dem Bild der Zeremonie, das im Juni 1932 die *Sheboygan Press*, der *Daily Independent* und viele andere Zeitungen druckten, war neben dem Paar und dem Pfarrer noch eine vierte Person zu sehen: ein junger Mann im Anzug, der die Knöpfe eines elektrischen Geräts betätigte, an dem das Hochzeitspaar über Kabel und Schläuche angeschlossen war. Charlie Wilson war Experte für die Anwendung des neuen Apparats, der unter dem Namen »Lügendetektor« bekannt werden sollte.

Der Lügendetektor war nichts anderes als ein kombiniertes Messgerät für Pulsfrequenz und Blutdruck. Aus diesen Werten glaubten die Verfechter der neuen Technik ablesen zu können, ob ein Mensch log. Doch das Verfahren war umstritten, und das war wohl auch der Grund, weshalb die Brautleute unter solch unromantischen Umständen heirateten: Wilson und sein Chef Leonard Keeler nahmen jede Möglichkeit wahr, um Werbung für den Lügendetektor zu machen. Und wie sie richtig vermuteten, ließ sich keine Zeitung die bizarre Trauung entgehen.

Warum sich Berger und Rund dazu bereit erklärten – ob sie mit den Forschern befreundet waren oder die Hochzeitstorte von ihnen bezahlt bekamen –, ist unbekannt, jedenfalls verkündete Wilson, dass »der Lügendetektor die Liebe der

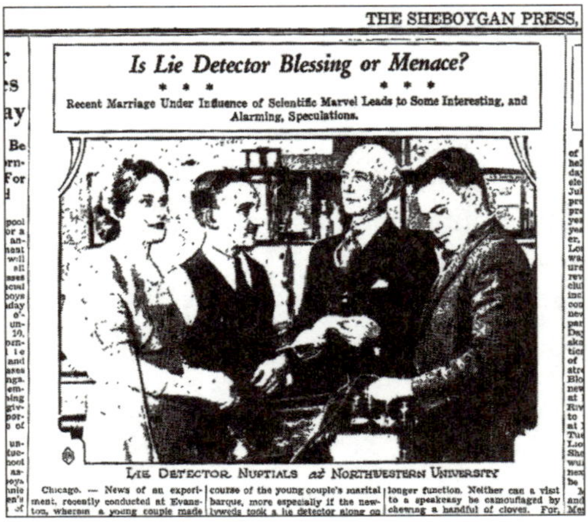
THE SHEBOYGAN PRESS,

Is Lie Detector Blessing or Menace?

Recent Marriage Under Influence of Scientific Marvel Leads to Some Interesting, and Alarming, Speculations.

LIE DETECTOR NUPTIALS at NORTHWESTERN UNIVERSITY

Chicago. — News of an experiment, recently conducted at Evanston, wherein a young couple made | course of the young couple's marital barque, more especially if the newlyweds took a lie detector along on | longer function. Neither can a visit to a speakeasy be camouflaged by chewing a handful of cloves. For,

»Ist der Lügendetektor ein Fluch oder ein Segen?« (*The Sheboygan Press*, 13.6.1932). Braut und Bräutigam waren bei dieser Hochzeit an einem Lügendetektor angeschlossen. Die seltsame Zeremonie machte im ganzen Land Schlagzeilen.

Frischvermählten füreinander bewiesen« habe. Die Aufzeichnungen hätten gezeigt, dass »das Herz von Miss Harriet Berger fast zum Stillstand kam, als sie das schicksalhafte ›Ich will‹ aussprach«. Beim Bräutigam musste Wilson schon genauer hinschauen, um eine Reaktion auszumachen. Stieg der Blutdruck der Braut während der Zeremonie nämlich stetig, so sank jener des Bräutigams. Schließlich entdeckte Wilson dann doch noch, dass der »Blutdruck einen Zahn zulegte«, als Vaclav Rund das Eheversprechen abgab. Laut *New York Times* wurden dem Paar die Aufzeichnungen des Lügendetektors mit der Heiratsurkunde überreicht.

Ob weitere Lügendetektortests im Verlauf der Ehe ein Segen wären, sei fragwürdig, schrieb ein Journalist. »Das Glück wäre sehr vergänglich, wenn der Ehemann sich ständig an die Wahrheit halten müsste. Welche Frau will schon die unerfreuliche Wahrheit über einen neuen Hut oder ein neues Kleid hören, oder über die Qualität ihres Gebäcks?«

Dass der Lügendetektor seine Wirkung nicht der vermeintlichen Fähigkeit verdankte, Unwahrheiten zu erkennen, sondern eher der Angst der »Delinquenten«, als Lügner entlarvt zu werden, wurde schon damals vermutet und später wissenschaftlich elegant genutzt (siehe Seite 148 ff.).

◆ (15. Juni 1932) Is Lie Detector Blessing or Menace? *The Tyrone Daily Herald*. S. 3.

1932 **Kitzeln (I): Vor dem Berühren bitte Maske anziehen**

Was bringt einen Vater dazu, sein Gesicht hinter einem 30 mal 40 Zentimeter großen Pappkarton mit zwei Augenschlitzen zu verbergen, bevor er sich daranmacht, seine Kinder zu kitzeln?

Der Psychologe Clarence Leuba vom Antioch College in Yellow Springs, US-Bundesstaat Ohio, hatte eine klaffende Lücke in der Lachforschung entdeckt. »Die Untersuchungen des Lachens beschränkten sich auf das Lachen der Erwachsenen. ... Der Zugang war spekulativ und theoretisch anstatt beobachtend«, schrieb Leuba, und weiter: »Kitzeln wurde nur sparsam eingesetzt.« Die drei Mängel zusammen genommen ergaben seine Studie: ein Experiment, bei dem Säuglinge gekitzelt werden. Und weil Kinder, bevor sie im Kindergarten sind, »nicht in geeigneter Weise gruppiert sind und normalerweise unter Bedingungen zu Hause leben, die für ein Experiment nicht kontrolliert werden können«, unternahm Leuba den Versuch mit dem vierten und fünften seiner eigenen Kinder.

Das klingt alles höchst bizarr und ist es wohl auch, aber die Frage, die Leuba ein für alle Mal beantworten wollte, war gar nicht dumm. Das Rätsel, warum wir lachen, wenn wir gekitzelt werden, beschäftigte die Wissenschafter schon lange. Eine faszinierende Möglichkeit war aber nie erforscht worden: nämlich die, dass Kinder lernen zu lachen, wenn sie gekitzelt werden, weil in spielerischen Situationen, in denen dies geschieht, unabhängig davon meistens auch gelacht wird. Dieses Verhalten könnte mit dem von Pavlovs Hunden verglichen werden, die beim Klingeln einer Glocke Speichel produzierten, weil sie früher danach immer ihr Fressen bekommen hatten.

Es gab nur einen Weg, das herauszufinden: »Das Baby darf nie gekitzelt werden, wenn es gleichzeitig eine andere Person lachen sieht oder hört oder wenn es gleichzeitig mit anderen Späßen zum Lachen gebracht wird.« Mit anderen Worten: Es darf nie mitbekommen, dass es eine Beziehung zwischen Kitzeln und Lachen gibt. Beginnt es dann irgendwann doch zu lachen, wenn es gekitzelt wird, kann man davon ausgehen, dass diese Verbindung angeboren ist.

Nachdem Leuba seiner Frau die Zustimmung »entlockt« hatte, wie er schrieb, die Kinder nie zu kitzeln außer während der streng kontrollierten Kitzelphasen, konnte das Experiment beginnen.

Der kleine Robert Leuba wurde am 23. November 1932 geboren. Fünf Wochen danach schob sein Vater zum ersten Mal das Pappkartonvisier vor sein Gesicht und kitzelte ihn. Robert drehte und wand sich, verzog aber keine Miene. Auch nach sieben, neun und zwölf Wochen blieb sein Gesichtsausdruck in dieser Situation der gleiche, obwohl er bei anderen Spielen zu lachen begann. In der dreizehnten Woche dann hätte Roberts Kinderarzt das Experiment fast verdorben. Als er nämlich mit dem Tastzirkel die Brust von Robert berührte, begann dieser lauthals zu lachen. Zu Clarence Leubas Entsetzen hatte der Doktor aber keine Abdeckung vor dem Gesicht, wie es in dem Experiment eigentlich vorgesehen war. Der Gesichtsausdruck des Arztes soll allerdings »völlig nüchtern« gewesen sein, wie Leuba später schrieb, sodass er es für unmöglich hielt, dass Robert in dieser Situation das Lachen vom Arzt gelernt hätte. Nach 12 Kitzelsessionen schließlich, Robert war jetzt 31 Wochen alt, lachte er zum ersten Mal spontan, wenn er gekitzelt wurde.

Als Roberts vier Jahre jüngere Schwester die gleiche Prozedur durchmachte, begann auch sie nach etwa einem halben Jahr zu lachen, wenn sie gekitzelt wurde. Die Verbindung zwischen Kitzeln und Lachen scheint demnach angeboren zu sein. Aber das war nur eines von vielen Rätseln, das die »Kitzelforscher« noch zu lösen hatten (siehe Seite 166 ff. bzw. Seite 223 ff.).

◆ Leuba, C. (1941). Tickling and Laughter: Two Genetic Studies. *The Journal of Genetic Psychology* 58, 201-209.

1932 **Aus der Bibel (II): Ein Kreuz, drei Nägel, ein Hammer und eine Leiche**

Wer das Pech hatte, sich im Paris der 1930er-Jahre der Amputation einer seiner Gliedmaßen unterziehen zu müssen, machte vorsichtshalber einen weiten Bogen um das Krankenhaus Saint-Joseph im 14. Arrondissement. Denn dort arbeitete der streng katholische Chirurg Pierre Barbet, dessen Gottesfurcht sich vor allem darin äußerte, dass er die frisch abgetrennten Arme nur wenige Minuten später »mit Vierkantnägeln von acht Millimeter Stärke« auf ein Brett nagelte, »wie ein Henker, der nicht lange fackeln will«, und sie dann mit 40 Kilogramm Gewicht beschwerte. So kann man es in seinem Buch *Die Passion Jesu Christi in der Sicht des Chirurgen* – mit kirchlicher Druckgenehmigung vom 1. Dezember 1953 – nachlesen.

Um zu belegen, dass ein menschlicher Körper alleine an drei Nägeln hängen kann, hämmerte Pierre Barbet diese Frauenleiche an ein Kreuz.

Für Barbets Geschmack hatten sich die Evangelisten bei der Beschreibung von Jesu Tod etwas gar kurz gefasst: »Pilatus ließ Jesu geißeln und übergab Ihn der Kreuzigung.

Das Kruzifix von Villandre wurde nach Pierre Barbets Anweisung von seinem Kollegen Charles Villandre geschaffen, der gleichzeitig Bildhauer war.

Und sie kreuzigten Ihn.« Das war's. Der Chirurg war »bestürzt über die Schwierigkeit«, an Jesu Leiden wenigstens »im Geiste teilnehmen« zu können, und begann mit seinen Experimenten »über die physiologischen Vorgänge beim Tod am Kreuz, die eigentlich jeder Christ wissen sollte«, wie der Verlag der deutschen Ausgabe des Buches im Vorwort schrieb. Um dieses Ziel zu erreichen, brauchte er Hammer, Nägel, Kreuz, ein Dutzend »frisch abgetrennte Arme«, ein paar Füße und zum Schluss eine komplette Leiche.

Barbet stützte sich bei seiner Arbeit auf Fotos des Grabtuchs von Turin. Nach eingehendem Studium der Aufnahmen glaubte er zu wissen, wie Jesus gestorben war. Den entscheidenden Hinweis lieferten zwei Blutspuren, die der Leichnam dort auf dem Tuch hinterlassen hatte, wo seine Hände gelegen haben mussten. Das Blut floss »dem Gesetz der Schwerkraft folgend« senkrecht, als Jesus am Kreuz hing. Aus dieser scharfsinnigen Folgerung ließ sich der Winkel der Arme zur Vertikalen bestimmen: Er betrug 65 Grad für die größere Blutspur und zwischen 68 und 70 Grad für die andere. Jesus hing in zwei verschiedenen Positionen am Kreuz. Offenbar hatte er sich jeweils von seiner hängenden Position kurzzeitig aufgerichtet, was zur zweiten schwächeren Blutspur führte. Und Barbet wusste natürlich auch den Grund: Wenn man Menschen an den Händen aufhängt, können sie nach einer gewissen Zeit kaum mehr ausatmen und drohen zu ersticken. So viel war aus Berichten über Foltertechniken bekannt. Das Aufrichten schaffte in dieser Position kurzzeitig Erleichterung. Jesus war nach diesem Todeskampf letztlich erstickt, war Barbet überzeugt.

Auf Kritik an dieser und anderen seiner Schlussfolgerungen reagierte er empfindlich. Zu seinem letzten Experiment hätten ihn nur »die eigensinnigen Einwendungen gewisser Nichtanatomen gedrängt, die behaupteten, ein Körper könne nicht allein an drei Nägeln [wie Jesus] hängen«. Um dieses Argument zu entkräften, besorgte er sich eine für die »Bildveröffentlichung am wenigsten abstoßende« Leiche – es war eine Frau – und nagelte sie mit wenigen Hammerschlägen ans Kreuz. »Die eigentliche Kreuzigung im anatomischen Sinn dauert nur einige Sekunden«, schrieb Barbet, »die einzige ein wenig mühsamere Arbeit bei einer Kreuzigung ist es wohl, in das Holz an den zuvor angezeichneten Stellen ein Loch zu bohren, damit sich die Nägel dort ohne Schwierigkeit befestigen lassen.«

Erstaunlich an dieser Geschichte sind nicht nur Barbets Experimente selbst, sondern auch, dass er weder der Erste noch der Letzte war, die solche unternahmen. Offenbar hatten bereits die Maler der Renaissance zu Hammer und Nägeln gegriffen, um ihrer fehlenden Vorstellungskraft bei der Darstellung des Erlösers am Kreuz nachzuhelfen. Später nahmen sich gläubige Ärzte wie zum Beispiel Barbet der Frage an, wie Jesus genau gestorben sei.

Wer bei solchen Studien zu anderen Resultaten kam als der Chirurg vom Krankenhaus Saint-Joseph, konnte sich seiner Feindschaft sicher sein. Kein Detail war zu unbedeutend, als dass er nicht darüber streiten wollte. Zu einem »Pamphlet, über dessen Annahme als medizinische Doktorarbeit man sich wundern muss«, bemerkt Barbet etwa als Erstes, dass »der Verfasser kein sprachlich korrektes Französisch zu schreiben versteht«, bevor er dessen Wasserleiche als völlig untauglich taxiert und triumphierend konstatiert: »Mein Versuch wurde an einem lebenden Arm gemacht.« Die Leiche, die ein anderer Forscher verwendete, fand er »armselig«, »klein« und »sehr mager«.

»Ich kann versichern, dass seit Beendigung meiner Experimente die damals formulierten Feststellungen kaum einer Überholung bedurften«, schrieb Barbet später. Da wusste er noch nicht, dass ein amerikanischer Pathologe seine Erkenntnisse bald schon gründlich widerlegen würde (siehe Seite 182 ff.).

Gewissensbisse scheint Barbet bei seinen Experimenten nie empfunden zu haben. Für die Seele der Toten, die er ans Kreuz genagelt hatte, betete er als Entschuldigung ein »De profundis« (»Aus der Tiefe rufe ich, Herr, zu dir«), ob es für die Arme und Beine jeweils ein Viertel »De profundis« gab, darüber schwieg sich der fromme Experimentator aus.

• Barbet, P. (1937). *Les Cinq Plaies du Christ*. Paris, Dillen & Cie.

1933 **Die wundersame Vermehrung des Sirups**

Die Experimente von Jean Piaget gehören zu den wenigen großen Versuchen in der Wissenschaft, die sich jederzeit zu Hause wiederholen lassen. Man braucht dazu lediglich einen Krug mit Sirup, einige Trinkgläser und ein paar Kinder zwischen vier und acht Jahren.

Als Piagets Mitarbeiterin Alina Szeminska den Versuch 1933 zum ersten Mal durchführte, war eine der Teilnehmerinnen die fünfjährige Madeleine. Szeminska stellte zwei gleiche halb volle Gläser vor sie und fragte: »In den Gläsern ist gleich viel Wasser, nicht wahr?«

Madeleine prüft die Höhe: »Ja.«

Szeminska gießt den Inhalt des einen Glases in zwei Gläser und sagt, die gehörten Renée. Dann fragt sie: »Habt ihr immer noch das Gleiche zu trinken?«

»Nein, Renée hat mehr, weil sie zwei Gläser hat.«

»Könntest du etwas tun, um ebenso viel zu haben?«

»Auch in zwei Gläser umgießen.«

Madeleine gießt den Inhalt ihres Glases in zwei Gläser um. »Habt ihr gleich viel?«

Madeleine betrachtet lange die vier Gläser: »Ja.«

Jetzt verteilt Szeminska den blauen Saft von Renée auf drei Gläser, den roten von Madeleine auf vier. Madeleine

In welchem Glas ist mehr Sirup? Kleine Kinder vermuten: Je höher der Flüssigkeitsspiegel, desto mehr Flüssigkeit befindet sich im Glas. Dass die Weite das Glases dabei eine Rolle spielt, ist ihnen noch nicht bewusst.

ist nun überzeugt, mehr Saft zu haben. Als Szeminska die Flüssigkeiten je in das ursprüngliche Glas zurückgießt und sie genau gleich hoch steigen, ist Madeleine verwirrt: »Es ist gleich viel!«

»Wie kommt das?«

»Ich glaube, man hat ein bisschen nachgefüllt, und jetzt ist es gleich viel.«

Madeleine glaubte offenbar, dass sich die Menge des Sirups veränderte, je nachdem, in wie vielen Gefäßen er sich befand. Sie hatte noch nicht verinnerlicht, was Piaget als »Mengeninvarianz« bezeichnete: Etwas wird nicht plötzlich mehr oder weniger, wenn es in mehreren Teilen oder in anderer Form auftritt.

Auf dem Experiment mit den Gläsern und einer Vielzahl anderer kreativer Versuche gründete Piaget seine Theorie von der Entwicklung des Denkens beim Kind. Er stellte sich vor, dass dieser Prozess in aufeinander aufbauenden Stufen abläuft, die das Kind in einem bestimmten Alter erreicht und die sich an typischen Fehlüberlegungen erkennen lassen.

Im voroperationalen Stadium (2–7 Jahre) ist das Urteil eines Kindes stark von seiner Wahrnehmung bestimmt. Es versteht zum Beispiel noch nicht, dass gewisse Vorgänge wie das Umgießen von Flüssigkeiten umkehrbar sind. Im konkret-operationalen Stadium (7–12 Jahre) beginnt es, nach logischen Regeln zu denken. Es weiß jetzt, dass eine Menge unverändert bleibt, wenn nichts hinzugefügt oder weggenommen wird, und kann gleichzeitig mehrere Merkmale beobachten (die Anzahl Gläser und die geringere Menge Sirup in jedem von ihnen).

Alles hatte damit begonnen, dass Piaget 1920 einen zehn

Monate alten Säugling beim Spielen beobachtete. Piaget war zu dem Zeitpunkt 24 Jahre alt, weilte in Paris und arbeitete daran, einen Intelligenztest zu standardisieren. Er wohnte im Haus seiner französischen Großmutter, wo der Säugling eines Nachmittags zu Besuch war. »Ich beobachtete ihn, wie er sich mit einer Kugel vergnügte. Die Kugel rollte unter einen Sessel. Er suchte sie, fand sie und stieß sie wieder fort. Sie verschwand unter einem tiefen Sofa mit Fransen. … Er sah nichts mehr von ihr. Darauf wandte er sich wieder dem Sessel zu, unter dem er sie bereits einmal gefunden hatte.« Für Erwachsene ist das Verhalten des Säuglings absurd, doch für Piaget wurden die Denkfehler von Kindern zu einer fruchtbaren Quelle der Erkenntnis.

Das Baby hatte offensichtlich noch nicht verinnerlicht, dass der Ball auch dann noch existierte, wenn es ihn nicht mehr sehen konnte. Piaget hatte am Morgen desselben Tages die Theorien des französischen Mathematikers Henri Poincaré über unveränderliche Eigenschaften von mathematischen Gruppen studiert und kam auf die Idee, dass diesem Baby die unveränderliche Eigenschaft der »Gegenstandspermanenz«, wie Piaget es nannte, fehlte.

Laut Jacques Vonèche, Direktor des Piaget-Archivs an der Universität Genf, zog Piaget daraus nicht sofort den Schluss, dass es sich dabei um eine normale Stufe der Entwicklung handle. Vielmehr glaubte er, das Kind sei geistig behindert. Auch als er einige Zeit später im Hospital Salpêtrière epileptische Kinder beobachtete, deutete er ihr Verhalten falsch. Die Kinder sahen nicht, dass zwei Reihen aus Perlen gleich viele enthielten, wenn die Reihen unterschiedlich lang waren. Piaget glaubte, mit dem Perlentest ein Diagnoseverfahren für Epilepsie gefunden zu haben.

1921 ging Piaget als Studienleiter an das Institut Jean-Jacques Rousseau in Genf und hatte wenig Zeit, sich eigenen Projekten zu widmen. Zwischen 1925 und 1931 wurden seine drei Kinder geboren, mit denen er viele kleine Experimente durchführte. Aber erst 1933 gab er Alina Szeminska den Auftrag, die Sache mit den Perlenreihen genauer zu untersuchen. Laut Vonèche hatte Piaget selbst keinen besonders guten Draht zu Kindern.

Zu seinem Erstaunen stellte sich heraus, dass sich nicht nur Epileptiker täuschen ließen. Fast alle Kinder unter

Eine seltene Szene: Jean Piaget mit Kindern. Seine Versuche führte er fast nie selber aus.

etwa sechs Jahren glaubten, dass sich die Anzahl Perlen in einer Reihe veränderte, wenn Szeminska sie näher zusammen- oder weiter auseinanderrückte, sodass eine kürzere oder eine längere Reihe entstand. Wie beim Experiment mit dem Sirup fehlte ihnen die Mengeninvarianz.

Piaget ersann viele weitere Aufgaben, mit denen er den verschiedenen Entwicklungsstufen auf die Spur kam. Seine Kollegin Bärbel Inhelder machte das Mengeninvarianz-Experiment mit zwei gleich großen Tonkugeln, bei denen die eine zu einer langen Wurst geformt wurde. Wieder glaubten keine Kinder, dass der Ton dadurch weniger geworden sei.

In den 1950er- und 1960er-Jahren wiederholten amerikanische Wissenschafter Piagets Experimente zur Mengeninvarianz. Piaget war beunruhigt. Seine Forschung hatte einen rein qualitativen Hintergrund gehabt, und er hatte seine Theorien mit lauter Einzelfällen gestützt. Er war kein Freund streng wissenschaftlicher Forschung. Es gab keine standardisierten Untersuchungsmethoden, keine Kontrollgruppen, keine Statistik.

Da Piaget kein Englisch sprach, bat er Vonèche, damals einer seiner Mitarbeiter, zu den Wissenschaftlern in den USA Kontakt aufzunehmen und nach den Resultaten zu fragen. Die ersten Studien, die genaue Replikationen von Piagets Experimenten waren, wurden mit den gleichen Ergebnissen abgeschlossen. Doch bald schon kritisierten andere Forscher die Versuche und wandelten sie ab.

Ein Problem war das sprachliche Verständnis der Kinder. Stellte sich ein Fünfjähriger unter »mehr als« oder »weniger als« wirklich das Gleiche vor wie Erwachsene? Das ständige Nachfragen bei Piagets Methode könne auf der anderen Seite dazu führen, dass sich die Kinder gedrängt fühlten, ihre Antworten zu ändern, weil sie glaubten, das würde von ihnen erwartet.

Gegen Ende der 1960er-Jahre versuchten amerikanische Psychologen mit einem modifizierten Piaget-Experiment die Probleme des Sprachverständnisses zu überwinden. Sie legten eine kurze Reihe mit sechs M & M neben eine lange mit vier. Anstatt die Kinder zu fragen, welche Reihe aus mehr M & M bestehe, sagten sie zu ihnen: »Nimm die Reihe, die du essen willst, und iss alle M & M in dieser Reihe!« Und siehe da: Die Kinder schnitten erheblich besser ab als beim gleichen Test mit Tonkügelchen.

In einem späteren Experiment versuchten Wissenschaftler in Schottland, den Einfluss des Versuchsleiters auf die Kinder zu bestimmen. Eine erste Serie von Experimenten führten sie nach der herkömmlichen Methode durch: Sie legten zwei Reihen mit der gleichen Anzahl Perlen auf den Tisch, fragten, ob beide aus gleich vielen bestünden, rückten die Perlen der einen Reihe zusammen und stellten die gleiche Frage noch einmal.

Bei einer zweiten Version des Versuchs rückte ein Teddybär die Perlen näher zusammen, als der Versuchsleiter für einen Moment wegschaute. Als er die Veränderung bemerkte, sagte er: »O nein! Der dumme Bär hat wieder alles durcheinandergebracht.« Dann stellte er die Frage: »Wo sind es mehr?« In diesem Fall ließen sich die meisten Kinder nicht von den verschiedenen Längen der Perlenreihen irritieren und antworteten richtig.

Den Grund dafür vermuten die Forscher in der anderen Absicht des Versuchsleiters: Die zweite Frage ist ehrlich gemeint. Der Versuchsleiter weiß nicht, was der Bär gemacht hat. Im ersten Fall hingegen hat der Versuchsleiter die Reihen ja selbst verändert, und es muss für das Kind ein Rätsel sein, warum er die Frage stellt.

Die Versuche von Jean Piaget gehören zu den bedeutendsten und erfindungsreichsten in der Psychologie. Was man damit allerdings genau über das Denken von Kindern

verrueckte-experimente.de

◆ Piaget, J. (1936). *La genèse des principes de conservation.* Annuaire de l'instruction publique en Suisse 27, 31-44.

herausfindet, ist bis heute umstritten. (Ein anderes von Piagets kreativen Experimenten finden Sie auf Seite 87 f.)

1935 **Aus »Idioten« Genies machen**

In den frühen 1930er-Jahren adoptierte ein prominentes Paar aus dem US-Bundesstaat Iowa einen Säugling des Soldatenwaisenhauses in Davenport. Als sich später herausstellte, dass das Kind geistig schwer behindert war, drohten die Adoptiveltern mit einer Klage. Die staatliche Aufsichtsbehörde konnte einen Gerichtsfall abwenden und sich mit den Eltern einigen. Um weitere solche Fälle zu verhindern, beauftragte man den Psychologen Harold M. Skeels, die Intelligenz aller Kinder im Heim regelmäßig zu messen.

Aufgrund der Resultate sollten zukünftige Adoptiveltern passende Kinder bekommen, damit »geistig minderwertige Kinder nicht traurige Bürden höhergestellter Familien werden«, wie es 1941 in einem Buch über die »Iowa Child Welfare Research Station« stand. Skeels war an der Universität die damals übliche Lehrmeinung vermittelt worden, die Intelligenz einer Person werde weitgehend vererbt und verändere sich im Verlauf eines Lebens kaum.

Bald nach seiner Ankunft erkannte Skeels, dass zwei Kinder im Heim geistig behindert waren. Die Mädchen, die in seiner berühmten Studie später die Initialen C. D. und B. D. trugen, waren 13 und 16 Monate alt und erreichten in dem für Säuglinge angepassten Test einen Intelligenzquotienten von 46 und 35. Normal ist 100.

»Die Kleinen waren bemitleidenswerte Kreaturen«, schrieb Skeels später, »sie waren weinerlich, hatten Rotznasen und schütteres, strähniges und farbloses Haar; sie waren abgemagert, zu klein für ihr Alter und hatten kaum Muskeln. Traurig und träge wippten sie den ganzen Tag mit dem Oberkörper und wimmerten.«

Diese Mädchen würde ohne Zweifel niemand adoptieren wollen. Skeels ließ sie zwei Monate nach den Tests in die »Schule für Schwachsinnige« nach Woodward verlegen. Sie kamen auf eine Abteilung mit geistig behinderten Frauen im Alter von 18 bis 50 Jahren, deren mentales Alter zwischen 5 und 9 Jahren lag.

Damit hätte die Geschichte zu Ende sein können, und

Skeels wäre niemals auf die Idee für sein gewagtes Experiment gekommen. Doch der Psychologe schaute sechs Monate später in Woodward vorbei – und erkannte die Mädchen kaum wieder. Sie rannten munter umher, spielten mit den Erwachsenen und benahmen sich auch sonst wie ganz normale Kinder in diesem Alter. Skeels unternahm Tests, aus denen hervorging, dass sich nicht nur ihr Bewegungsvermögen, sondern auch ihr Intelligenzquotient fast verdoppelt hatte. Waren das wirklich dieselben Mädchen, denen er noch ein halbes Jahr zuvor ein tumbes Leben in einem Heim vorausgesagt hatte? Was war geschehen?

Nachforschungen ergaben, dass die Verlegung der Mädchen ein Glücksfall gewesen war. Es gab sonst keine Vorschulkinder auf der Abteilung, und die Frauen waren ganz vernarrt in die beiden. Eine der Frauen übernahm die Rolle der Mutter, die anderen agierten als die bewundernden Tanten, die den ganzen Tag mit den Mädchen spielten. Auch die Angestellten waren stolz auf sie. Sie nahmen sie in ihrer freien Zeit auf Ausflüge mit, gingen mit ihnen einkaufen und schenkten ihnen Bücher und Spielzeug. Es war ganz offensichtlich die liebevolle und anregende Betreuung, welche die Kinder aus ihrer Lethargie geholt hatte.

Doch Skeels blieb skeptisch. Würde die spektakuläre Wirkung anhalten? Er ließ die beiden Mädchen in Woodward und testete sie erneut 12 und 18 Monate später. Mit dem gleichen Resultat: Die Kinder entwickelten sich ganz normal – keine Spur von einer geistigen Behinderung. Als sie dreieinhalb Jahre alt waren, kamen sie für kurze Zeit ins Waisenhaus zurück und wurden dann adoptiert.

In der Zeit, in der Skeels die Mädchen beobachtete, muss ihm bewusst geworden sein, was ihre spektakulären Fortschritte bedeuteten: Viele der scheinbar zurückgebliebenen, apathischen Kinder im Waisenhaus litten nicht unter angeborenen Schäden, sondern ganz einfach an zu wenig Anregung und Zuwendung.

Bis sie sechs Monate alt waren, lagen die Säuglinge im Heim in Spitalkrippen mit Abdeckungen, welche die Sicht auf andere Babys verdeckten. Spielzeug gab es kaum, der Kontakt zu anderen Menschen beschränkte sich auf geschäftige Schwestern, die die Säuglinge fütterten und ihnen die Windeln wechselten. Mit sechs Monaten wurden die Kinder in Schlafzimmer mit fünf Krippen verlegt. Dort konnten sie zwar spielen, den Raum verließen sie aber kaum je. Damals war man der Meinung, für eine gesunde Entwicklung reiche die Befriedigung der körperlichen Grundbedürfnisse völlig aus. Zu viel Zärtlichkeit und Zuneigung im Kindesalter wurde sogar als schädlich angesehen.

Skeels erkannte, dass offenbar das Zusammensein mit Gleichaltrigen allein keinen großen Effekt auf die Entwicklung zurückgebliebener Kinder hatte. Andererseits konnte er solche Kinder auch nicht zur Adoption freigeben, da er ja nicht wusste, bei welchen wirklich Hirnschäden für ihr Verhalten verantwortlich waren. »Daher schien es nur eine – ziemlich fantastische – Alternative zu geben«, schrieb Skeels, »nämlich, geistig zurückgebliebene Kleinkinder aus einem Waisenhaus in ein Heim für geistig Behinderte zu verlegen, um sie normal zu machen.«

Die Aufsichtsbehörde hatte natürlich Bedenken, willigte aber schließlich ein. Bedingung war, dass die zurückgebliebenen und nicht vermittelbaren Kinder, die Skeels ins »Heim für Schwachsinnige« im benachbarten Glenwood schicken wollte, dort lediglich als »Hausgäste« aufgenommen und offiziell weiter als Insassen des Waisenhauses geführt wurden.

Von den insgesamt 13 Kindern unter drei Jahren, die an diesem »kühnen Experiment«, wie es Skeels nannte, teilnahmen, waren 10 unehelich geboren. Ihre Eltern hatten, soweit man sie kannte, keinen Schulabschluss und einen ähnlichen niedrigen Intelligenzquotienten wie ihre Kinder.

Die Kinder wurden auf verschiedene Abteilungen mit geistig behinderten Frauen verteilt, die sich liebevoll um sie kümmerten: Sie spielten mit ihnen, nähten Kleider für sie und kauften ihnen von dem wenigen Geld, das sie hatten, Geschenke. Am amerikanischen Nationalfeiertag organisierten sie eine Babyshow, bei der die kostümierten Kinder auf geschmückten Tragen präsentiert und prämiert wurden. Die Kinder verbrachten auch viel Zeit draußen auf dem Spielplatz und besuchten den hauseigenen Kindergarten.

Die Wirkung war dramatisch: Die 13 Kinder legten im Intelligenztest um durchschnittlich 28 Punkte zu. Die größten Fortschritte machten jene Kinder, für die eine der behinderten Frauen die Rolle einer festen Bezugsperson –

der Mutter – übernahm. Zum Vergleich zog Skeels 12 Kinder heran, die im Waisenhaus geblieben waren. Sie verloren in der gleichen Zeit 26 Punkte.

Das Waisenhaus hatte sich als Brutstätte für geistige Behinderung erwiesen! Skeels war jetzt überzeugt, dass Intelligenz keineswegs festgelegt war, sondern durch die Umwelt – vor allem in der frühen Kindheit – beeinflusst wird. Mit dieser Ansicht ernteten Skeels und seine Kollegen George Stoodard und Beth Wellman bei vielen ihrer Kollegen nur Hohn und Spott.

Ein Sturm der Kritik brach los. Den Forschern aus Iowa wurde vorgeworfen, sie seien im besten Fall naiv, im schlechtesten Betrüger, mehr ihrer politischen Haltung als Sozialreformer verpflichtet als der wissenschaftlichen Methode. Und von Statistik verstünden sie auch nichts. »Wenn es ein magisches Schulungsverfahren gibt, das aus Idioten Genies macht, hätte ich gerne das Rezept, wenn nicht, muss den Gerüchten darüber ein für alle Mal ein Ende gemacht werden«, forderte eine Forscherin scharfzüngig. Ein anderer Kollege machte sich über Skeels Experiment lustig, in dem »schwachsinnige Hilfskinderschwestern« andere »Schwachsinnige« lehrten, geistig normal zu werden. Skeels fand sich mitten in einer Auseinandersetzung, die bis heute andauert: im großen IQ-Krieg Vererbung gegen Erziehung.

Skeels' Studie kam zu einem Ende, als die Verwaltung der Staatsschulen in Iowa ihre tolerante Haltung gegenüber den Versuchen aufgab und er 1942 eingezogen wurde. Zurück aus dem Krieg, legte er 1946 seine Professur und die Leitung der psychologischen Dienste von Iowa unter Protest nieder: In den Waisenhäusern gebe es zu wenig und zu schlechte Betreuung. Die Probleme, die diese Kinder später als Erwachsene hätten, seien hausgemacht.

Auch hier könnte die Geschichte zu Ende sein. Skeels arbeitete bis zu seiner Pensionierung 1965 für den U.S. Public Health Service. Doch er machte sich immer wieder Gedanken darüber, was wohl aus »seinen« Kindern geworden sei. 1961 ging er auf die Suche nach den 25 Versuchspersonen. Er flog kreuz und quer durch das Land, suchte entlegene Weiler auf, um mit Informanten zu sprechen, die selten zu Hause waren. Er erkundigte sich bei Postboten, Gemeindepräsidenten, Geistlichen.

Zu seiner eigenen Überraschung hatte er nach drei Jahren alle 25 gefunden. Um sie nicht abzuschrecken, verzichtete er auf einen formalen Intelligenztest. Viel aussagekräftiger erschienen ihm Angaben zu Ausbildung, Beruf, Hobbys, Zivilstand, Krankengeschichte. Daraus wollte er ein Bild gewinnen, wie jemand sein Leben bewältigt, ob er sozial integriert ist.

Der Unterschied zwischen den beiden Gruppen war frappant: Von den 13 Kindern, die einige Zeit bei den geistig behinderten Frauen gelebt hatten und danach adoptiert wurden, waren elf verheiratet und gingen einer Beschäftigung nach oder waren Hausfrauen. Sie waren selbstständig, hatten Kinder, lebten in bescheidenem Wohlstand. Sie hatten ein Leben. Von den 12 Kindern der Vergleichsgruppe waren neun unverheiratet und eines geschieden. Eines war in einem Heim für geistig Behinderte gestorben, vier lebten immer noch in Heimen, drei waren Tellerwäscher. Sie waren sozial isoliert, zu einem oft fremdbestimmten Leben ohne Perspektive verurteilt.

»Wenn das tragische Schicksal der 12 Kinder aus der Vergleichsgruppe zu einer einzigen Untersuchung führt, die ein solches Schicksal verhindern hilft, dann war ihr Leben nicht vergebens«, schrieb Skeels am Schluss seiner Langzeitstudie.

Am 28. April 1968 erhielt Skeels den Joseph P. Kennedy Award for Research in Mental Retardation. Die Trophäe wurde ihm im Beisein seiner Forscherkollegin Marie P. Skodak von Louis Branca überreicht, einem Absolventen der Universität von Minnesota in Saint Paul. »Ich saß in einer Ecke und tat den ganzen Tag nichts anderes, als mit dem Oberkörper zu wippen, bis diese zwei etwas unternahmen. Wenn ich heute Abend hier bin, dann, weil sie mir Liebe und Verständnis entgegenbrachten«, sagte Branca in seiner Rede. Er war eines von Skeels' 13 Kindern.

Trotz Skeels' Studie und vieler weiterer Untersuchungen, die zum gleichen Ergebnis kamen, gab es immer wieder Zweifel, ob die Resultate stimmten. Meistens konnten die Forscher nämlich nicht sicherstellen, dass sich die beiden Kindergruppen, die verglichen wurden, in ihrer Intelligenz nicht von Anfang an unterschieden. Mit einer kürzlich in Rumänien durchgeführten Studie sollten die Zweifel ein

◆ Skeels, H. M., and H. B. Dye (1939). A study of the effects of differential stimulation on mentally retarded children. *Proceedings and Addresses of the American Association on Mental Deficiency* 44, 114-136.

für alle Mal beseitigt werden. 136 Kinder wurden zuerst getestet und dann entweder in einem Waisenhaus oder bei einer Pflegefamilie untergebracht. Mit vier Jahren hatten die Kinder in den Pflegefamilien einen durchschnittlich um acht Punkte höheren Intelligenzquotienten.

◂ Skeels, H. M. (1966). Adult status of children with contrasting early life experiences: A follow-up study. *Monograph of the Society for Research in Child Development* 31(3).

1936 Die Sache mit dem Wasserspiegel

Dieses Experiment hätte jedem einfallen können, der jemals Kinder beim Malen beobachtete. Doch es brauchte den wachen Geist des Schweizer Pädagogen Jean Piaget, um darauf zu kommen. Piaget sah auf den Zeichnungen seiner drei Kinder, dass diese den Wasserspiegel in einer Flasche immer rechtwinklig zum Flaschenrand zeichneten, egal, wie schräg die Flasche war. Er arbeitete damals am Institut Jean-Jacques Rousseau in Genf, an das ein Kindergarten angeschlossen war. Als er mit den Kindergärtnerinnen dort über die seltsame künstlerische Sichtweise seiner Kinder sprach, erfuhr er, dass die meisten Kinder den Wasserspiegel in einem schiefen Gefäß falsch einzeichnen. Das schien im ersten Moment wenig spektakulär, doch Piaget erkannte, dass dieser Fehler der Kinder mit der Entwicklung und dem Gebrauch des wichtigsten räumlichen Referenzsystems zu tun hat: mit ihrer Vorstellung von waagerecht und senkrecht. 1936 beauftragte er schließlich seine engste Mitarbeiterin Bärbel Inhelder mit Experimenten.

Typische Entwicklungsstufen bei der Wasserspiegel-Aufgabe: Kinder unter fünf Jahren zeichnen das Wasser als Knäuel, ältere zeichnen einen Wasserspiegel, der sich aber mit der Flasche neigt. Unten rechts: Ein Lot, das in der Flasche hängt.

Kindern unter fünf Jahren stellte Inhelder zwei Flaschen mit engem Hals, auf den Tisch: eine bauchige und eine mit geraden Seiten. Jede war zu einem Viertel mit gefärbtem Wasser gefüllt. An zwei gleich geformten, aber leeren Flaschen, die Inhelder unterschiedlich stark kippte, mussten die Kinder nun mit der Hand anzeigen, wie der Wasserspiegel verlaufen würde, wenn sie ebenfalls mit Wasser gefüllt wären. Dann forderte Inhelder sie auf, in Umrisszeichnungen leerer Flaschen, die unterschiedlich geneigt waren, den Wasserspiegel einzuzeichnen. Älteren Kindern gab Inhelder nur die Umrisszeichnungen.

Aus den Skizzen der Kinder schloss Piaget, dass die Entwicklung zur korrekten Lösung in altersabhängigen Stufen verlief: Kinder unter fünf Jahren hatten meistens noch kein

Konzept für den Wasserspiegel. Sie zeichneten die Flüssigkeit oft als Knäuel mitten in der Flasche. Die nächste Stufe war der feststehende, rechtwinklig zur Flaschenwand verlaufende Wasserspiegel, unabhängig von der Neigung der Flasche. Zeigte die Umrisszeichnungen eine Flasche auf dem Kopf, befand sich das Wasser jetzt oben. Auf der nächsten Stufe begannen die Kinder das Wasser nun schräg einzuzeichnen, wenn die Flasche geneigt war, aber noch nicht horizontal. Bei der dritten und letzten Stufe schließlich, die zwischen sieben und acht Jahren beginnt, nähern sich die Kinder langsam der richtigen Lösung, die sie normalerweise mit neun finden: den unabhängig von der Neigung der Flasche horizontalen Wasserspiegel.

Wie bereits erwähnt (siehe Seite 80), war Piaget zwar ein brillanter Denker, aber kein besonders umsichtiger Experimentator. Er zog seine Schlüsse aus Einzelfällen und führte keine sauberen Statistiken, sonst wäre ihm vielleicht nicht entgangen, was 30 Jahre später andere Forscher bemerkten und was dem »Water-Level-Task«, wie die Aufgabe heute genannt wird, zu einer fulminanten Karriere verhalf: Mehr über das große Rätsel, das die Aufgabe bis heute umgibt, erfahren Sie auf Seite 195 ff.

◆ Piaget, J. (1948). *La representation de l'espace chez l'enfant*. Paris, Presses Universitaires de France.

1936 **Warum der Mantel $ 9,99 kostet**

Mit der Erfindung der Registrierkasse gegen Ende des 19. Jahrhunderts begann sich im Einzelhandel in den USA der Brauch durchzusetzen, die Preise knapp unter runden Beträgen zu halten: 49 Cents, 98 Cents, 1,98 Dollar. Ralph M. Hower schreibt in seiner *History of Macy's*, dass diese Preise ursprünglich aufgekommen seien, um den Diebstahl durch Angestellte zu verhindern. Anders als runde Preise zwangen diese sogenannten gebrochenen Preise den Verkäufer, mit dem Geld des Kunden zur Kasse zu gehen, um das Rückgeld zu holen, anstatt es einfach einzustecken.

Es dauerte nicht lange, bis die Händler bemerkten, dass solche Preise noch einen ganz anderen Effekt hatten: Die Produkte schienen billiger, also würden die Kunden mehr kaufen, was den Verlust von einem oder zwei Cent auf den Kaufpreis mehr als ausgleichen würde. Doch stimmte das wirklich? Die Geschäftsführung eines großen Versandhauses in den USA (dessen Name im Artikel nicht genannt wird) hatte den Verdacht, dass diese Preistradition zu keinen Mehreinnahmen führte, und glaubte, sie würde sofort fallen, wenn jemand damit aufhörte.

Also machte das Versandhaus ein aufwendiges Experiment: In einem Teil der sechs Millionen Kataloge wurden Produkte, die normalerweise 0,49, 0,79, 0,98, 1,49 und 1,98 Dollar kosteten, für 0,50, 0,80, 1,00, 1,50 und 2,00 Dollar angeboten. »Das Resultat des Versuchs war so interessant wie verwirrend«, schrieb der Ökonom Eli Ginzberg von der Columbia University über den Versuch. »Obwohl beachtlicher Aufwand getrieben wurde, um die Resultate zu interpretieren, ließen sich die Daten nicht verallgemeinern.« Einige Produkte wurden viel häufiger gekauft, wenn die Preise knapp unter einem runden Betrag lagen, andere viel weniger. Ein zweites Experiment durchzuführen, schien den Verantwortlichen zu gefährlich. Schließlich war nicht sicher, ob beim nächsten Mal die Verluste beim einen Produkt durch die Gewinne beim anderen aufgefangen würden, wie es beim ersten Experiment der Fall gewesen war.

Es dauerte sechzig Jahre, bis andere Forscher ähnliche Studien unternahmen (siehe Seite 213 ff.).

Anzeige aus dem Jahr 1936. Lohnen sich 99er-Preise für einen Laden?

• Ginzberg, E. (1936). Customary Prices. *American Economic Review*, 296

1938 Die verhassten Danieraner

Jetzt mal ganz ehrlich: Mögen Sie Danieraner? Angenommen, Horden von Danieranern kämen nach Deutschland. Würden die deutsche Staatsbürgerschaft beantragen. Ihre Tochter wollte einen Danieraner heiraten. Wären Sie damit einverstanden? Eben!

Genauso ging es jenen 144 Studenten der Columbia University in New York, welche am 30. November 1938 einen Fragebogen zu 35 Ethnien, 7 religiösen Gemeinschaften und 7 politischen Gruppen ausfüllten. Auf einer Skala von eins (»nicht ins Land lassen«) bis acht (»durch Heirat als Familienmitglied akzeptieren«) schafften es die Danieraner nicht weit über die Stufe zwei (»als Besucher im Land tolerieren«). Damit lagen sie hinter den Türken (3,4) und Japanern (2,7) und nur knapp vor Faschisten (1,9) und Nazis (1,8).

Den Danieranern machte das nichts aus, denn es gibt sie gar nicht – genauso wenig wie die Pirenianer und die Wallonianer, die mit 2,3 und 2,1 ähnlich schlecht abschnitten. Der Psychologe Eugene Leonard Horowitz hatte die Fantasienationalitäten in den Fragebogen geschmuggelt, um zu erfahren: Wie urteilen Menschen über Gruppen, von denen sie nichts wissen – nichts wissen können.

Kurz nachdem Horowitz 1936 seine Dissertation über »Die Entwicklung der Einstellung gegenüber dem Neger« abgeschlossen hatte, sollte er den Antisemitismus untersuchen. Weil er sich von einer isolierten Betrachtung des Judenhasses keine aussagekräftigen Resultate versprach, weitete er den Auftrag auf Vorurteile gegenüber anderen Gruppen aus. Neben den Studenten der Columbia University befragte er Angehörige sieben weiterer Institutionen.

Es war kein Zufall, dass die Konferenz für jüdische Beziehungen die Arbeit mitfinanzierte. Juden hatten angesichts der langen Geschichte ihrer Diskriminierung großes Interesse an der Erforschung der Entstehung von Vorurteilen. Wahrscheinlich litt Horowitz auch selbst darunter, jedenfalls änderte er seinen jüdischen Nachnamen 1942 in »Hartley«. Unter diesem Namen, Eugene L. Hartley, erschien 1946 die Monografie *Problems in Prejudice* mit den Resultaten der Studie.

Die Einstellung der Befragten variierte von Institution zu Institution. Princeton-Studenten waren gegenüber deutschen Juden zum Beispiel viel misstrauischer als Studenten des City College von New York. Am tolerantesten waren die Studenten des Bennington College in Vermont, am intolerantesten jene der Universität Howard in Washington, welche vor allem Afroamerikaner besuchten. Wenn es nach ihnen gegangen wäre, sollten die Schweizer, gegen die man an den anderen Universitäten nichts hatte, höchstens die Staatsbürgerschaft erhalten – als Schulkameraden, Nachbarn oder Ehepartner waren sie unerwünscht. Den Deutschen erging es noch schlechter. Die Studenten tolerierten sie gerade mal als Besucher im Land.

Trotz aller Unterschiede zeichnete sich auch ein globales Muster ab: Unter den Nationen waren Amerikaner, Kanadier und Engländer beliebt, Japaner, Chinesen, Türken und Araber unbeliebt.

Das interessanteste Resultat erbrachte der Beliebtheitsvergleich der Fantasienationalitäten: Je weniger jemand Danieraner, Pirenianer und Wallonianer mochte, desto misstrauischer war er auch gegenüber den existierenden Gruppen. Daraus schloss Horowitz, dass sich die Haltung gegenüber Juden nicht »mit Eigenschaften jüdischer Gruppen« erklären lasse. Vorurteile hätten nichts mit den realen Eigenschaften der Gruppen zu tun, sie seien vielmehr das Resultat einer grundsätzlich intoleranten Persönlichkeit. Die betreffende Person litt unter einer Art »moralischem Vitaminmangel«.

Diese Sicht ebnete den Weg für die sogenannte Kontakthypothese – die Idee, dass der Kontakt zwischen Gruppen den Menschen ihre grundlegende Ähnlichkeit offenbaren und so zu einem Abbau von Feindseligkeiten führen würde.

Heute ist klar, dass die Sache komplizierter ist. Kontakt zwischen Gruppen allein führt nicht automatisch zu weniger Vorurteilen. Auch gibt es zwischen den Kulturen wohl mehr Unterschiede, als die Psychologen damals wahrhaben wollten. Hartleys Studie enthielt zudem einige statistische Fehler. Mit seiner Idee, nach nicht existierenden Nationen zu fragen, zeigte er jedoch eindrücklich, wie groß die Gefahr ist, mit Umfragen lediglich Pseudomeinungen einzuholen.

Andere Studien bestätigten diese Tendenz. Passanten in Teheran erklärten einem Touristen zum Beispiel bereitwillig den Weg zu einem Platz, den es gar nicht gab, und eine Untersuchung aus den 1950er-Jahren erbrachte ein noch groteskeres Resultat. Eine der Fragen lautete: »Sind Sie für oder gegen Inzest?« (Inzest war damals noch kein gebräuchlicher Begriff.) Das Ergebnis: zwei Drittel dagegen, ein Drittel dafür.

◆ Hartley, E. (1946). *Problems in prejudice*. New York, King's Cross Press.

1951 **Nur ja nicht aus der Reihe tanzen**

Der Versuchsteilnehmer mit der Nummer sechs musste den Eindruck bekommen, er sei in das langweiligste Psychologieexperiment aller Zeiten geraten. Er hatte sich freiwillig für einen Versuch über visuelles Urteilsvermögen gemeldet. Jetzt saß er mit sechs anderen Freiwilligen in einem

Seminarraum des Swarthmore College außerhalb von Philadelphia.

Der Versuchsleiter zeigte den versammelten Männern zwei weiße Tafeln. Auf der ersten war eine 25 Zentimeter lange schwarze Linie zu sehen, auf der zweiten verliefen drei Linien nebeneinander: 22, 25 und 20 Zentimeter lang. Die Versuchsteilnehmer mussten nun sagen, welche der drei Linien auf der zweiten Karte genauso lang war wie jene auf der ersten.

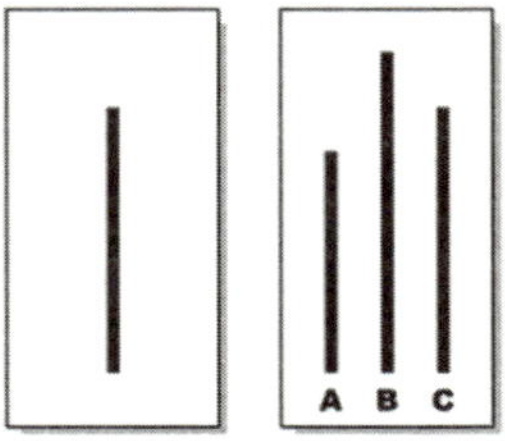

Die Aufgabe: Welcher Linie rechts (A, B, C) entspricht die Linie links? Obwohl die Antwort offensichtlich C lautet, beugten sich drei Viertel der Versuchsteilnehmer dem Gruppendruck und gaben falsche Antworten, wenn andere Leute ebenfalls falsch antworteten.

Einer nach dem anderen tippte richtig auf die zweite Linie. Der Versuchsleiter deckte die nächsten zwei Karten auf. Alle bestimmten korrekt die erste Linie. Auch bei den nächsten beiden Karten war der Längenunterschied klar zu erkennen: Es war die dritte Linie, die mit jener auf der ersten Karte übereinstimmte. Doch als Versuchsteilnehmer Nummer sechs die Antworten der fünf anderen hörte, die vor ihm an der Reihe waren, wollte er seinen Ohren nicht trauen: Alle nannten die erste Linie, die fast zwei Zentimeter zu lang war. Er lehnte sich vor, rückte seine Brille zurecht, doch es gab keinen Zweifel: Die Linien waren verschieden lang. Oder doch nicht? Wenn fünf Leute das so sahen? Konnte ihn seine Wahrnehmung derart täuschen?

Es war der Psychologe Solomon Asch, der Versuchsteilnehmer Nummer sechs in diese ungemütliche Lage brachte. Asch wollte wissen, wie leicht Menschen dem Gruppendruck nachgeben. Den Resultaten früherer Studien traute er nicht, weil auf die Fragen an die Versuchspersonen oft keine eindeutigen Antworten erfolgt waren. So war zum Beispiel untersucht worden, wie sich das Urteil über eine Textpassage änderte, je nachdem, welchem Autor sie zugeschrieben wurde. Dabei gab es kein eindeutiges »richtig« oder »falsch«. Das war bei der Längenschätzung der Linien ganz anders. Entweder die Linien waren gleich lang, oder sie waren es nicht. Entweder Versuchsteilnehmer Nummer sechs traute seiner Wahrnehmung und stellte sich gegen alle anderen, oder er passte sich an und ignorierte, was er sah. Er konnte nicht wissen, dass alle anderen »Versuchspersonen« Komplizen des Versuchsleiters waren, deren falsche Antworten auf einem festen Drehbuch basierten.

Die Ergebnisse stehen heute in jedem Psychologielehr-

Der Versuchsteilnehmer mit der Nummer 6 konnte nicht ahnen, dass alle anderen am Tisch Komplizen des Versuchsleiters waren, die nach Drehbuch übereinstimmend falsche Antworten gaben.

buch: In einem Drittel aller Längenurteile passten sich die Versuchsteilnehmer der Gruppe an und antworteten ebenfalls falsch. Nur ein Viertel aller Versuchspersonen erlag nie der Versuchung, dem Gruppendruck nachzugeben. Viele wurden nervös und konnten es nicht fassen, wenn die anderen übereinstimmend falsche Antworten gaben. Eine Versuchsteilnehmerin war derart außer sich, dass sie nach vorne sprang, ein Lineal ergriff und es neben die Linien hielt: »Seht ihr das denn nicht?« Doch die anderen sagten nur: »Was sollen wir sehen?« Sie war sehr beunruhigt: »Etwas stimmt nicht mit mir, vielleicht sind es meine Augen, oder vielleicht ist es etwas Grundlegenderes.«

Ob Asch das Resultat erstaunt hat, geht aus seinen Arbeiten nicht hervor. Anders als es viele Lehrbücher heute darstellen, wollte er eigentlich das Gegenteil von dem zeigen, was er dann herausgefunden hat: dass Menschen sich nicht sklavisch einer Gruppe unterwerfen, sondern ihre Meinung unabhängig vertreten.

Aschs Konformitätstest aus dem Jahr 1951 ist eines der am häufigsten wiederholten wissenschaftlichen Experimente. Ein Überblicksartikel verzeichnete 1996 133 Konformitätsstudien aus 17 Ländern. Bereits Asch variierte den Versuch, um herauszufinden, unter welchen Bedingungen sich Leute anpassten. Wenn in der Gruppe ein zweiter Versuchsteilnehmer die richtige Antwort gab, sank die Rate der falschen Antworten zum Beispiel von 32 auf 5 Prozent. Der Grad der Anpassung verringerte sich auch drastisch, wenn die Versuchsteilnehmer die Antworten der anderen zwar kannten, ihre Antwort aber aufschrieben, ohne sie bekannt zu geben.

Aschs Experiment führt zu anderen Zeiten und in anderen Kulturen zu unterschiedlichen Resultaten. In der individualistischen Kultur westlicher Industrienationen ist der Hang zur Konformität erwartungsgemäß weniger ausgeprägt als in Kulturen, die das Wohl der Gruppe über jenes des Einzelnen stellen, wie im Fernen Osten oder in Afrika. In westlichen Kulturen wird Konformität denn auch häufig negativ als Anpassertum ausgelegt. »Man muss für den Rest seines Lebens damit leben, dass man ein Feigling war, der sagte, 10 Inch seien kürzer als 4 Inch«, sagte Aschs Mitarbeiter Henry Gleitman. Asch selbst sah es weniger dramatisch. Man hat zwei Informationen: was man sieht und was andere Leute sagen. Ernst zu nehmen, was andere Leute sagen, ist nicht per se dumm, sondern unter Umständen richtig und menschlich. In kollektivistischen Kulturen kann die Konformität im Experiments auch positiv interpretiert werden: Wer sich anpasst, hilft den anderen Versuchsteilnehmern, die offensichtlich einen Fehler begehen, das Gesicht zu wahren.

Ein Vergleich verschiedener Studien zeigt, dass der Hang zu konformem Verhalten seit den 1950er-Jahren, als Asch das Experiment durchführte, zwar abgenommen hat, aber nicht verschwunden ist. Ein Beleg dafür sind die sogenannten »No soap radio«-Witze, die ebenfalls in den 1950er-Jahren aufkamen, aber auch heute noch bestens funktionieren. Hier ist einer: Zwei Eisbären sitzen in der Badewanne. Da sagt der erste: »Reich mir die Seife.« Worauf der zweite antwortet: »Keine Seife, Radio!« Wie jeder sofort merkt, hat die vermeintliche Pointe nichts mit dem Witz zu tun, doch wenn Eingeweihte über den Witz zu lachen beginnen, verhalten sich andere Zuhörer oft konform und lachen ebenfalls.

In einer Variante des Versuchs versuchte Asch übrigens herauszufinden, wie stark sich die Längen der Linien unterscheiden müssen, damit kein Versuchsteilnehmer mehr bereit war, seine Wahrnehmung zu verleugnen. Es gelang ihm nicht: Selbst wenn der Längenunterschied 18 Zentimeter betrug, gab es immer noch einige, die sich der falschen Mehrheitsmeinung anschlossen.

verrueckte-experimente.de

◆ Asch, S. (1956). Studies of independence and conformity: I. A minority of one against a unanimous majority. *Psychological Monographs: General and Applied* 70(416).

1954 **Der schnellste Bremser der Welt**

Colonel John Paul Stapp war kein Aufschneider. Sonst hätte er seinem 1955 im *Journal of Aviation Medicine* erschienenen Artikel einen spektakuläreren Titel gegeben als »Die Wirkung von mechanischer Kraft auf lebendes Gewebe«. Das »lebende Gewebe« war nämlich er selbst, und die »Wirkung der mechanischen Kraft« hatte sich in Prellungen, blutunterlaufenen Augen und gebrochenen Knochen geäußert.

1947 flog Chuck Yaeger mit dem Jet X-1 als erster Mensch schneller als der Schall. Im selben Jahr begann

John Paul Stapp auf dem Raketenschlitten »Gee-Whiz«.

sich Stapp als Militärarzt mit der Frage zu beschäftigen, wie es einem Piloten wohl erginge, wenn er bei solchen Geschwindigkeiten sein Flugzeug im Schleudersitz verlassen müsste. Ein gewaltiger Luftstrom würde seinen Körper treffen und ihn augenblicklich abbremsen. Konnte ein Mensch diese Belastung überleben? Stapp beantwortete die Frage mit kühnen Versuchen, zuerst auf der Luftwaffenbasis Edwards in Kalifornien, dann auf jener von Holloman in New Mexico.

Für die ersten Tests 1947 mit dem Raketenschlitten »Gee Whiz« waren Schimpansen vorgesehen. Als sie nicht rechtzeitig eintrafen, stellte sich Stapp als Versuchskaninchen zur Verfügung. Wegen seines eigenwilligen Verhaltens versuchten ihn seine Vorgesetzten immer wieder zurückzuhalten – ohne Erfolg.

Das gewagteste und letzte Experiment, das Stapp beinahe das Augenlicht kostete, fand am 10. Dezember 1954 statt. Um die Mittagszeit ließ sich Stapp von seinen Mitarbeitern im Raketenschlitten »Sonic Wind« anschnallen. Am Ende der einen Kilometer langen Gleise konnte er ein Ambulanzfahrzeug sehen.

Der Schlitten war nicht viel mehr als ein auf Schienen geführter Stuhl, mit neun Raketen im Rücken, die auf einem zweiten Schlitten montiert waren. Sie beschleunigten Stapp so stark, dass das Blut aus seiner Netzhaut wich: 1,5 Sekunden nach dem Start wurde ihm schwarz vor Augen. 3,5 Sekunden später – Stapp war jetzt mit 1017 km/h unterwegs – setzten die Bremsen ein: Eine Art Schaufeln griffen in das lange Wasserbecken zwischen den Schienen am Ende des Gleises und brachten den Schlitten in 1,4 Sekunden zum Stillstand; es war, wie mit 100 km/h in eine Mauer zu fahren – bloß dauerte es 18-mal länger.

Am Anfang des 210 Meter langen Bremswegs kehrte das Augenlicht für einen grellen Moment zurück. Doch die Gefäße hielten dem Druck, mit dem das Blut in die Augen schoss, nicht stand und platzten. Stapps Sicht färbte sich lachsrot, seine Augen rissen an Muskeln und Sehnerv. Sie schmerzten, »wie wenn ein Zahn ohne Betäubung gezogen wird«.

Nachdem der Schlitten zum Stillstand gekommen war,

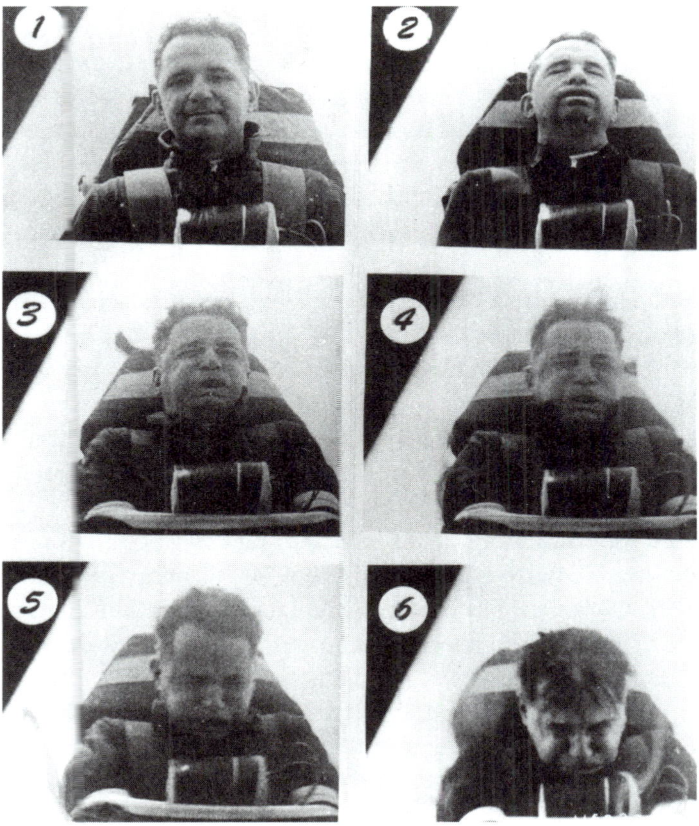

John Paul Stapps Gesicht während des Bremsvorgangs: Es war, wie mit hundert in eine Mauer zu fahren – bloß dauerte es 18 Mal länger. Stapp hat sich bei den Versuchen mehrmals Knochen gebrochen und wäre fast erblindet.

John Paul Stapp wird vor einem Versuch festgeschnallt.

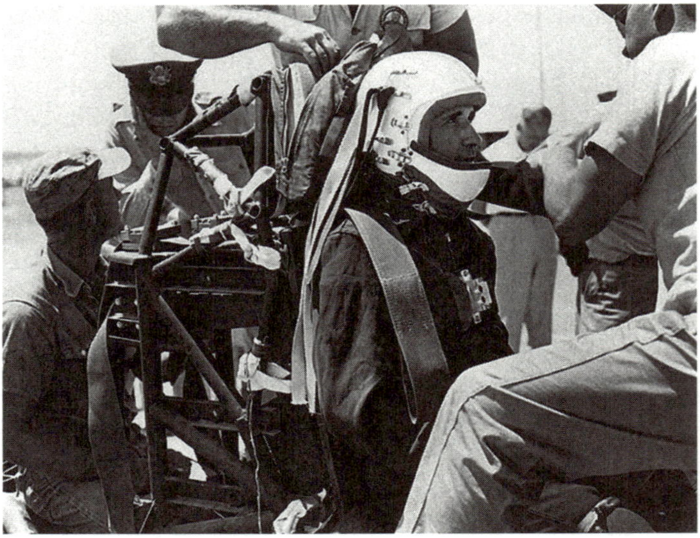

befreiten die Helfer Stapp aus seinem Feuerstuhl. Mit den Händen griff er sofort nach den Augenlidern. Er glaubte, er sehe nichts, weil sie geschlossen seien, doch sie waren offen. »Jetzt ist es passiert«, dachte er, »ich kann nicht mehr sehen.« Stapp war sich des Risikos, bei den Versuchen zu erblinden, durchaus bewusst. Seine Augen hatten schon bei früheren Versuchen unter der Belastung gelitten.

Doch auf dem Weg ins Spital erholte sich seine Sehfähigkeit allmählich wieder. Die Untersuchung zeigte die üblichen blauen Flecken, wo die Gurte verliefen, und kleine Wunden, verursacht durch Sandkörner, die mit der Geschwindigkeit von Gewehrkugeln durch die Kleider drangen. Anders als bei einigen seiner 28 früheren Versuche hatte er bei diesem keine Knochen gebrochen.

Stapp war kurzzeitig einer Belastung von über 40 G ausgesetzt. Er hatte mit mehr als dem 40-Fachen seines Körpergewichts in den Gurten gehangen. Lange Zeit glaubte man, ein Mensch könne nicht mehr als 18 G überleben.

Die Versuche hatten nicht nur ein verbessertes Design von Pilotensitzen und Gurten in Flugzeugen zur Folge, Stapp war auch ein Vorkämpfer für Sicherheitsgurte in Autos. Er führte auf Kosten der Armee die ersten Crashtests mit PKWs durch. Als seine Vorgesetzten dagegen protestierten, rechnete er ihnen vor, dass mehr Militärpiloten bei Autounfällen ums Leben kämen als bei Flugzeugabstürzen. In den Jahren vor seinem Tod 1999 war er Vorsitzender der »Dr. Stapp International Car Crash Conference«.

Die kühnen Versuche machten Stapp berühmt. Er trat im Fernsehen auf, und sein Bild erschien auf dem Titel von *Time*. Kein Wunder, dass sich die Zeitungen Stapps Fehltritt 1956 nicht entgehen ließen: Am 9. März konnte man in den *Alamogordo Daily News* lesen, dass der »schnellste Mann der Welt« von der Polizei erwischt worden war, als er 60 km/h zu schnell fuhr. Der Friedensrichter hob die Buße auf und erließ eine neue gegen einen fiktiven »Captain Ray Darr«, die er aus seiner eigenen Tasche bezahlte.

Stapps Experimente führten zu einem Nebenprodukt, das seine eigene Berühmtheit weit übertraf. Zu Beginn der Versuche 1949 wurde eine von einem Ingenieur namens Edward A. Murphy entwickelte Messsonde falsch am Raketenschlitten montiert. Stapp, der bekannt dafür war, ständig neue Redewendungen zu erfinden, brachte darauf »Murphy's Law« (»Murphys Gesetz«) in Umlauf, das bald darauf seinen Siegeszug durch die Populärkultur antrat: »Wenn etwas schiefgehen kann, dann geht es schief.«

verrueckte-experimente.de

• Stapp, J. P. (1955). Effects of mechanical force on living tissue. 1. Abrupt deceleration and windblast. *Journal of Aviation Medicine* 26, 268-288.

Bevor Menschen in den Raketenschlitten saßen, wurden Tests mit Puppen gemacht. Hier durchschlägt die Puppe nach einer Vollbremsung gerade den hölzernen Windschutz (die Puppe ist der graue Schatten).

1954 Adler gegen Klapperschlangen

Für die elf Knaben aus Oklahoma City, die am 11. Juni 1954 in einem Bus Richtung Robbers Cave State Park saßen, hatte es den Anschein einer ganz normalen Fahrt in ein Ferienlager. Sie sprachen über ihre Hobbys, ihre bevorzugten Baseballmannschaften, die Berufe ihrer Väter. Auf dem weitläufigen Lagergelände angekommen, bezogen sie eine Hütte und erkundeten die Umgebung. Dass am nächsten Tag in einer anderen Ecke des Geländes unbemerkt elf weitere Jungen eine Hütte belegten, blieb ihnen lange verborgen. Sie konnten auch nicht ahnen, dass die Lagerleiter Wissenschaftler waren, die alles, was in den nächsten drei Wochen zwischen den Gruppen geschah, im Geheimen aufzeichneten.

Der Leiter dieses als Ferienlager getarnten Experiments war Muzafer Sherif, Professor für Psychologie an der University of Oklahoma. Er wollte die Gruppen zuerst zu Feinden machen und dann das Unmögliche vollbringen: heillos zerstrittene Elfjährige miteinander versöhnen.

Sherif stammte ursprünglich aus Izmir in der Türkei. Als Dreizehnjähriger war er bei einem Überfall der Griechen knapp dem Tod entgangen. Dieses Erlebnis war für ihn ein Grund, sich später der Erforschung von Konflikten zwischen Gruppen zu widmen. Das »Robbers-Cave-Experiment«, wie es in der Folgezeit genannt wurde, war das Glanzstück seiner Karriere. Obwohl bei dem Versuch lediglich Elfjährige um den Sieg im Seilziehen und den Zugang zum Badeplatz stritten, wird das Experiment heute oft in Zusammenhang mit den großen gewaltsamen Auseinandersetzungen, etwa in Nordirland oder Palästina, zitiert.

Sherif hatte den Versuch in drei Phasen angelegt: In der ersten sollten sich unabhängig voneinander zwei Gruppen bilden. In der zweiten würde er diese Gruppen zusammenbringen und für Spannungen sorgen, die er in der dritten Phase zu lösen versuchen wollte. Natürlich hätte er direkt bei Phase zwei einsteigen können, wenn er das Experiment mit zwei bereits bestehenden Gruppen gemacht hätte. Aber Sherif war ein akribischer Wissenschaftler: Bestehende Gruppen hätten womöglich bereits stereotype Verhaltensweisen gegenüber anderen Gruppen mitgebracht, wodurch das Resultat seines Versuchs verfälscht worden wäre.

Um die Entstehung der Gruppenbildung unter Kontrolle zu haben, wählte er je elf Jungen aus, die einander zuvor noch nie gesehen hatten. In einem aufwendigen Verfahren bestimmte er in 22 verschiedenen Schulen im US-Bundesstaat Oklahoma jeweils einen Schüler, den er einer der beiden Gruppen zuordnete. Die Jungen mussten aus möglichst gleichartigen, intakten mittelständischen protestantischen Familien kommen. Problemfälle sowie Kinder, die zu Heimweh neigten, wurden ausgeschlossen.

Um die Auswahl zu treffen, beobachteten die Forscher unerkannt Schüler auf dem Schulhof, sprachen mit Eltern und Lehrern, ließen sich Zeugnisse geben, informierten sich darüber, wie groß das Haus war, in dem die Familie lebte, und welchen Wagen sie fuhr. Den Eltern gab man die diffuse Auskunft, im Lager solle die Interaktion zwischen Gruppen studiert werden. Eine Woche nach Ankunft hatten sich beide Gruppen einen Namen gegeben – »Klapperschlangen« und »Adler« –, es hatten sich stabile innere Hierarchien herausgebildet und typische Verhaltensmuster. Die Klapperschlangen fluchten zum Beispiel ständig, die Adler badeten nackt.

Der Plan sah vor, dass man die Gruppen in dieser Phase noch ein oder zwei Tage getrennt hielt, bevor man sie in der

Seilziehen: Gruppe Adler gegen Gruppe Klapperschlangen. Die Kinder konnten nicht ahnen, dass sie an einem psychologischen Experiment teilnahmen.

Phase zwei zu Feinden machte. Doch die Jungen waren dem Plan weit voraus. Ohne die andere Gruppe je zu Gesicht bekommen zu haben, sprach die eine Gruppe von den »Nigger-Campern«, als sie die andere weit entfernt auch nur hörte.

Spannungen aufzubauen schien der einfachste Teil des Experiments zu sein. Doch Sherif musste aufpassen. Einen ähnlichen Versuch hatte er im Jahr zuvor abbrechen müssen: Weil die Manipulationen der Lagerleitung zu offensichtlich waren, hatte sich der Ärger der Gruppen plötzlich nicht mehr gegeneinander, sondern gegen die Erwachsenen gerichtet.

Der Kern der Phase zwei waren 15 Wettbewerbe, in denen sich die Gruppen während vier Tagen maßen. Dazu gehörten Baseball und Seilziehen, aber auch eine Schatzsuche und Zimmerinspektionen, die es den Experimentatoren erlaubten, unauffällig der einen oder anderen Gruppe Punkte zuzuschanzen.

Die Folgen des Turniers – als Preise gab es heiß begehrte Sackmesser – kannte Sherif bereits aus früheren Studien: Der Zusammenhalt innerhalb der Gruppen wuchs, die andere Gruppe wurde herabgesetzt und bekämpft. Das Ausmaß der Feindseligkeiten muss jedoch auch ihn überrascht haben. Es begann damit, dass sich die Teams gegenseitig beschimpften (»Stinker«, »Memmen«, »Kommunisten«). Am Abend des zweiten Tages verbrannten die Adler die auf dem Spielfeld zurückgelassene Fahne der Klapperschlangen – ein Ereignis, »das es für die Experimentatoren unnötig machte, die Missstimmung zwischen den Gruppen künstlich anzufachen«, wie Sherif später schrieb.

Der Gegenschlag ließ nicht lange auf sich warten: Am nächsten Abend überfielen die Klapperschlangen die Hütte der Adler, rissen Vorhänge herunter und stülpten Betten um. Dabei eroberten sie eine Bluejeans des Gruppenführers, die sie am nächsten Tag als Fahne mit der Aufschrift: »Der Letzte der Adler« herumtrugen. Einen Tag danach machten sich die Adler mit Baseballschlägern bewaffnet auf zur Hütte der Klapperschlangen, die sich an einem anderen Ort aufhielten.

Nach einer Reihe weiterer Zusammenstöße wollte keine der Gruppen noch etwas mit der anderen zu tun haben. Phase drei konnte beginnen.

Mitglieder der Gruppe Klapperschlangen überfallen die Hütte der Adler. Der Plan der Forscher, die Feindschaft zwischen den Gruppen anzufachen, erwies sich als unnötig: Die beiden Gruppen verhielten sich von Anfang an sehr feindselig.

Die Klapperschlangen mit den erbeuteten Bluejeans des Anführers der Adler. Sie hatten darauf geschrieben: »Der Letzte der Adler«.

Sherif ließ die Gruppen zuerst in neutralen Situationen aufeinandertreffen. Doch eine Filmvorführung trug nichts zur Versöhnung bei, und das gemeinsame Essen endete mit einer Nahrungsmittelschlacht. Bloßer Kontakt reichte nicht aus, um den Streit zu schlichten.

Die Forscher sabotierten den Trinkwassertank auf dem Lagergelände, um die verfeindeten Gruppen zur Zusammenarbeit zu zwingen und so Frieden zu stiften.

In einem früheren Experiment war es ihm gelungen, zwei verfeindete Gruppen zusammenzubringen, indem er sie gegen einen äußeren Feind mobilisierte. Doch diese Methode schien ihm wenig sinnvoll, weil sich ein alter Konflikt auf diese Weise nur lösen ließ, indem ein neuer entstand. Sherif wollte die Spannungen auf andere Art abbauen: indem er die beiden Gruppen vor Aufgaben stellte, die eine allein nicht bewältigen konnte.

Als Erstes ließ Sherif im Geheimen ein Rohr blockieren, das der Trinkwasserversorgung des Lagers diente. Als die Jungen den Wassermangel bemerkten, erklärten ihnen die Lagerleiter, dass die Leitung auf der ganzen Länge zwischen dem Lagergelände und dem Wasserreservoir abgesucht werden müsse. Dafür seien etwa 25 Leute nötig. Während der gemeinsamen Überprüfung herrschte Friede, man lieh sich gegenseitig Werkzeuge und arbeitete zusammen. Aber schon beim Abendessen flammten die Feindseligkeiten wieder auf.

Als Nächstes stand ein gemeinsamer Filmabend auf dem Programm. Die Miete des Films »Schatzinsel« – 15 Dollar – musste von beiden Gruppen aufgebracht werden. Nach kurzer Diskussion einigten sie sich, je 3,50 Dollar beizutragen, den Rest sollte die Lagerleitung bezahlen.

Beim gemeinsamen Zeltausflug wurde das Material so verteilt, dass die beiden Gruppen es miteinander tauschen mussten.

Ein gemeinsamer Zeltausflug bildete den Abschluss von Sherifs Interventionen. Zunächst streikte der Motor des Lieferwagens, der das Essen hätte holen sollen. Beiden Gruppen war klar, dass sie ihn nur gemeinsam anschieben konnten, was sie dann auch taten.

Dann, beim Aufstellen der Zelte, entdeckten beide Gruppen, dass sie auf Material der anderen angewiesen waren

Auch die vorgetäuschte Panne des Lastwagens hatte einzig den Zweck, die beiden Gruppen vor eine Aufgabe zu stellen, die eine allein nicht lösen konnte, und sie so zu versöhnen.

(die Lagerleitung hatte die Campingausrüstung bewusst durcheinandergebracht). Das Essen schließlich bestand aus vier Kilo Fleisch am Stück. So waren die Gruppen gezwungen, irgendwie zu teilen.

Diese Maßnahmen führten tatsächlich zur Versöhnung der Gruppen. Sie feierten den Abschlussabend gemeinsam, entschieden sich, die Rückfahrt im selben Bus anzutreten, und als die Adler bei einem Verpflegungsstopp kein Geld mehr hatten, luden die Klapperschlangen sie zu Malzmilch ein.

Sherifs Experiment gehört heute zu den Klassikern in der Psychologie. An der friedensfördernden Wirkung übergeordneter Ziele wird heute kaum noch gezweifelt. Allerdings kann ihre Wirkung von anderen Faktoren gedämpft werden. Zudem lassen sich die Resultate nicht ohne Weiteres auf größere Gruppen wie etwa Nationalstaaten anwenden.

◆ Sherif, M., O. J. Harvey et al. (1961). *Intergroup Conflict and Cooperation: The Robbers Cave Experiment*. Norman, University of Oklahoma Book Exchange.

Eine ganz andere Methode, wie man zwischen Konfliktparteien vermitteln kann, finden Sie auf Seite 215 ff.

1956 **Rauchen ist gesund**

Im Jahr 1956 spielten sich in einem Büro der Universität Stanford seltsame Szenen ab. 21 junge Studentinnen saßen eine nach der anderen dem 24-jährigen angehenden Psychologen Elliot Aronson gegenüber und lasen ihm von Karten, die sie von ihm bekommen hatten, obszöne Wörter vor: vögeln, Schwanz, bumsen. Hatten sie die zwölf Karten durch, so gab ihnen Aronson zwei Bücher, aus denen sie »lebhafte Beschreibungen sexueller Aktivität« vortragen mussten, wie er es später in einem Fachartikel beschrieb. Eines davon war D.H. Lawrence' *Lady Chatterley's Lover*, das in den USA damals auf dem Index verbotener Bücher stand.

Die Studentinnen hatten sich gemeldet, um in einer Gruppe mitzumachen, in der die »Dynamik des Gruppendiskussionsprozesses« untersucht werden sollte. Das Thema der Diskussion erfuhren sie erst, als sie vor Aronson saßen: die Psychologie von Sex. Er erklärte ihnen, das Vorlesen der obszönen Wörter sei eine Art Eintrittstest für die Diskussionsgruppe. Anhand von Erröten, Stottern und ande-

ren Zeichen der Scham werde er ein »klinisches Urteil« darüber fällen, ob sie unbefangen über Sex sprechen könnten. Tatsächlich ging es Aronson um ganz etwas anderes.

Der Mensch ist ein Meister darin, seine Wünsche so hinzubiegen, dass die Wirklichkeit dazupasst.

Elliot Aronson besuchte damals ein Seminar bei Leon Festinger, der gerade seine Theorie der kognitiven Dissonanz aufgestellt hatte. »Kognitive Dissonanz« nannte er den inneren Konflikt, der entsteht, wenn unsere Überzeugungen nicht mit unseren Handlungen übereinstimmen oder wenn sich zwei unserer Überzeugungen widersprechen: Raucher kennen die Gefahren des Rauchens und rauchen trotzdem, Frauen wissen, dass Markenschuhe viel zu teuer sind, und kaufen sie dennoch. Festinger glaubte, dass der Mensch diese Spannung abbauen will, indem er Handeln und Denken wieder in Übereinstimmung bringt – was lediglich dann geschehen kann, wenn er das eine oder das andere ändert.

Wenn er zum Beispiel nicht anders handeln kann oder will, bleibt ihm nur, sich abenteuerliche Rechtfertigungen für sein Tun auszudenken, die er dann bereitwillig selber glaubt: Rauchen ist gar nicht so schädlich, Markenschuhe sind von besserer Qualität.

Als die Studenten im Seminar von Festinger nach Situationen suchten, die zu einer kognitiven Dissonanz führten, fielen ihnen Initiationsriten ein. Nach Festingers Theorie müsste die Zugehörigkeit zu einer Gruppe nach einer mühevollen Initiation attraktiver erscheinen als ohne Eintrittsprüfung. Wer jahrelang versucht, eine Membercard der Tanzbar »Alibaba« zu bekommen, dem wird das »Alibaba« als der Nabel der Welt erscheinen, wenn er sie endlich hat, auch wenn es eigentlich ein heruntergekommener Tanzschuppen ist. Schließlich möchte keiner vor sich selber als Dummkopf dastehen. Diesen Effekt wollten Aronson und sein Kollege Judson Mills wissenschaftlich überprüfen.

Als Erstes brauchten die beiden Forscher einen Initiationsritus. »Wir saßen zusammen, und die Ideen sprudelten nur so aus Aronson heraus. Eine davon war ›obszöne Wörter vorlesen‹. Da sagte ich: ›Das ist es!‹«, erinnert sich Mills.

Nachdem die Studentinnen die Wörter vorgelesen und den Test bestanden hatten, wollten Aronson und Mills feststellen, ob sie die Zugehörigkeit zur Gruppe höher werteten als Studentinnen, die keinen oder einen harmloseren Test gemacht hatten.

Dazu wurden alle Versuchsteilnehmerinnen über Kopfhörer in das laufende Gespräch der Diskussionsgruppe eingeschaltet. Aronson erklärte den Studentinnen, dass sich jede Gesprächsteilnehmerin in einem anderen Raum befinde und sich über eine Gegensprechanlage mit den anderen unterhalte. Ohne einander ansehen zu müssen, lasse sich einfacher über Sex diskutieren. Der wahre Grund, weshalb die Versuchsteilnehmerinnen nicht direkt zur Diskussionsgruppe stoßen durften, war, dass es diese Gruppe gar nicht gab. Damit alle Versuchsteilnehmerinnen die exakt gleichen Bedingungen antrafen, ertönten die Stimmen vom Band. Um zu verhindern, dass sich die Studentinnen am Gespräch beteiligten, sagte man ihnen, sie sollten als Vorbereitung einfach zuhören.

Was die Studentinnen zu hören bekamen, war eine der »wertlosesten und langweiligsten Diskussionen, die man sich vorstellen kann«, wie Aronson und Mills später schrieben. Damit sollte die größtmögliche Dissonanz zum unangenehmen Eintrittstest geschaffen werden.

Und tatsächlich stuften die Studentinnen, die den peinlichen Test absolviert hatten, die Diskussion und die Gesprächsteilnehmer als viel interessanter ein als die anderen. Auf diese Weise verminderten sie die Dissonanz zwischen dem mühevollen Eintritt und der langweiligen Diskussion. Als Aronson sie über den wahren Zweck des Experiments informierte, begriffen sie sofort, worum es ging. »Sie verstanden durchaus, dass die meisten Leute sich verhalten würden, wie ich es vorausgesagt hatte«, erinnert sich Aronson, »aber sie versicherten mir immer wieder, dass in ihrem Fall der mühevolle Initiationsritus keine Rolle gespielt habe. Jede von ihnen behauptete, dass sie die Gruppe mochte, weil sie das wirklich so empfand.«

Das Verringern einer kognitiven Dissonanz ist kein bewusster Prozess. Er lässt sich bei anderen einfach erkennen, nur nicht bei sich selbst. Das ist ein Grund, weshalb die Folgen aus dieser psychologischen Eigenheit des Menschen von monumentaler Bedeutung für unser Zusammenleben sind. Sie entwickelt ihre Macht völlig unbemerkt sowohl im Alltag als auch in der Weltpolitik. Über 3000 Untersuchungen zum Thema wurden seit der Studie von Aronson und Mills publiziert. Eine darunter zeigte, auf welch grundlegende Eigenschaft Festinger gestoßen war: Selbst Kapuzineräffchen, die von drei verschiedenfarbigen Smarties zufällig die gelben auswählten, entwickelten danach eine Vorliebe für diese Farbe, obwohl sie zuvor keinen Unterschied zwischen den drei Farben gemacht hatten.

Das Verringern der kognitiven Dissonanz ist eine urmenschliche Strategie zur Lebensbewältigung. Es löst innere Widersprüche auf und versöhnt mit unerfüllten Wünschen. Und es erklärt zumindest teilweise, weshalb wir standhaft behaupten, Kinder machten uns glücklich, wenn genau das Gegenteil der Fall ist. Untersuchungen haben nämlich ergeben, dass Eltern im Durchschnitt weniger glücklich sind, wenn sie gemeinsame Zeit mit ihren Kindern verbringen, als wenn sie essen, Sport treiben, einkaufen oder fernsehen. Der Psychologe Daniel Gilbert von der Harvard University sieht Parallelen zwischen dem Initiationsexperiment von Mills und Aronson und dem Familienleben: »Wenn wir viel für etwas bezahlen, nehmen wir an, dass es uns glücklich macht, deshalb schwören wir auf

Mineralwasser und Armani-Socken. Der Zwang, für unsere Kinder zu sorgen, wurde vor langer Zeit in unserem Erbgut festgeschrieben. Also schuften und schwitzen wir, bekommen wenig Schlaf und weniger Haare, spielen Krankenschwester, Fahrer und Koch, und wir tun all das, weil die Natur uns keine andere Wahl lässt. Angesichts des hohen Preises, den wir bezahlen, ist es nicht überraschend, dass wir diese Kosten rechtfertigen, indem wir annehmen, dass uns unsere Kinder sie mit Glück zurückbezahlen.«

Doch nicht immer sind die Folgen dieses psychologischen Mechanismus so positiv. Oft hat die Verringerung der Dissonanz fatale Folgen – zum Beispiel bei Justizirrtümern, wenn eine DNA-Analyse zeigt, dass ein Häftling, der seit zehn Jahren im Gefängnis sitzt, ein Verbrechen nicht begangen haben kann. Wie Fälle in den USA zeigen, beharrt der Staatsanwalt oft völlig irrational auf der Position, dass er es doch war. Warum? Einerseits weiß er, dass er einen Mann für zehn Jahre hinter Gitter gebracht hat, andererseits sind Beweise vorhanden, dass dieser Mann unschuldig ist. Es gibt zwei Möglichkeiten, diese Dissonanz zu verringern: Entweder der Staatsanwalt gesteht ein, einen furchtbaren Fehler begangen zu haben, oder er beharrt auf der Schuld des Häftlings. Die Wahl fällt offenbar vielen Staatsanwälten leicht.

◆ Aronson, E., and J. Mills (1959). The effect of severity of initiation on liking for a group. *Journal of Abnormal and Social Psychology* 59, 177-181.

1958 **Ich sehe was, was du nicht siehst**

Babys sind der Albtraum jedes Experimentalpsychologen: Sie können keine Fragebogen ausfüllen, sie können nicht reden, auf nichts zeigen und sind auch sonst nicht sehr kooperativ. Wie soll man da herausfinden, wie scharf sie sehen, ob sie Gesichter erkennen oder sich an Gesehenes erinnern?

Was sich im Kopf von Säuglingen abspielt, ist ein Rätsel, das nicht nur Mütter, Väter und Kinderpsychologen lösen wollen. Es tangiert auch die große Frage, mit welchen Fähigkeiten ein Mensch geboren wird und welche er erlernt. Wer hat das Sagen: die Natur oder die Umwelt?

In den 1950er-Jahren herrschte die Meinung vor, das Kind beginne sein Leben als unbeschriebenes Blatt. Es sehe die Welt zuerst nur als chaotisches Stückwerk aus Farben verschiedener Helligkeiten. Erst durch die Erfahrung des Sehens lerne es, die Eindrücke zu ordnen.

Aufgrund früherer Experimente vermutete der Psychologe Robert Fantz, dass diese Ansicht falsch sei: Er hatte frisch geschlüpften Küken unterschiedliche geometrische Formen dargeboten und beobachtet, dass sie am häufigsten nach Kügelchen in Körnergröße pickten. Die Fähigkeit, diese Objekte zu erkennen, war den Küken offenbar angeboren.

Doch dieses Experiment konnte so nicht mit Menschen durchgeführt werden – Babys picken nicht. Aber sie schauen sich ständig in der Welt um. Ihre Augen sollten Fantz verraten, wie ihre Welt aussieht.

»Wenn ein Säugling eine bestimmte Form durchweg häufiger anschaut als eine andere, muss er diese Formen erkennen können«, schrieb Fantz in einem Fachartikel. Auf der Basis dieser einfachen Idee entwickelte er eine Krippe, in der ein Säugling auf dem Rücken lag und in eine gleichmäßig ausgeleuchtete Kammer blickte. An der Decke der Kammer befestigte Fantz Paare von Testobjekten: Tafeln mit Längsstreifen und konzentrischen Kreisen, mit einem

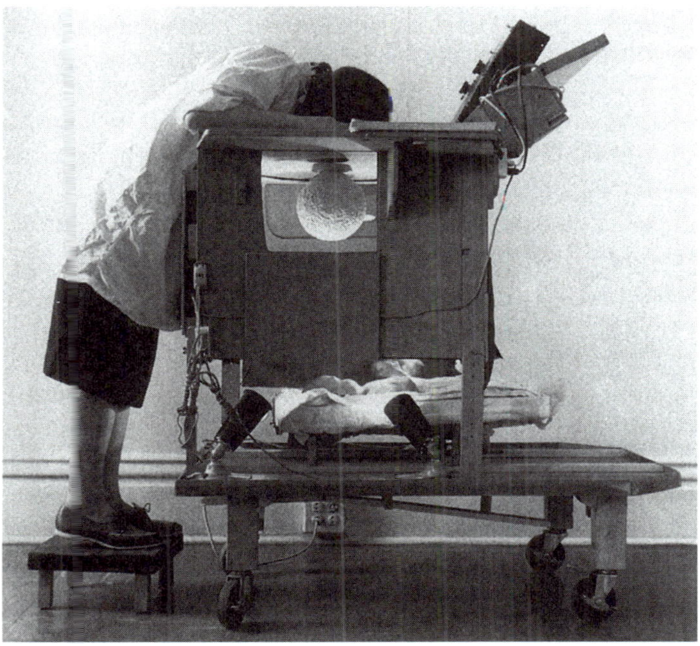

Wie sieht ein Säugling die Welt? Mit dieser Vorrichtung kann man es herausfinden.

ausgefüllten Quadrat und einem Schachbrettmuster, mit einem Dreieck und einem Kreuz. Durch ein Guckloch zwischen den Objekten konnte er der Blickrichtung der Babys folgen und ermitteln, wie lange sie welches Objekt betrachteten.

Von den 30 Säuglingen (zwischen 1 und 15 Wochen alt), die am ersten Experiment teilnahmen, mussten 8 ausgeschlossen werden: Sie schrien, quengelten oder schliefen während des Versuchs einfach ein. Übrig blieben 22, von denen praktisch alle die komplexeren Muster bevorzugten: Sie schauten zum Beispiel das Schachbrett länger an als das Quadrat. Babys sind offenbar fähig, solche Muster von Geburt an zu unterscheiden.

Fantz konnte mit seiner Methode auch bestimmen, wie scharf Säuglinge sehen. Er präsentierte ihnen eine graue Tafel neben einer gestreiften. Die Säuglinge bevorzugten die gestreifte – wenn sie die Streifen erkannten. Fantz machte den Versuch nämlich mit immer schmaleren Streifen, bis die Säuglinge die Graufläche und die Streifen gleich häufig anschauten, was bedeutete, dass sie die Muster nicht mehr unterscheiden konnten. Die gestreifte Tafel war für die Babys grau. Mit einem Monat konnten sie drei Millimeter breite Streifen erkennen, mit einem halben Jahr zehnmal schmalere.

Können Säuglinge von Geburt an räumlich sehen? Sie blicken länger auf eine Kugel als auf einen Kreis. Können sie Gesichter erkennen? Keine der gezeigten Tafeln war beliebter als jene mit dem gezeichneten Gesicht.

Heute ist Fantz' Methode Grundlage für die Erforschung der geistigen Fähigkeiten unserer Kleinsten. Abgewandelt wurde mit ihr sogar nachgewiesen, dass Säuglinge rechnen können: Man stellte unter den Augen eines Babys eine Mickymaus-Figur auf eine kleine Bühne, klappte eine Sichtblende hoch und platzierte eine zweite Figur hinter der Blende: 1 + 1. Nun wurde die Blende entfernt, und die Babys sahen einmal zwei Figuren (das korrekte Resultat), ein anderes Mal eine Figur (die zweite wurde unbemerkt entfernt). Im Mittel betrachteten die Säuglinge die falsche Addition eine Sekunde länger als die richtige. Ein Hinweis darauf, dass sie das Ergebnis überraschte, sie das richtige Resultat also gekannt hatten.

◆ Fantz, R. L. (1958). Pattern vision in young infants. *Psychological Record* 8, 43-47.

1960 Das Vierkartenproblem

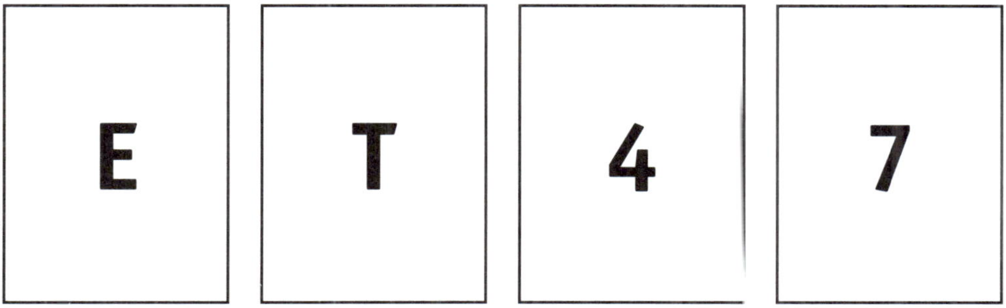

Die meiststudierte Denkaufgabe der Psychologie: Welche Karten muss man umdrehen, um zu überprüfen, ob die folgende Regel eingehalten wird: Wenn auf der einen Seite einer Karte ein Vokal steht, steht auf der anderen eine gerade Zahl?

Das Rätsel macht einen trügerisch einfachen Eindruck. Als es der britische Psychologe Peter Wason in den frühen 1960er-Jahren ersann, konnte er nicht ahnen, welche fulminante Karriere ihm beschieden sein würde: Auf dem Tisch liegen vier Karten mit einem Buchstaben auf der einen, einer Zahl auf der anderen Seite. Zwei davon zeigen die Buchstaben E und T, die anderen zwei die Zahlen 4 und 7. Es gilt die Regel: Wenn auf der einen Seite einer Karte ein Vokal steht, steht auf der anderen eine gerade Zahl. Welche Karten muss man umdrehen, um zu überprüfen, ob die Regel eingehalten wird? Diese simple Frage wurde unter der Bezeichnung »selection task« zur meiststudierten Denksportaufgabe in der Psychologie. Unter Titeln wie »Deontic thought and the selection task« oder »The elusive thematic materials effect in the Wason selection task« ist sie Gegenstand Hunderter Untersuchungen.

Der Grund für das enorme Interesse ist die erstaunliche Tatsache, dass kaum zehn Prozent der Versuchspersonen auf die richtige Lösung kommen. Von den 128 Studenten, die Wason in einer frühen Studien mit diesem Problem konfrontierte, antworteten gerade mal 5 korrekt. 59 Studenten wollten E und 4 wenden, 42 nur E. Der Rest gab andere Antworten. Dabei lautet die richtige Antwort E und 7.

Dass die Karte, die E zeigt, gedreht werden muss, war allen klar: Wenn auf der anderen Seite eine ungerade Zahl steht, ist die Regel verletzt. Die 4 zu wenden, ist hingegen unnötig. Die Regel besagt nur, dass auf der Karte mit einem Vokal eine gerade Zahl steht, nicht aber, dass auf einer Karte mit einer geraden Zahl auch ein Vokal stehen muss. Das klingt verwirrend, klärt sich aber mit einem konkreten Beispiel: Die Aussage, alle Postautos sind gelb, heißt ja auch nicht, dass alles, was gelb ist, Postautos sind.

Hingegen ist es entscheidend, sich die Karte mit der 7 anzuschauen: Wenn auf der anderen Seite ein Vokal steht, ist die Regel ebenfalls verletzt. Bloß waren die meisten darauf nicht gekommen. Und nicht nur das: Als Wason seinen Versuchspersonen ihren Irrtum zu erklären versuchte, stieß er auf unerwarteten Widerstand. Selbst als er sie aufforderte, die Karte mit der 7 zu wenden, und sie auf der anderen Seite ein A entdeckten, behaupteten sie, die 7 auszuwählen sei unnötig.

Die wichtigste Erkenntnis von Wasons Experiment liegt darin, dass die meisten Menschen dazu neigen, einmal getroffene Annahmen durch neue Information zu bestätigen, anstatt dass sie versuchen, sie zu widerlegen. Wer die Karte E wendet, hat die Möglichkeit, die Regel »wenn Vokal, dann gerade Zahl« zu bestätigen, wer die 7 dreht, kann sie höchstens widerlegen. Das Bedürfnis, Überzeugungen bestätigt und nicht widerlegt zu sehen, ist zutiefst menschlich und findet seinen Ausdruck im leidenschaftlichen Glauben an Pseudowissenschaften und Verschwörungstheorien.

Beliebt machte sich Wason mit dem Vierkartenproblem bei vielen Kollegen übrigens nicht. Das schlechte Abschneiden widersprach den Theorien über die Entwicklung logischen Denkens beim Menschen von Jean Piaget (siehe Seite 77 ff.). Wason führte den Versuch auch mit einem Mitglied von »Mensa«, einer Vereinigung von Leuten mit hohem Intelligenzquotienten, durch. Die Testperson »argumentierte selbstsicher und präzise mit Annahmen, wie sie nach Piaget typisch sind für kleine Kinder«, schrieb Wason. »Einmal sagte mir ein Kollege, ›wir machen keine Experimente mehr zum Vierkartenproblem‹, als ob die Abteilung in Gefahr gewesen wäre, mit einem neuen Virus infiziert zu werden.«

Fast hätte die Welt übrigens nie von Wasons Rätsel erfahren. Als er es Anfang der 1960er-Jahre zum ersten Mal ausprobierte, hielt sich die Resonanz in Grenzen. »Ich zeigte es zwei Freunden. Beide lösten es nach einigem Nachdenken, und mein Assistent war der Ansicht, dem Rätsel fehle es an Potenzial.«

◆ Wason, P. C. (1968). Reasoning about a rule. *Quarterly Journal of Experimental Psychology* 20, 273–281.

1960 Der Pupillenforscher und die Pin-up-Girls

Das exotische Fachgebiet der Pupillometrik wurde an einem Morgen im Jahr 1960 im Büro von Eckhard Hess an der Universität von Chicago geboren: Hess hatte einen Stapel Karten aus Landschaftsbildern zusammengestellt und das Foto eines »halb nackten Pin-up-Girls« daruntergemischt. Diese Bilder zeigte er eines nach dem andern seinem Assistenten James Polt. Hess konnte dabei nur die Rückseiten der Karten sehen, wusste also nicht, welches Bild sich Polt gerade anschaute. »Beim siebten Bild bemerkte ich eine deutliche Erweiterung der Pupillen«, schrieb Hess später. Es war das Bild der spärlich bekleideten Elaine Reynolds, Playmate des Monats Oktober 1959 im *Playboy*. Von da an widmete der Psychologieprofessor seine Forschung der Verbindung zwischen Pupillengröße und Vorgängen im Gehirn.

Die Idee, dass sich in den Augen alles Mögliche lesen lässt, ist in der Literatur und im Alltag allgegenwärtig. Der französische Dichter Guillaume de Salluste nannte die Augen »Fenster zur Seele«. Vor allem Emotionen wie Liebe, Leidenschaft, Hass oder Wut sollen sich in den Augen zeigen.

Wissenschafter hatten die Veränderung der Pupillengröße bei bestimmten Tätigkeiten des Gehirns schon früher beobachtet, doch es war Hess, der ihr Studium als Forschungsgebiet etablierte. Schuld daran war eigentlich seine Frau. Sie hatte eines Abends beobachtet, wie sich seine Pu-

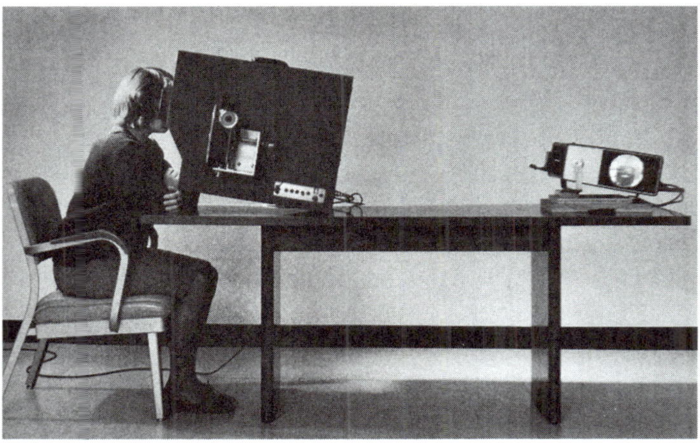

Durch diesen Apparat blickten die Versuchspersonen auf projizierte Bilder. Mittels eines eingebauten Spiegels konnte dabei die Weite der Pupillen beobachtet werden.

pillen erweiterten, als er sich einen Bildband mit Tierfotos anschaute. Daraufhin improvisierte Hess das Pin-up-Girl-Experiment mit Polt.

Den ersten systematischen Versuch führte er mit vier Männern und zwei Frauen durch. Er ließ sie in eine dunkle Kiste blicken, auf deren gegenüberliegender Wand er nacheinander verschiedene Bilder projizierte. Ein kleiner Spiegel lenkte das Bild des linken Auges in eine auf der Seite angebrachte Infrarotkamera, die jede Sekunde zwei Bilder machte. Auf diesen Aufnahmen bestimmte Hess die Pupillengröße. Die Resultate waren erstaunlich klar: Bei den Frauen erweiterten sich die Pupillen am stärksten, wenn das Bild ein Baby zeigte, eine Mutter mit Baby oder einen nackten Mann. Männer reagierten vor allem auf die nackte Frau. Hess deutete diese Erweiterung als Zeichen des Interesses und der Zustimmung. In späteren Experimenten zeigte er seinen Versuchspersonen Bilder von behinderten Kindern und von moderner Kunst. Dabei beobachtete er, wie sich die Pupillen verengten – selbst bei Leuten, die behaupteten, ihnen gefielen abstrakte Gemälde.

Diese beiden Bilder unterscheiden sich einzig durch die Weite der Pupillen. Beim Anblick des Bildes rechts reagierten Männer ihrerseits mit einer Erweiterung ihrer Pupillen: ein Zeichen für Interesse.

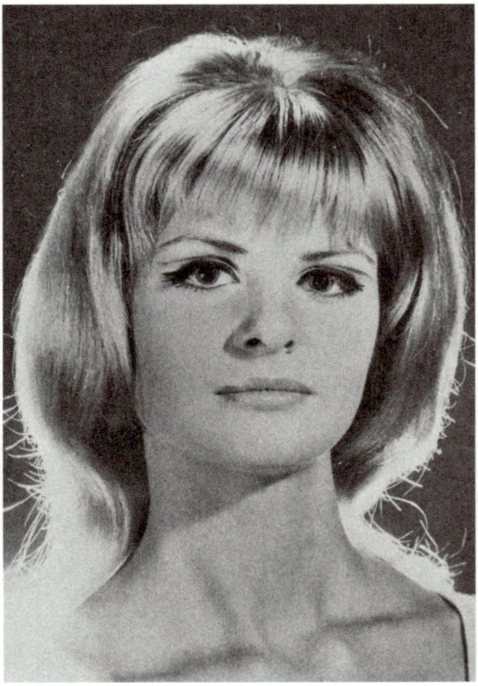

In einer berühmten Studie untersuchte Hess auch die Wirkung der Pupillengröße auf andere. Er legte Männern zwei Bilder einer Frau vor, die sich einzig durch die Größe der Pupillen unterschieden. Die Augen der Männer reagierten viel stärker auf die Frau mit den weiteren Pupillen. Hess spekulierte, dass die weiten Pupillen einer Frau Interesse an ihrem Gegenüber signalisierten und sich deshalb wiederum die Pupillen der Männer weiteten. Schon im Mittelalter hatten sich die Frauen Belladonna (Atropin) in die Augen geträufelt, um ihre erotische Ausstrahlung zu erhöhen.

Hess glaubte, das ultimative Werkzeug für die Untersuchung des menschlichen Geistes gefunden zu haben: Er behauptete, an der Pupillenreaktion einer Person ihre sexuelle Orientierung zu erkennen. Und er war überzeugt, Werber könnten an der unbestechlichen Reaktion der Pupillen auf Produkte deren Marktwert voraussagen. Nach eigenen Aussagen wurde Hess auch immer wieder von Bundesstellen gebeten, die Pupillometrik als Lügendetektor einzusetzen. Er lehnte ab.

Als andere Forscher die Experimente von Hess wiederholten, konnten sie seine Resultate nicht bestätigen. »Hess war ein netter Mann, aber kein sehr guter Experimentator«, urteilte Stuart Steinhauer vom Biometrics-Research-Programm in Pittsburgh. Er habe zum Beispiel bei der Messung der Pupillengröße viele physische Reaktionen, die nichts mit dem Inhalt der Bilder zu tun hätten, außer Acht gelassen.

Heute sind die Wissenschaftler zwar über zahlreiche Aspekte der Pupillenreaktion immer noch uneins, aber zwei Dinge haben sich herauskristallisiert: Die Pupillen erweitern sich bei Interesse, unabhängig davon, ob es durch negative oder positive Bildinhalte geweckt wird. Das Gleiche geschieht auch, wenn das Gehirn viel Information verarbeitet, etwa bei schwierigen Rechenaufgaben.

Bloß: Warum reagieren die Pupillen überhaupt auf die Vorgänge im Gehirn? Ob darin ein tieferer Sinn liegt oder ob diese Aktivität nur das Nebenprodukt eines mit anderen Dingen beschäftigten Gehirns ist, bleibt unklar.

◆ Hess, E. H. (1975). *The Tell-Tale Eye: How Your Eyes Reveal Hidden Thoughts And Emotions*. New York, Van Nostrand Reinhold Company.

1960 **Der Badewannenastronaut**

Am Mittwoch, dem 27. Januar 1960, um acht Uhr stieg Duane Graveline im Aerospace Medical Center Brooks in San Antonio, Texas, in einen ein mal zwei Meter großen Tank. Am 3. Februar – sieben Tage später – um acht Uhr verließ er ihn wieder. Der 28-jährige Graveline war Mediziner und wollte die Wirkung der Schwerelosigkeit auf den menschlichen Körper untersuchen.

Mit dem Start von »Sputnik«, dem ersten Satelliten, den die Sowjetunion 1957 ins All schickte, war das Rennen um den ersten Menschen im Weltraum eröffnet. Eine Frage, die dabei geklärt werden musste, betraf die zu erwartenden Auswirkungen der Schwerelosigkeit auf den Körper eines Astronauten. Sicher war, dass der erste Astronaut »bei Wiedereintritt in die Atmosphäre ein anderer Mann ist, als er beim Start war«, wie Graveline sich ausdrückte. Seine Muskeln würden bei fehlender Schwerkraft schwinden. Könnte ein so geschwächter Astronaut die Belastung bei der Rückkehr zur Erde überhaupt ertragen?

Um das herauszufinden, unternahm Graveline zuerst sogenannte Bettruhestudien, bei denen zehn Männer zwei Wochen liegend verbrachten. Auf diese Weise sollte jener Effekt simuliert werden, bei dem der Körper des Astronauten in der Schwerelosigkeit durch keinerlei Gewicht belastet ist. Doch Graveline war nicht zufrieden. »Die Männer lasen Bücher, rasierten sich, setzten sich im Bett auf und unternahmen heimliche Ausflüge zur Toilette, um die Bettpfanne zu vermeiden.« Und auch wenn sie untätig dalagen, war die Simulation nicht perfekt: Astronauten würden ja nicht inaktiv sein, sie würden bloß kein Gewicht spüren bei dem, was sie taten. Die Lösung hieß: Wasser. Auf der Erde konnte die Schwerelosigkeit am besten im Wasser nachvollzogen werden.

Astronautenkandidat Duane Graveline in seiner Badewanne, in der er sieben Tage verbrachte. Er wollte so den Einfluss der Schwerelosigkeit auf den menschlichen Körper simulieren.

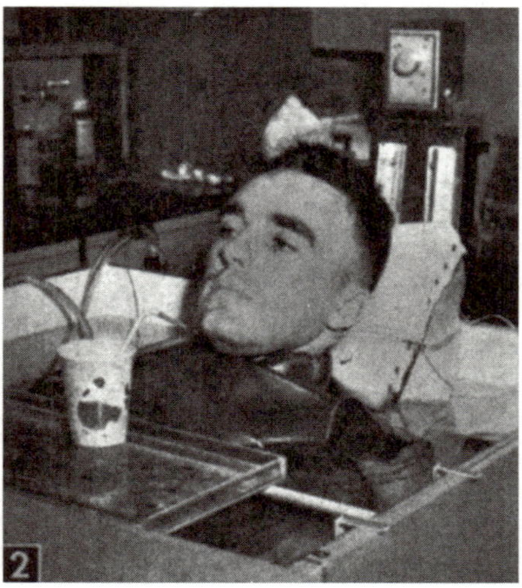

Graveline ließ sich eine große Badewanne bauen, in die er einen Liegesitz stellte, wie er für die Astronauten in der Raumkapsel vorgesehen war. Er kaufte einen Trockentaucheranzug und begann mit ersten Tests. Der einfachste davon kostete ihn beinahe

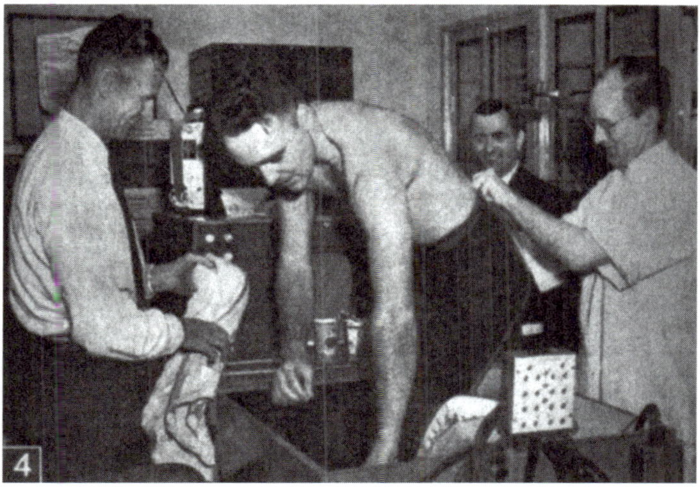

Nach einer Woche entstieg Graveline zittrig der Wanne.

das Leben: An einem Sonntag ging er allein ins Labor und prüfte, wie dicht der Anzug war. Weil Wasser eintrat, versuchte er, die Dichtung zwischen Hosen und Oberteil zu verbessern. Mit zwölf Windungen eines Gummischlauchs presste er die beiden Teile an den großen Aluminiumring, der um seinen Bauch verlief, und stieg ins Wasser. Doch die Gummischläuche rutschten vom Ring und schnürten Gravelines Leib mit unglaublicher Kraft zusammen. Schon stellte er sich vor, wie man ihn am Montagmorgen tot in der Wanne finden würde. »Was für eine dumme Weise zu sterben.« Schließlich gelang es ihm, einen Finger unter den Gummischlauch zu bekommen und eine Windung nach der anderen zu zerreißen. Noch Wochen nach diesem Zwischenfall zog sich ein zwanzig Zentimeter breiter Bluterguss wie ein Gürtel um seine Leibesmitte.

Gravelines Stundenplan während des Experiments sah so aus:

8 bis 12 Uhr: Psychomotorische Tests (bei bestimmten Ereignissen auf dem Bildschirm über der Wanne bestimmte Tasten drücken).

12 bis 13 Uhr: Nahrungsaufnahme. Graveline ernährte sich ausschließlich von der Flüssignahrung Sustagen.

13 bis 17 Uhr: Psychomotorische Tests.

17 bis 23 Uhr: Fernsehen. »Die Soaps waren schrecklich«, erinnert er sich heute.

23 bis 3 Uhr: Psychomotorische Tests.

Duane Graveline als Versuchsleiter (Gesicht hinter der Scheibe). Bei diesen späteren Tests verbrachten Versuchspersonen ganze Tage komplett unter Wasser.

3 bis 4 Uhr: Verlassen der Wanne. Medizinische Tests. Unterwäsche wechseln.

4 bis 8 Uhr: In die Wanne zurück. Schlafen. Überraschend erwachte Graveline nach nur zwei Stunden ausgeruht.

Das Experiment zeigte den erwarteten Effekt: Graveline fiel es jeden Tag schwerer, aus der Wanne zu klettern. Auch die gleich nach dem letzten Tag in der Wanne angesetzten Tests in der Zentrifuge setzten ihm viel mehr zu als vor dem Experiment.

Viele Zeitungen berichteten über den »Captain in der Badewanne«. Graveline trat sogar in der »Today Show« im Fernsehen auf. Dort wollten sie ihn zuerst in Taucheranzug und Flossen interviewen. Graveline weigerte sich und bestand auf der Uniform. »Wäre ich noch einmal in der gleichen Lage, ich würde die Flossen anziehen«, sagt er heute, »das Publikum hätte sich viel länger an meinen Auftritt erinnert.«

Graveline verfeinerte seine Experimente später. Dabei trugen die Versuchspersonen auch einen wasserdichten Helm und verbrachten Tage komplett unter Wasser.

1965 wählte die NASA Graveline als Astronauten aus. Kurze Zeit später schied er aber »aus persönlichen Gründen« – wahrscheinlich war damit die schmutzige Scheidung von seiner Frau gemeint – wieder aus. Er praktizierte dann als Allgemeinmediziner und betreibt heute als »Spacedoc« eine Website.

◆ Graveline, D. E., B. Balke et al. (1961). Psychobiologic effects of water-immersion-induced hypodynamics. *Aerospace Medicine* 32, 387-400.

1961 **Maus mit Kiemen**

Im Herbst 1987 erhielt Johannes Kylstra einen seltsamen Anruf. Kylstra war zu dieser Zeit Professor für Medizin an der Duke University in Durham, USA. Am anderen Ende der Leitung meldete sich James Cameron, der drei Jahre zuvor mit dem Kassenschlager »Terminator« seinen Durchbruch als Hollywoodregisseur geschafft hatte. Camerons nächster Film »Abyss« sollte in der Tiefsee handeln, und dazu brauchte er Kylstras Hilfe.

Ende der 1950er-Jahre hatte Johannes Kylstra an der Universität Leiden in den Niederlanden gearbeitet. Auf der Suche nach einer Möglichkeit, Patienten mit Nierenkrankheiten zu helfen, kam ihm die Idee, einen der beiden Lungenflügel des Menschen zu einer behelfsmäßigen Niere umzugestalten. Seine Überlegung war einfach: Wenn er einen Lungenflügel mit Flüssigkeit füllte, würden in den Lungenbläschen die Giftstoffe vom Blut in die Flüssigkeit wandern und könnten so ausgewaschen werden. Die Atmung würde in dieser Zeit der andere Lungenflügel übernehmen. »Ich machte Experimente mit Hunden, aber die Methode war nicht effizient genug«, sagte Kylstra 1969 während eines Vortrags am Marine Biomedical Institute in Galveston, US-Bundesstaat Texas, über seine Arbeit. Besser wäre es gewesen, beide Lungenflügel mit Flüssigkeit zu füllen – bloß gab es dabei ein offensichtliches Problem: Man ertrinkt.

Doch Kylstra glaubte, das verhindern zu können, indem er die Flüssigkeit mit Sauerstoff anreicherte. Dem Körper macht es nichts aus, ob er seinen Sauerstoff aus einer Flüssigkeit oder aus der Luft bezieht. Hauptsache, es ist genug davon da.

Wasser enthält unter normalem Druck allerdings rund 40-mal weniger Sauerstoff als Luft – etwa so viel wie Luft in einer Höhe von 20 Kilometern. »Engel würden Kiemen brauchen, um in dieser Höhe überleben zu können«, sagte Kylstra in einem Artikel in der Zeitschrift *Life*. Wenn man den Druck erhöht, lässt sich aber mehr Sauerstoff ins Wasser pressen: bei 8 Atmosphären etwa 200 Milliliter in 1 Liter – gleichviel, wie 1 Liter Luft enthält. Also setzte Kylstra eine Salzlösung mit ähnlichem Salzgehalt wie Blut unter 8 Atmosphären Druck und gab dann über eine kleine

Diese Maus lebt! Sie atmet nicht Luft, sondern die Flüssigkeit Fluorkarbon.

Schleuse eine Maus in die Druckkammer; der Nager wurde von einem Gitter unter der Wasseroberfläche am Auftauchen gehindert.

»Und es klappte!«, sagte Kylstra bei dem Vortrag – jedenfalls aus seiner Sicht. Die 66 Mäuse, die in seiner Publikation »Of Mice as Fish« erwähnt werden, dürften das anders gesehen haben. »Es gelang uns noch nicht, den Übergang von der Luftatmung zur Flüssigkeitsatmung wieder umzukehren«, umschrieb Kylstra die Tatsache, dass alle Mäuse ertranken – einige allerdings erst nach 18 Stunden, was belegte: Sie hatten tatsächlich Flüssigkeit geatmet.

Von da galt Kylstras größeres Interesse dem Umstand, Menschen in Fische zurückzuverwandeln, als ihre Nierenprobleme zu lösen, und er begann, mit der niederländischen Marine zusammenzuarbeiten. Das erste Säugetier, das 24 Minuten Flüssigkeit atmete und überlebte, war der Hund Snibby. Nach dem Experiment adoptierte ihn die Besatzung des niederländischen U-Boot-Rettungsschiffs »Cerberus«.

Die Zusammenarbeit mit den Tauchspezialisten war ein logischer Schritt. Die Flüssigkeitsatmung versprach nämlich, eine der größten Schwierigkeiten beim Tauchen zu beseitigen. Je tiefer sich ein Taucher ins Wasser wagt, desto höher ist der Druck, der auf dem Körper und damit auch auf der Lunge lastet. Solange in der Lunge ein gleichhoher Gegendruck herrscht, merkt der Taucher davon kaum etwas. Dieser Gegendruck wird automatisch aufgebaut, wenn der Taucher Luft aus der Pressluftflasche atmet. (Die Luft in einer Taucherflasche setzt sich wie normale Atemluft aus etwa einem Fünftel Sauerstoff und vier Fünfteln Stickstoff zusammen.) Doch der höhere Druck dieser eigentlich normalen Atemluft in der Lunge hat zwei gravierende Folgen, die bereits bei einigen Dutzend Metern Tauchtiefe auftreten können: Einerseits wirkt Stickstoff unter Druck betäubend (Tiefenrausch), Sauerstoff sogar giftig, andererseits bildet der unter höherem Druck im Körper verteilte Stickstoff-Blasen, wenn ein Taucher zu schnell auftaucht, so wie Mineralwasser perlt, wenn die Flasche geöffnet wird. Dieser Effekt führt zur sogenannten Taucherkrankheit, die unter anderem Lähmungen verursacht und nur verhindert werden kann, wenn ein Taucher so langsam aufsteigt, dass der Stickstoff aus den Geweben entweichen und abgeatmet werden kann, oder wenn er einige Zeit in einer Druckkammer verbringt und dort die langsame Dekompression nachholt.

Für beide Probleme ist letztlich der Umstand verantwortlich, dass sich Atemluft, wie jedes andere Gas auch, zusammendrücken lässt. Das führt dazu, dass sich in der Lunge unter Druck plötzlich zu viel komprimierter Sauerstoff und Stickstoff drängen, die dann ins Blut gepresst werden und dort die beschriebenen Leiden auslösen.

Wenn man eine Flüssigkeit atmen könnte, wäre man alle diese Schwierigkeiten auf einen Schlag los: Da Flüssigkeiten praktisch nicht komprimiert werden können, wird es in der Lunge auch bei hohem Druck nicht zu einer höheren Konzentration des unter Druck stehenden, in der Flüssigkeit gelösten Sauerstoffs kommen.

Der Mensch könnte so praktisch beliebig tief tauchen. Allerdings musste Kylstra einsehen, dass man sich eine Reihe anderer Probleme einhandelt: Zum Beispiel kann Wasser das ausgeatmete Kohlendioxid nicht so effizient abtransportieren wie Luft, zudem brauchen die Lungen viel mehr Kraft, um Wasser zu atmen. Kylstra berechnete überschlagsmäßig, dass seine Mäuse etwa 60-mal mehr Energie brauchten, um ihre Lungen zu füllen und zu leeren, als wenn sie Luft atmeten.

Diese Probleme konnten vier Jahre später zwei andere Forscher entschärfen, aber letztlich nicht lösen. Leland C. Clark und Frank Gollan verwendeten Fluorokarbon für ihre Experimente. Fluorokarbon kann dreimal mehr Kohlendioxid und 30-mal mehr Sauerstoff binden als Wasser. Viele ihrer Mäuse überlebten die Prozedur, ohne Schaden zu nehmen. Aber das Problem des überschüssigen Kohlendioxids blieb bestehen.

James Cameron erfuhr von diesen Versuchen, als er 1971 mit 17 Jahren einen Vortrag des Kampfschwimmers, Tiefseetauchers und Fallschirmspringers Francis J. Falejczyk

Unmittelbar nachdem James Cameron von Kylstras Experimenten zur Flüssigatmung erfahren hatte, schrieb er den Unterwasserthriller *The Abyss*. Im Film wird das Experiment mit einer richtigen Ratte wiederholt.

besuchte. Falejczyk hatte sich für einen von Kylstras Versuchen eine Lunge mit einer Salzlösung füllen lassen, während er mit der anderen normal atmete. Das war zwar keine echte Flüssigkeitsatmung, zeigte aber laut Kylstra, dass das Verfahren weder unangenehm noch besonders gefährlich war. Falejczyk erzählte in seinem Vortrag von Kylstras Experimenten, zeigte Dias und Filme.

Cameron war fasziniert. Er ging nach Hause und schrieb die Kurzgeschichte *The Abyss*. Sie handelte von einer Forschungsstation in 700 Meter Tiefe am Rand des Cayman-Tiefseegrabens und wurde zum Kern des späteren Kinofilms. Im Film muss die Hauptfigur in den Cayman-Graben tauchen und bedient sich dabei der Flüssigkeitsatmung. Um die Zuschauer mit dem Konzept vertraut zu machen, wollte Cameron in einer früheren Szene Kylstras Experimente mit Ratten nachstellen, deshalb brauchte er seine Hilfe.

Kylstra war zuerst skeptisch, ließ sich aber von Cameron überreden. Der Regisseur erinnerte sich später so: »Ich sagte ihm, dass ich das Experiment wiederholen wollte, das ich vor 17 Jahren im Film gesehen hatte, aber könnte ich es mit einer richtigen Ratte tun? Er sagte, es sei einfach.«

Und so wurde der Flüssigkeitsatmung von Johannes Kylstra in »Abyss« ein cineastisches Denkmal gesetzt. Bis heute diskutieren Zuschauer in Internetforen über diese Szene. War es richtig, den Versuch real zu drehen? Haben die Ratten sehr gelitten? Wo sind die Tiere jetzt? James Cameron versicherte mehrmals, die Tiere hätten alle überlebt. Es machte sogar das Gerücht die Runde, die Szene sei in der Filmversion für Großbritannien herausgeschnitten worden, und Cameron habe eine der fünf verwendeten Ratten später als Haustier gehalten.

Abgesehen von »Abyss« und einigen Auftritten in Science-Fiction-Geschichten ist es heute still geworden um die Flüssigkeitsatmung für Taucher. Allerdings hat sich das Füllen der Lungen mit Fluorokarbon in anderen Situationen als lebensrettend erwiesen. Bei schweren Lungenproblemen kann es effizienter sein, Patienten über eine Flüssigkeit zu beatmen als mit normaler Atemluft. Fluorokarbon gilt zudem auch als Kandidat bei der bis heute erfolglosen Entwicklung von künstlichem Blut.

verrueckte-experimente.de

◆ Kylstra, J. A., M. O. Tissing et al. (1962). Of mice as fish. *Transactions of the American Society for Artificial Internal Organs (ASAIO)* 8, 378-383.

1962 Schreiben Sie Ihr Testament!

Wie der Mensch in Todesangst reagiert, kann nur herausfinden, wer ihm Todesangst einjagt. Zu diesem Schluss kam Mitchell M. Berkun von der Leadership Human Research Unit des amerikanischen Militärs. In den meisten Experimenten, so der Psychologe, würden die Versuchspersonen schnell merken, dass die Situation nicht wirklich ernst sei; das erweise sich als das größte Hindernis bei der Untersuchung der Reaktion des Menschen auf Angst. Doch seine Versuche, da war sich Berkun sicher, würden diese »kognitive Verteidigung« problemlos durchbrechen.

Die zehn Rekruten, die in Ford Ord, Kalifornien, in eine zweimotorige DC-3 kletterten, glaubten, sie nähmen an einer Studie über die »Wirkung der Flughöhe auf die psychomotorische Leistung« teil. Sie mussten vor dem Flug Urin abgeben, die Notfallanweisungen gründlich lesen und wurden dann auf eine Höhe von 2000 Metern geflogen, wo sie einen irrelevanten Fragebogen ausfüllten. Als das Flugzeug höher steigen wollte, setzte der eine Motor aus, und die Rekruten hörten über die Gegensprechanlage, dass Probleme aufgetreten waren. Auf dem Flugplatz unter ihnen konnten sie sehen, wie Feuerwehrautos und Ambulanzen auf die Piste rollten. Ein paar Minuten später meldete der Pilot, dass er das Fahrwerk nicht ausfahren könne und die Maschine deshalb im Meer wassern müsse.

Wie wirkt sich Todesangst auf die geistige Leistungsfähigkeit aus? Die Passagiere einer DC-3 wurden glauben gemacht, das Flugzeug stürze ab.

Während das Flugzeug der vermeintlichen Bruchlandung entgegensegelte, wurden an die Rekruten zwei Fragebogen verteilt: das »Emergency Data Form« und die »Official Data on Emergency Instructions«. Ersteres war eine Art Testament – ein absichtlich kompliziert gehaltenes Formular, auf dem die Rekruten zu vermerken hatten, was im Todesfall mit ihrem persönlichen Besitz geschehen sollte. Auf dem zweiten Formular standen zwölf Fragen zu den Notfallanweisungen, die sie vor dem Flug gelesen hatten. Es musste unter dem Vorwand ausgefüllt werden, die Versicherung könnte einen Beweis dafür verlangen, dass die Sicherheitsbestimmungen eingehalten worden seien. Man sagte den Rekruten, die Formulare würden vor der Notlandung in einem wasserdichten Behälter über Bord geworfen.

Nachdem alle die Fragebogen ausgefüllt hatten, landete das Flugzeug sicher auf der Piste, und die Rekruten erfuhren von der wahren Natur des Experiments.

Von den zwanzig Versuchspersonen – das Experiment wurde am folgenden Tag wiederholt – ließen sich nur fünf nicht hinters Licht führen. Bei den anderen wurden »in unterschiedlichem Maß Ängste vor Verletzung oder Tod« geweckt. Diese Angst hatte sich beim Ausfüllen der Formulare bemerkbar gemacht. Vor allem die Gedächtnisleistung fiel fast um die Hälfte, als es darum ging, sich an die Sicherheitsbestimmungen zu erinnern.

Als wollte Berkun ganz sichergehen, einen Spitzenplatz in der Hitparade der unethischsten Experimente aller Zeiten zu belegen, machte er noch zwei weitere Versuche. Einer bestand darin, während eines Manövers einen Rekruten auf einem einsamen Beobachtungsposten glauben zu machen, sein Standort sei versehentlich als Zielgebiet für Artilleriefeuer freigegeben worden. Damit dieses Szenario auch echt wirkte, täuschten in der Umgebung deponierte Sprengladungen Einschläge vor.

Der Rekrut hatte ein kompliziert aussehendes, zudem defektes Funkgerät dabei, dessen Funktionsweise ihm völlig unbekannt war. Die einzige Chance, gerettet zu werden, lag für ihn darin, den defekten Sender nach der Anleitung auf dem Gerät zu flicken und einen Helikopter anzufordern. Dazu musste er das Gerät öffnen, einige Kabel unterbrechen, andere neu verbinden, die Schrauben, die die

Schaltplatte hielten, lösen und wieder anziehen. Was er nicht wusste: Jede Aktion startete oder stoppte versteckt im Gerät untergebrachte Uhren, die aufzeichneten, wie lange er unter den Panikbedingungen dafür brauchte.

Als kleine Variation der Bedrohung gerieten die Rekruten nicht immer unter Beschuss, sie wurden auch mal vermeintlich radioaktiv verseucht oder von einem Waldbrand eingeschlossen, den Rauchgeneratoren vortäuschten. Doch es waren nur die Bombeneinschläge, welche die Konzentrationsfähigkeit bei der Reparatur des Funkgeräts beeinträchtigten, in den anderen zwei Situationen blieb die Leistung der Rekruten unbeeinflusst.

Beim dritten Versuch wurde 15 Rekruten vorgegaukelt, sie hätten durch eine falsche Verkabelung eine Explosion ausgelöst, die einen ihrer Kameraden schwer verletzt habe

Berkuns Untersuchung dient mit einigen anderen Experimenten aus dieser Zeit (siehe Seite 134 ff.) mittlerweile als beliebte Fallstudie in Ethikkursen. Sie ist ein eindrucksvoller Beleg dafür, wie sich die ethischen Maßstäbe verändert haben. Heute würde ein solches Experiment empörte Reaktionen hervorrufen, damals wurde es kaum zur Kenntnis genommen.

➔ Berkun, M. M., H. M. Bialek et al. (1962). Experimental studies of psychological stress in man. *Psychological Monographs: General and Applied* 76 1-39.

1962 **Der Höhlenmensch**

Michel Siffre führte sein Tagebuch mit roter Tinte. Er hoffte, so etwas Abwechslung in seinen trostlosen Alltag zu bringen. Die Wirkung blieb aus. »Was mache ich bloß hier?«, schrieb er einmal, oder: »Mein Gott, warum habe ich bloß solche Ideen?«

Ein Jahr zuvor hatte der 22-jährige Geologe im Massiv von Marguareïs an der französisch-italienischen Grenze eine Höhle mit einem unterirdischen Gletscher entdeckt und beschlossen, im Jahr darauf für zwei oder drei Tage dort zu kampieren. Oder wären zwei Wochen sinnvoller? Oder noch länger? Schließlich entschied Siffre sich, mindestens zwei Monate ohne Uhr in der Höhle zu verbringen und seinen natürlichen Rhythmus zu beobachten.

Familie und Freunde versuchten, ihm das Vorhaben auszureden. Die Kammer mit dem Gletscher war nur durch einen engen Schacht zugänglich. Wer sich in der Höhle ernsthaft verletzte oder krank wurde, konnte selbst von gut ausgerüsteten Helfern nicht geborgen werden. Doch Siffre ließ sich von seinem Plan nicht mehr abbringen.

Der französische Geologe Michel Siffre verbrachte zwei Monate ohne Uhr in einer Höhle. Als er ausstieg, glaubte er, es seien nur 25 Tage gewesen.

Am 16. Juli 1962 stieg er in sein Verlies hinab. Eine Tonne Material hatten Kollegen zuvor zum Campingplatz auf dem unterirdischen Gletscher geschleppt: ein Zelt, einen Gaskocher, Batterien, einen Plattenspieler, ein Feldbett, einen Schlafsack, Ersatzkleider in Alufolie gegen die Feuchtigkeit, Bücher und Proviant. Eine Telefonverbindung zum Höhleneingang wurde installiert, wo während der ganzen Zeit des Experiments zwei Leute wachten. Immer wenn Siffre aufstand, aß oder schlafen ging, rief er an und schätzte die aktuelle Zeit. Die wirkliche Zeit des Anrufs wurde erfasst, ohne dass er sie erfuhr.

Sein Buch *Expériences hors du temps* über den Versuch liest sich wie eine Anleitung zum Masochismus. In der Höhle herrschten konstant null Grad bei hundert Prozent Luftfeuchtigkeit. Im Zelt entstand Kondenswasser. Das Feldbett war ständig nass, ebenso der Schlafsack und die Kleider. Die Schuhe sogen sich mit Eiswasser voll wie ein Schwamm. Siffre bekam unerträgliche Rückenschmerzen, wurde depressiv, dachte daran, sein Testament zu schreiben. Ein festes Tagesprogramm gab es nicht. Zu Beginn unternahm Siffre zwar noch kleine Ausflüge auf dem Gletscher. Doch bald blieb er nur noch in der unmittelbaren Umgebung seines Lagers.

Immer wieder wollte er ausrechnen, wie lange er schon in der Höhle war. Aus der Spielzeit der Platten versuchte er das Zeitgefühl zurückzugewinnen – ohne Erfolg. Manchmal schien ihm die Dauer zwischen Anfang und Ende eines Stücks unendlich kurz zu sein. Siffre zog sogar in Betracht, eine volle Gaskartusche leer brennen zu lassen. Er wusste, dass sie 35 Stunden hielt.

Als man Michel Siffre am 14. September über das Telefon mitteilte, das Experiment sei zu Ende, wollte er es nicht glauben. Nach seiner Schätzung war es erst der 20. August. Er hatte 25 Tage Rückstand auf die 58 Tage seines Aufenthalts. Zwar lebte er, ohne sich dessen bewusst zu sein, seinen gewohnten 24-Stunden-Rhythmus (er schlief 8 Stunden und wachte 16), bloß hatte er den Eindruck, die Zeit zwischen Aufstehen und Schlafengehen habe nur wenige Stunden gedauert. Deshalb lag er mit seiner Schätzung der Gesamtdauer seines Aufenthalts völlig daneben.

Die Presse berichtete begeistert über den »einsamen Höhlenforscher, der seine Ferien in 130 Meter Tiefe verbringt und dort Beethoven hört«. Das Bild von Siffre am Ende des Experiments ging um die Welt: Gestützt von Helfern, entsteigt er dem Flugzeug, das ihn zur Nachuntersuchung nach Paris gebracht hatte. Er trägt eine riesige schwarze Brille zum Schutz vor dem Tageslicht. Ein Held der Wissenschaft? Die Reaktion anderer Höhlenforscher

Michel Siffre auf dem Weg zur Nachuntersuchung. Nach 60 Tagen in der Dunkelheit erträgt er noch kein Tageslicht.

fiel negativer aus. Viele zweifelten am wissenschaftlichen Wert des Experiments und glaubten, Siffre habe sich nur in Szene setzen wollen.

Doch Siffre war von der Wichtigkeit seines Versuchs überzeugt und machte weitere Isolationsexperimente. 1972 verbrachte er 205 Tage allein in der Midnight Cave in Texas. Die NASA beteiligte sich am Experiment: Die Kenntnis des Schlafrhythmus von Menschen sei wichtig für lange Reisen im Weltall.

Auch den Anbruch des neuen Jahrtausends erlebte Siffre – damals 60 Jahre alt – unter Tage. Am 30. November 1999 zog er sich für zwei Monate in die Höhle von Clamouse im Süden Frankreichs zurück. (Andere ungewöhnliche Experimente aus der Schlafforschung finden Sie auf Seite 137 ff. und im *Buch der verrückten Experimente*, Seite 47, 49 bzw. 106.)

verrueckte-experimente.de

◆ Siffre, M. (1971). *Expériences hors du temps*. Paris, Fayard.

1964 **Warum hilft niemand?**

Am 27. März 1964 druckte die *New York Times* einen der schockierendsten Artikel in ihrer 155-jährigen Geschichte. Er begann mit dem Satz: »Mehr als eine halbe Stunde lang schauten 38 achtbare, gesetzestreue Bürger in Queens zu, wie ein Mörder eine Frau in Kew Gardens belästigte und auf sie einstach.« Die Frau hieß Kitty Genovese. Sie war 28 Jahre alt und starb in dieser Nacht.

Es war nicht so sehr ihr Tod, der die Leserinnen und Leser erschütterte – dafür kamen solche Verbrechen in New York zu häufig vor –, es war die Reaktion der Nachbarn. Laut dem Zeitungsbericht hatte die Frau wiederholt um Hilfe gerufen, doch hatte keiner der Bewohner, die aus den Fenstern blickten, während des Angriffs die Polizei alarmiert. Nach den Gründen für die Passivität befragt, gab einer später an: »Ich wollte da nicht hineingezogen werden.«

Während die Medien die 38 Zeugen kollektiv als unbarmherzige Charakterlumpen darstellten und die Politiker den moralischen Zerfall der amerikanischen Gesellschaft beklagten, trafen sich zwei junge Psychologen in New York zu einem Abendessen. John Darley und Bibb Latané unterhielten sich fast den ganzen Abend über den Fall Kitty Genovese. »Wir betrachteten die Reaktion der Zeugen aus

37 Who Saw Murder Didn't Call the Police

Apathy at Stabbing of Queens Woman Shocks Inspector

By MARTIN GANSBERG

For more than half an hour 38 respectable, law-abiding citizens in Queens watched a killer stalk and stab a woman in three separate attacks in Kew Gardens.

Twice the sound of their voices and the sudden glow of their bedroom lights interrupted him and frightened him off. Each time he returned, sought her out and stabbed her again. Not one person telephoned the police during the assault; one wit-

Dieser Artikel in der *New York Times* vom 27.3.1964 über den Mord an der jungen Kitty Genovese führte zu einem der berühmtesten Experimente der Sozialpsychologie.

dem Blickwinkel der Sozialpsychologie. Nicht wie die Zeitungen, die sie als Monster abstempelten«, erinnert sich Darley.

Die beiden konnten nicht glauben, dass alle Zeugen überdurchschnittlich schlechte Menschen waren. Dagegen sprach schon ihre große Zahl: 38! Als Sozialpsychologen misstrauten Darley und Latané grundsätzlich allen Erklärungen, welche die abnorme Persönlichkeit Einzelner für das Verhalten einer Gruppe verantwortlich machten. Vielmehr überlegten Darley und Latané, mit welchen ganz normalen Gruppenprozessen sich die Ereignisse jener Nacht erklären ließen. Sie stießen auf zwei Möglichkeiten:

1. Die Diffusion von Verantwortung: Je mehr andere Leute zugegen sind, desto weniger fühle ich mich in der Verantwortung zu helfen.

2. Das Definitionsproblem: Wenn die anderen nicht helfen, die vielleicht mehr wissen als ich, wird es sich wohl nicht um einen Notfall handeln.

Doch wie ließen sich diese Hypothesen prüfen? An diesem Abend begannen Darley und Latané mit der Planung dessen, was sich später als die berühmtesten Experimente ihrer Karriere erweisen sollte. John Darley ist darüber heute etwas unglücklich: »Kein Forscher ist gerne für etwas bekannt, was er vor langer Zeit vollbracht hat.«

Um herauszufinden, ob es den Diffusionseffekt wirklich gab, galt es eine Situation zu schaffen, in der dieser nicht vom Definitionsproblem überlagert wurde: weil die Forscher andernfalls nie herausfänden, welcher der beiden Effekte wie viel zur Passivität der Zeugen beitrug. Wie beim Mord an Kitty Genovese mussten Darley und Latané eine

Notfallsituation kreieren, in der die Leute zwar wussten, dass andere Leute zugegen waren, in der sie aber deren Reaktion nicht beobachten konnten. Die Zeugen des Mordes konnten ja nicht wissen, ob einer der anderen Zeugen, die am Fenster standen, bereits etwas unternommen hatte.

Die Lösung war wohl durchdacht: Wenn eine Versuchsperson ins Labor kam, fand sie einen langen Gang vor, von dem mehrere Kabinen abgingen. Der Versuchsleiter begleitete sie in eine davon, forderte sie auf, einen Kopfhörer mit Mikrofon anzulegen. Über den Kopfhörer erklärte er ihr dann, dass sie an einer Gruppendiskussion über Probleme des Studentenlebens teilnehme. Weil es vielen Leuten leichter falle, offen zu reden, wenn sie einander nicht sähen, säßen die anderen Gesprächsteilnehmer – über Kopfhörer und Mikrofon mit ihr verbunden – in Nachbarkabinen. In Wirklichkeit verhinderte die Isolation, dass sie sehen konnte, wie die anderen Gesprächsteilnehmer auf den nachfolgenden Notfall reagierten.

Der Versuchsleiter erklärte nun, er selbst werde der Diskussion nicht zuhören, da sich das als gesprächshemmend erweisen könnte. Der Gesprächsverlauf werde von einem automatischen Schalter gesteuert. Alle Diskussionsteilnehmer hätten der Reihe nach zuerst zwei Minuten Zeit, um über ihre Probleme zu sprechen. Danach bekämen sie noch einmal je zwei Minuten, um das Gehörte zu kommentieren. Während einer sprach, seien die Mikrofone aller anderen ausgeschaltet. Was die Versuchsperson nicht wusste: Alle Stimmen kamen vom Band.

Die erste gehörte einem jungen Mann, der von den Schwierigkeiten erzählte, sich an das Leben in New York zu gewöhnen. Er erwähnte auch, dass er epileptische Anfälle hatte, wenn er unter Stress geriet. Es folgten Gesprächspartner (vom Band) und am Schluss der Versuchsteilnehmer. In der zweiten Runde begann die erste Stimme zu stammeln: »Ich … äh … um … ich glaube, ich … ich brauche … äh … äh … jemanden äh … äh … äh … äh … äh … äh … äh.« Nach etwa 70 Sekunden war klar, dass der Student einen epileptischen Anfall hatte: »K… könnte jemand … äh … äh … mir … eh … helfen [hustet]? Ich … sterbe.«

Der Versuchsleiter stoppte die Zeit, welche die Versuchsperson vom Beginn des Gestammels an brauchte, bis sie ihre Kabine verließ, um zu helfen. Die Resultate waren erstaunlich klar: Von den Versuchspersonen, denen man gesagt hatte, sie führten ein Zweiergespräch (mit dem Opfer des epileptischen Anfalls), eilten 85 Prozent zu Hilfe – nach durchschnittlich 52 Sekunden. Wenn man die Versuchspersonen glauben ließ, es gebe einen weiteren Gesprächspartner, reagierten bloß noch 62 Prozent – nach durchschnittlich 93 Sekunden. Bei sechs Gesprächsteilnehmern schließlich kamen gerade mal 31 Prozent aus ihren Kabinen – nach über zwei Minuten.

Tatsächlich scheint die Verantwortung in Notfällen umso stärker zu diffundieren, je mehr Leute zugegen sind. Die Situation ist paradox: Ein Opfer sollte nicht darauf hoffen, dass möglichst viele Leute seinen Unfall beobachten, sondern möglichst wenige – am besten nur eine einzige Person.

Es war also ironischerweise ausgerechnet die große Zahl der Zeugen, die beim Mord an Kitty Genovese verhinderte, dass sie Hilfe erhielt. Hätte ihre Rufe nur ein Nachbar gehört, wäre sie vielleicht noch am Leben. Oder doch nicht?

Mehr als vierzig Jahre nach dem Artikel in der *New York Times* stellte sich nämlich heraus, dass es der Reporter mit der Schilderung der Ereignisse nicht besonders genau genommen hatte. Der Anwalt Joseph De May, der in seiner Freizeit die Fakten einer akribischen Prüfung unterzog, kam zu dem Ergebnis, dass vieles von dem, was der Journalist geschrieben hatte, nicht stimmte: Zum Beispiel hatten die meisten der 38 Augenzeugen gar nichts gesehen, manche hatten zwar etwas gehört, dieses aber für den lautstarken Streit eines Paares gehalten. Auch konnte der Großteil des Angriffs von den Fenstern aus gar nicht beobachtet werden, weil er auf der anderen Seite des Hauses stattfand. Und überdies hatte sogar einer der Zeugen die Polizei alarmiert. Eines der bedeutendsten Experimente der Sozialpsychologie hat seinen Ursprung in einem zu dick aufgetragenen Artikel der *New York Times*.

Das ändert allerdings nichts an den beeindruckenden Resultaten. Auch die zweite Hypothese, das Definitionsproblem, konnten Darley und Latané klar belegen. Dazu ließen sie Versuchspersonen einen Fragebogen ausfül-

Eine Ehre, die nur wenigen Experimenten zuteil wird: Eine Band hat sich nach ihm benannt (oder zumindest nach dem gefundenen Bystander-Effekt).

len – in einem Raum, aus dessen Belüftung plötzlich dicker Rauch quoll. Waren die Versuchspersonen allein, meldeten drei Viertel von ihnen den Rauch innerhalb von zwei Minuten. Waren die Versuchspersonen zu dritt, alarmierten nur noch 13 Prozent sofort den Versuchsleiter.

Einige blieben selbst dann noch ruhig sitzen, als der ganze Raum mit Rauch gefüllt war und sie den Fragebogen kaum noch sehen konnten. Offenbar dachte jeder: Wenn der andere den Rauch nicht als Notfall definiert, wird es wohl keiner sein – ohne sich darüber im Klaren zu sein, dass ein Notfall nie als solcher erkannt wird, wenn alle so denken.

Was kann man gegen diese lähmende Eigenschaft der menschlichen Natur tun? »Einem Opfer kann man nur empfehlen, eine einzelne Person aus einer Gruppe um Hilfe zu bitten, weil so die Diffusion der Verantwortung aufgebrochen wird«, sagt Darley. Bei Rettungsschwimmern in den USA wird das Definitionsproblem in der Ausbildung behandelt. Ein Lebensretter darf sich nie an den Reaktionen anderer Leute orientieren, um herauszufinden, ob der Schwimmer da draußen wirklich in Schwierigkeiten ist oder nur herumplanscht.

verrueckte-experimente.de

◆ Latane, B. and J. M. Darley (1970). *The Unresponsive Bystander – Why Doesn't He Help?* New York, Appleton-Century-Crofts.

Einen Weg, die Leute zum Eingreifen zu bewegen, haben Sie eben selbst beschritten, indem Sie diesen Abschnitt lasen: Versuchspersonen, die das Experiment von Darley und Latané kannten, halfen in einem Notfall fast doppelt so häufig wie die anderen.

1964 **Teufel gegen Beelzebub**

Die älteste Methode, Alkoholismus zu behandeln, hatte der römische Gelehrte Plinius der Ältere im 1. Jahrhundert n. Chr. vorgeschlagen: Man lege einem Alkoholiker ein paar Spinnen ins Glas. Er konnte nicht wissen, dass er damit die Basis für die Aversionstherapie geschaffen hatte, bei der ein unerwünschtes Verhalten (Alkohol trinken) mit einem unangenehmen Reiz (Spinnen im Glas) gekoppelt wird. Das Ziel dieser Kopplung war, dass der Mensch auf Alkohol mit der gleichen Abscheu reagiert wie auf die Spinnen, selbst wenn diese nicht mehr da sind.

Ein großes Problem dieser Therapie besteht darin, dass sich die Kopplung – und damit die Abneigung gegen Alkohol – mit der Zeit abschwächt, wenn der ursprüngliche Schock nicht sehr groß war. Auf der Suche nach unangenehmen Reizen, die der Patient nie mehr vergisst, machten Mediziner Versuche mit Elektroschocks, die gleichzeitig mit Alkohol verabreicht wurden, mit stechenden Gerüchen oder mit Medikamenten, die Übelkeit verursachten.

1960 kam S.G. Laverty von der kanadischen Queen's University in Kingston, Ontario, auf eine neue Idee: Er würde seine Versuchspersonen nicht physisch behandeln, sondern ihnen Todesangst einjagen.

Vier Jahre später bot er bei einem Versuch Patienten ihr bevorzugtes alkoholisches Getränk an und forderte sie auf, Flasche und Glas in die Hand zu nehmen, daran zu riechen und einen Schluck zu nehmen. Kurz danach wurde durch eine Infusionsnadel, die vor der Behandlung unter einem Vorwand angelegt worden war, Scoline in die Blutbahn gespritzt – ohne dass die Patienten etwas davon wussten.

Scoline ist ein Medikament, das zu einer totalen Lähmung der Muskeln führt und damit auch die Atmung stilllegt. Weil die Patienten die Flasche in diesem Zustand nicht mehr halten konnten, ließ sie der Versuchsleiter eine Minute daran riechen. Wenn die Atmung bis dahin noch nicht wieder eingesetzt hatte, wurde ein Beatmungsgerät zu Hilfe genommen. Die meisten Versuchsteilnehmer sagten im Nachhinein, dass sie geglaubt hätten, sterben zu müssen, als ihre Atmung aussetzte. Nie im Leben hätten sie größere Angst gehabt.

Obwohl der unangenehme Reiz, der mit dem Genuss von Alkohol gekoppelt wurde, nicht heftiger hätte sein können, waren die Resultate gemischt. Einer der Alkoholiker schmiss die nächste Flasche, die sich in Greifweite befand, an die Wand, einem anderen gelang nicht einmal mehr dies. Doch es gab auch Patienten, die den Schock erst einmal mit einem Glas Whisky hinunterspülen wollten oder die auf ein anderes alkoholisches Getränk umstiegen, das mit keinem negativen Reiz verbunden war.

Die Therapie hatte auch unerwartete Nebenwirkungen. Ein Patient bekam Atembeschwerden, als er bei seinem Auto Frostschutz nachfüllte, ein anderer konnte seine Frau nicht mehr küssen, wenn sie getrunken hatte. Die Mehrheit der Patienten begann nach einiger Zeit wieder zu trinken.

Im Film *A Clockwork Orange* durchläuft der gewalttätige Alex eine Aversionstherapie.

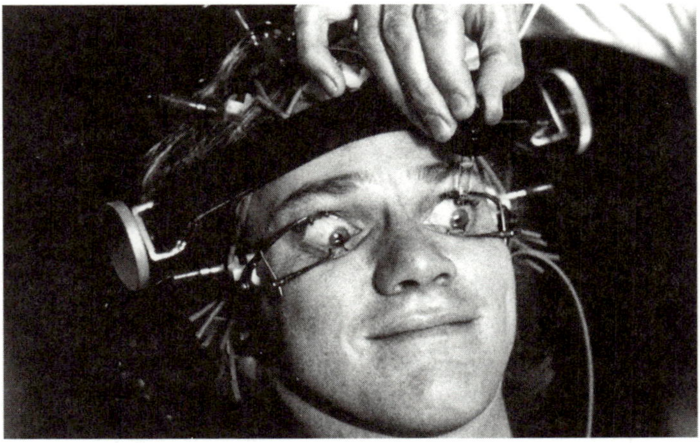

Die Aversionstherapie mit Atemstillstand wird heute nicht mehr durchgeführt. Nicht nur, weil Zweifel an ihrer Wirksamkeit bestehen, sondern auch, weil es heute undenkbar ist, für einen Versuch jemanden ohne sein Wissen in Todesangst zu versetzen. Die skrupellosen Experimente von Laverty und seinen Kollegen wurden mit anderen Versuchen aus dieser Zeit (siehe Seite 125 ff.) zu negativen Standardbeispielen in Ethikkursen.

Nicht nur bei Alkoholismus, sondern auch bei Spielsucht, Esssucht oder sexueller Andersartigkeit wurde die Aversionstherapie angewendet. Homosexuellen Männern zeigte man Bilder von nackten Männern und gab ihnen gleichzeitig einen Stromschlag, bei Bildern von nackten Frauen blieb der Strom ausgeschaltet.

Es war die krude Vorstellung vom Menschen als einem Bündel umprogrammierbarer Reflexe, die in den 1960er-Jahren zu einer Blüte der Aversionstherapie führte. 1962 setzte sich der Schriftsteller Anthony Burgess in *A Clockwork Orange* kritisch mit ihr auseinander. 1971 verfilmte Stanley Kubrick das Buch, und seither ist diese Form der Behandlung fest mit dem Bild des gewalttätigen Alex verbunden, der, an einen Stuhl gefesselt, mit von Klammern aufgerissenen Augen »therapiert« wird.

Derzeit ist noch die Behandlung von Alkoholismus mit Antabus verbreitet. Dieses Medikament bewirkt, dass einem von Alkohol sofort übel wird. Aus offensichtlichen Gründen brechen viele Patienten eine solche Therapie bald ab.

Obwohl die Wirkung umstritten ist und die Behandlung mit Elektroschocks für Außenstehende an Folter grenzt, war die Aversionstherapie bei Patienten oft beliebter als das »zwischenmenschliche Bohren, Deuten und Beurteilen, das sie in anderen Therapien erlebt haben«, wie der Psychologe William Mikulas von der University of West Florida in seinem Buch *Behavior Modification* schreibt.

◆ Laverty, S. G. (1966). Aversion therapies in the treatment. of alcoholism. *Psychosomatic Medicine* 28, 651-666.

1964 Randy Gardner schläft nicht

Am 3. Januar 1964 entdeckte William Dement eine kurze Meldung in der Zeitung. »Randy Gardner, 17, ein Schüler an der Point Loma High School, erreichte am Donnerstag die Halbzeitmarke beim Versuch, den Weltrekord im Wachbleiben zu brechen – 260 Stunden.« Dement griff zum Telefonhörer und rief Randys Eltern in San Diego an.

Der Psychiater William Dement arbeitete an der Stanford University in Palo Alto, Kalifornien. Obwohl er einer der führenden Schlafforscher war, wusste auch er nicht genau, wie sich extremer Schlafentzug beim Menschen auswirkt Viele der früheren Experimente, bei denen Menschen versuchten, lange wach zu bleiben, waren reine Show und wurden wissenschaftlich nicht begleitet. Der Rekord, den Randy brechen wollte, war fünf Jahre zuvor von einem Discjockey auf Hawaii aufgestellt worden.

Dement sah in der Person Randy Gardners die einmalige Gelegenheit, extremen Schlafentzug an einem hochmotivierten Probanden zu studieren. »Und ich brauchte nicht einmal Forschungsmittel zu beantragen«, erinnert sich der Wissenschaftler in seinem Buch *The Promise of Sleep*. Als er Randys Eltern in San Diego am Draht hatte und um die Erlaubnis bat, ihren Sohn während seines Rekordversuchs zu beobachten, rannte er offene Türen ein: Sie waren froh, dass ein Arzt zugegen war, befürchteten sie doch, dass ihr Sohn einen bleibenden Schaden davontragen könnte. Die Angst war nicht unbegründet, immerhin waren bei den ersten dokumentierten Experimenten mit Hunden im Jahre 1894 die Tiere nach vier bis sechs Tagen ohne Schlaf gestorben (siehe *Das Buch der verrückten Experimente*, Seite 47). Menschen konnten zwar länger wach bleiben, doch wie lange und mit welchen Folgen, wusste man nicht.

Randys Unternehmung war sein Beitrag zur »Science Fair« seiner Schule. Solche »Wissenschaftsmessen«, bei denen jeder Schüler sich mit einem wissenschaftlichen Projekt befasst, sind seit den 1950er-Jahren fester Bestandteil des amerikanischen Schulalltags. Nachdem er am 28. Dezember 1963 um sechs Uhr aufgestanden war, wollte er elf Tage nicht mehr schlafen. Zwei Schulfreunde begleiteten ihn beim Rekordversuch. Welche Berühmtheit er damit erlangen sollte, konnte er nicht ahnen. Auf die Frage nach seiner Motivation sagte Randy, Extreme hätten ihn immer fasziniert, besonders wenn Leute ihm einzureden versuchten, etwas sei unmöglich.

Als Dement in San Diego eintraf, mietete er sich ein Zimmer in einem Motel in der Nähe von Randys Zuhause, das er allerdings selten benutzte, weil er ständig aufpassen musste, dass Randy nicht einschlief. »Ein Problem, mit dem ich nicht gerechnet hatte, war, dass ich selbst nach und nach unter Schlafmangel litt. Einmal fuhr ich falsch in eine Einbahnstraße und stieß beinahe mit einem Polizeiauto zusammen. Die Beamten waren wütend. Ich versuchte ihnen die Situation zu erklären, aber was ich auch sagte, es verschlimmerte die Situation nur noch.« Nach diesem Vorfall war Dement klar, dass er Gardner nicht allein überwachen konnte, und er bat einen Kollegen in San Diego, George Gulevich, ihm zu helfen.

»Die schlimmste Phase war immer kurz vor Sonnenaufgang, vom ersten Tag an. Da kriegte ich stets dieses kratzige Gefühl, wie wenn ich Sand in den Augen hätte«, sagte Randy Gardner später über die Wirkung des Schlafentzugs. Der frühe Morgen war auch die Tageszeit, während der sich Gardner besonders gereizt zeigte und hin und wieder die Forscher beschimpfte, wenn sie ihn wach hielten.

Randy und seine Bewacher schlugen sich die Nächte mit Ausflügen zu Winchell's Donuts um die Ohren, gingen in Spielsalons, oder sie hörten bei Randy zu Hause Musik. Wenn ihn auch die Beach Boys nicht mehr wach halten konnten, schleppte Dement ihn auf ein Basketballfeld, um ein bisschen zu spielen. Das klappte immer, erinnert sich der Wissenschafter. Einen Teil der Motivation bezog Gardner aus dem enormen Medieninteresse. Die Zeitungen berichteten jeden Tag über den »König der Schlaflosigkeit«,

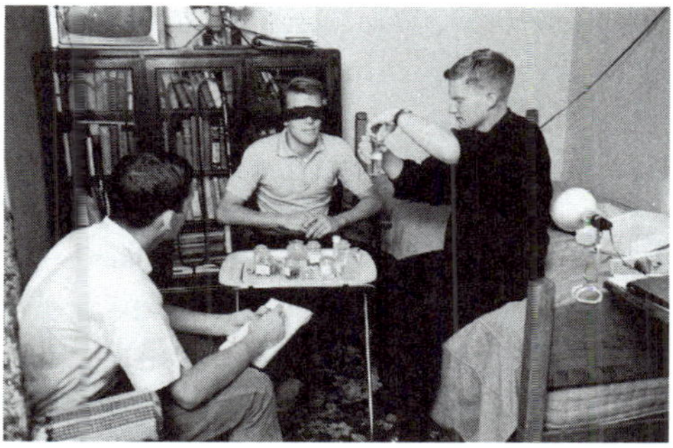

Was als Schulprojekt begann, entwickelte sich zum Medienereignis: Der 17-jährige Randy Gardner blieb 264 Stunden wach. Zwei Freunde betreuten ihn Tag und Nacht (Bild links). Später untersuchte ihn der Schlafforscher William Dement (Bild rechts).

das Magazin *Life* schickte einen Fotografen und der TV-Sender CBS ein Kamerateam.

Nach etwas mehr als der Hälfte der Zeit fing Randy an undeutlich zu reden. »Ich begann Sätze, die ich nicht zu Ende brachte. Von da an ging alles den Bach runter. Es gab keine Hochgefühle mehr, nur noch Tiefpunkte. Es war, als würde jemand mein Gehirn mit Sandpapier bearbeiten.«

Am Mittwoch, dem 8. Januar, gab Randy um fünf Uhr morgens eine Pressekonferenz. Zwei Stunden zuvor hatte er Dement noch mehrmals beim Basketball besiegt. Trotz der frühen Stunde tauchte ein ganzer Pulk von Zeitungsreportern und Kameramännern auf. Randys Auftreten sei tadellos gewesen, erinnert sich Dement, er habe sich nicht ein einziges Mal verhaspelt. Anschließend wurde er zum Marinekrankenhaus in Balboa Park gefahren, wo er nach 264 Stunden Wachbleiben um zwölf Minuten nach sechs einschlief – angeschlossen an einen Apparat, der seine Hirnströme aufzeichnete.

Während er schlief, wurden Dement und Gulevich von den Reportern mit Fragen bestürmt, darunter: »Wird er wieder aufwachen?« – »Wie lange wird er schlafen?« Die Antwort auf die erste fiel ihnen leichter als jene auf die zweite. »Ich muss gestehen«, schrieb Dement später, »dass ich nicht die leiseste Ahnung hatte, wie lange er schlafen würde.« Am Mittwochabend um acht Minuten vor neun kannte er die Antwort: Randy war nach 14 Stunden und 40 Minuten Schlaf fast vollständig erholt aufgewacht. Er duschte, gab Interviews und beschloss, als er um Mitternacht noch hellwach war, aufzubleiben und am nächsten Tag zur Schule zu gehen. Das war das unspektakuläre Ende eines der berühmtesten Experimente der Schlafforschung. Dement war ernüchtert. Die kurze Dauer der Erholungszeit hatte ihn überrascht. Immerhin hatte Gardner etwa 75 Stunden Schlaf verloren – und dann stand er nach nur knapp 15 Stunden im Bett ausgeruht auf. Das war nicht viel mehr, als man nach einer durchzechten Nacht schläft. Und auch Randys Symptome während des Experiments, wie die eingeschränkte Reaktionsfähigkeit, die Konzentrationsschwierigkeiten oder die Sehstörungen, zeigen sich schon bei viel kürzerem Schlafentzug. »Meine Erwartungen, durch jemanden, der eine oder zwei Wochen lang keinen oder fast keinen Schlaf bekommt, Hinweise auf die lebenswichtige Funktion des Schlafs zu erhalten, wurden enttäuscht«, schrieb Dement später.

Randys Leistung fand Eingang ins *Guinness-Buch der Rekorde*, wurde aber bald schon mehrfach gebrochen. Doch keiner der neuen Rekordhalter machte auch nur annähernd so viel Schlagzeilen wie der 17-Jährige aus San Diego. Vielleicht auch deshalb nicht, weil sich in Fachkreisen in der Zwischenzeit die Meinung durchgesetzt hatte, dass der Erkenntnisgewinn aus stetig neuen Höchstmarken in der Disziplin Schlafentzug gering war. Weil immer noch nicht ganz klar ist, wie schädlich solche Versuche sind, nimmt das *Guinness-Buch der Rekorde* heute keine Rekorde mehr an, bei denen Menschen versuchen, möglichst lange wach zu bleiben.

(Andere ungewöhnliche Experimente aus der Schlafforschung finden Sie auf Seite 127 ff. sowie im *Buch der verrückten Experimente* auf Seite 47, 49 und 106.)

◆ Gulevich, G., W. C. Dement et al. (1966). Psychiatric and EEG Observations on a Case of Prolonged (264 Hours) Wakefulness. *Archives of General Psychiatry* 15(1), 29-33.

1965 **Der Hofnarr der Kommunikation**

Wer in den 1960er-Jahren mit Studenten von Harold Garfinkel befreundet war, musste auf Überraschungen gefasst sein. Garfinkel war damals Professor für Soziologie an der Universität von Kalifornien in Los Angeles, und es konnte passieren, dass sich seine Schüler ohne Vorwarnung sehr seltsam benahmen.

Der Ehemann einer Studentin erwähnte an einem Freitagabend vor dem Fernseher, dass er müde sei, und wurde darauf in folgende Konversation verwickelt:

»Wie bist du müde? Körperlich, geistig, oder ist dir nur langweilig?«

»Ich weiß nicht, ich glaube, vor allem körperlich.«

»Du meinst, deine Muskeln tun weh oder deine Knochen?«

»Ich schätze, ja, sei nicht so spitzfindig.«

Nach einer kleinen Pause:

»In allen diesen alten Filmen taucht dieselbe Art eiserne Bettstatt auf.«

»Was meinst du damit? Meinst du alle alten Filme oder einige unter ihnen oder nur jene, die du gesehen hast?«

»Was ist los mit dir? Du weißt genau, was ich meine.«

»Ich wünschte, du wärst präziser.«

»Du weißt, was ich meine! Ach, halt doch die Klappe.«

Garfinkel hatte seinen Studenten den Auftrag erteilt, in alltäglichen Unterhaltungen darauf zu bestehen, dass ihre Gesprächspartner ihre Aussagen präzisierten. Fast immer endete dieser Versuch im Streit:

»Hallo, wie geht es dir?«

»Wie es mir geht in Bezug worauf? Meine Gesundheit, meine Finanzen, meine Arbeit an der Schule, meine geistige Verfassung, meine ...?«

»Hör zu! Ich versuchte nur höflich zu sein. Wenn ich ehrlich bin, ist es mir völlig egal, wie es dir geht.«

Mittels solcher Insistenz wollte Garfinkel vor Augen führen, wie unvollständig sich der Mensch ausdrückt, wenn er spricht. Erstaunlich daran ist, dass das niemanden stört – im Gegenteil: Ganz genaues Formulieren oder ständiges Nachfragen wird als bemühend empfunden. Garfinkel war überzeugt, dass die reibungslose Verständigung paradoxerweise zu einem großen Teil gerade auf dieser Vagheit der Sprache beruht. Wir verstehen einander zwar nicht ganz, aber wir meinen, einander zu verstehen.

Die Strategien, die der Mensch anwendet, um aus diffusen Sätzen einen stabilen Sinn zu zimmern, nannte Garfinkel »Ethnomethodologie«. Dabei nimmt der Sprecher zum Beispiel selbstredend an, dass seine Sätze gar nicht diffus seien, sondern objektive, klare und eindeutige Definitionen eines Sachverhalts. Der Zuhörer geht andererseits davon aus, dass das, was der Sprecher sagt, konsistent und logisch aufgebaut ist. Um zu zeigen, auf wie viel geteiltem Hintergrundwissen und wie vielen impliziten Annahmen unsere Kommunikation beruht, entwarf Garfinkel seine

Der Soziologe Harold Garfinkel ließ seine Studenten Kommunikationsexperimente durchführen, die deren Eltern und Freunde gar nicht schätzten.

sogenannten Krisenexperimente, in denen diese impliziten Konventionen nicht eingehalten wurden. »Ich verfahre immer so, dass ich mit alltäglichen Vorfällen beginne und mir überlege, was man tun könnte, um Ärger zu machen«, schrieb er in seinem Buch *Studies in Ethnomethodology*.

Für einen seiner legendären Versuche bat er seine Studenten, zu Hause zwischen fünfzehn Minuten und einer Stunde so zu tun, als wären sie Untermieter, und so mit der Annahme zu brechen, dass man ein gemeinsames soziales Gedächtnis habe. Die Reaktionen waren erstaunlich harsch.

Die anderen Familienmitglieder versuchten verzweifelt, dem Verhalten der Studenten einen Sinn abzugewinnen: zu viel Arbeit an der Uni, eine Auseinandersetzung mit der Freundin. Als das nicht gelang, wurden sie zunehmend wütender. Die Eltern eines Studenten legten ihrem Sohn sogar nahe auszuziehen.

Garfinkels Experimente sind so legendär, dass heute in den USA für das absichtliche Brechen stillschweigender Regeln einer Kultur der Begriff »garfinkeln« (»garfinkeling«) verwendet wird.

Doch die Versuche stießen nicht immer auf Verständnis. Nachdem eine Studentin ihrer Schwester den Grund für ihr seltsames Verhalten erklärt hatte, sagte diese: »Bitte keine von diesen Experimenten mehr. Wir sind keine Ratten.«

◆ Garfinkel, H. (1967). *Studies in ethnomethodology*. Englewood Cliffs, NJ, Prentice-Hall.

1966 **Der Verpackungskünstler**

Es war der seltsamste Auftrag, den Steven Tendrich je bekommen hatte. Normalerweise wurde der Kammerjäger der Firma National Exterminators von verzweifelten Hausbesitzern in Miami gerufen, wenn Kakerlaken die Küche erobert hatten oder sich Termiten durchs Dachgebälk fraßen. Tendrich ging dann hin, sprayte Pestmaster Soil Fumigant-1 oder Dow Ethylene Oxide, und die Sache war erledigt. Doch der junge Mann, der ihn im Frühling 1966 anrief, hatte ein anderes Anliegen: Ob Tendrich auch ganze Inseln von Tieren befreien könne.

Edward O. Wilson hatte bereits mehrere Kammerjäger angerufen, bevor er Steven Tendrich kontaktierte, doch die meisten hatten geglaubt, er wolle sie auf den Arm nehmen.

Doch Wilsons kühnes Projekt war ernst gemeint; es wurde zu einem der bekanntesten Experimente in der Ökologie, und die Interpretation seines Resultats zog einen Forscherstreit nach sich, der bis heute andauert.

Wilson war Biologe an der Harvard University mit einer Vorliebe für Ameisen. Er beschäftigte sich mit Biogeografie, der geografischen Verteilung von Tier- und Pflanzenarten. Wie andere Naturforscher vor ihm bereiste er die Welt und schrieb auf, welche Arten er wo fand. Das war interessant, aber irgendwie auch unbefriedigend, denn es gab nur wenige und dazu ungeprüfte Theorien darüber, warum welche Arten wo lebten, wie viele nebeneinander existieren konnten und weshalb immer wieder welche ausstarben. Der Journalist David Quammen beschrieb die frühe Biogeografie in seinem Buch *Der Gesang des Dodos* als »ein lose gestricktes, deskriptives, nicht quantifizierbares, theorieloses Unternehmen«.

Wilson sah in seinen Aufzeichnungen Muster, von denen er überzeugt war, dass es eine Theorie dazu geben musste. Das glaubte auch der Biologe Robert MacArthur, mit dem sich Wilson zusammentat, um eine Theorie über die Verteilung der Arten zu entwerfen. Das Buch, das sie 1967 herausbrachten, hieß *Die Theorie der Biogeographie von Inseln* und enthielt viele für Biologen verwirrende Formeln, mit denen sich berechnen ließ, wie viele Arten auf einer Insel einer bestimmten Größe in einer bestimmten Distanz zur nächsten Insel oder zum Festland zu finden sind.

Dass Inseln der Schlüssel für die theoretische Betrachtung der Artenverteilung waren, wurde Wilson bald klar. Jede Insel war – isoliert durch das Meer – eine kleine Welt für sich, die sich mit anderen Inseln vergleichen ließ. Wilson vermutete, dass es für jede Inselgröße eine Maximalzahl von Arten gab, die auf ihr leben konnten. Er hatte beobachtet, dass für jede neue Art Ameisen, die eine Insel besiedelte, eine bereits ansässige ausstarb. Ein natürliches Gleichgewicht stellte sich ein.

Der mathematisch versierte MacArthur formulierte aus diesen Beobachtungen Gleichungen, die von einer völlig unbelebten Insel ausgingen. Eine Tierart, die auf eine solche Insel einwanderte, würde sich sofort etablieren, schließlich hatte sie noch keine Konkurrenten. Doch mit jeder zusätzlichen Art, die bereits auf der Insel lebte, wurde es für einen Neuankömmling schwieriger, sich zu behaupten. Mit zunehmender Artenfülle nahm die Zuwanderung also ab. Und es gab einen zweiten Effekt: Je artenreicher eine Insel wurde, desto wahrscheinlicher war es, dass eine eingewanderte Tierart wieder ausstarb. Das normale Artenkontingent der Insel war erreicht, wenn gleichviele Arten ausstarben wie zuwanderten. Wie groß es war, hing von zwei Faktoren ab: der Fläche der Insel und ihrer Distanz zum Festland. Je größer die Insel, desto mehr Arten würden dort nebeneinander existieren können, und je isolierter sie lag, desto geringer wäre die Zahl der Neuankömmlinge.

Das war eine schöne Theorie. Doch stimmte sie? Wilson und MacArthur suchten nach Daten, um sie zu überprüfen, und stießen auf Krakatau, eine kleine indonesische Insel zwischen Sumatra und Java, auf der 1883 ein Vulkanausbruch alles Leben vernichtete. Aus Beobachtungen von Reisenden, die die Insel nach dieser Naturkatastrophe besuchten, versuchten Wilson und MacArthur, die Zuwanderung von Vogelarten bis zum Gleichgewichtszustand zu rekonstruieren. In einigen Punkten stimmten die Berechnungen mit der Situation auf Krakatau überein, in anderen nicht. Die Daten waren lückenhaft, und bald wurde Wilson klar: Er brauchte sein eigenes Krakatau, eine Insel, von der er alles Leben tilgen konnte, um dann die Einwanderung neuer Arten abzuwarten.

Doch wie sollte er das anstellen? Es konnte hundert Jahre dauern, bis der Gleichgewichtszustand erreicht war. Zudem: Wie ließ es sich technisch bewerkstelligen? Wer würde ihm die Erlaubnis für ein solches Experiment geben? Und dann brauchte er ja mehrere Inseln, damit er Vergleiche anstellen konnte.

Wilsons Lösung lautete: Verkleinere das System. Seine Wahl fiel auf einige halb überflutete Sandbänke in den Sümpfen Floridas, auf denen einzelne Mangroven wuchsen. Auf diesen Inseln lebten zwar weder Säugetiere noch Vögel permanent, aber es gab große Populationen von Insekten, Spinnen und anderen Gliederfüßern. »Für eine Ameise oder eine Spinne von dem Millionstel der Größe eines Hirsches ist ein einzelner Baum wie ein ganzer Wald«, schrieb Wilson später.

Zuerst wollte er auf den ausgewählten Inseln alle Arten bestimmen, dann alle Tiere entfernen und schließlich beobachten, wie Zuwanderer das Eiland langsam wieder bevölkern und ob sich dabei ein Gleichgewicht zwischen Zuwanderung und Aussterben einstellt. Für die Ausführung dieses Plans war vor allem Wilsons Doktorand Daniel Simberloff verantwortlich.

Die Bewilligung, das Leben auf einigen dieser Inselchen zu tilgen, erhielten die zwei Forscher vom Nationalparkservice erstaunlich problemlos. Doch danach begannen die Schwierigkeiten. So gab es nur wenige Spezialisten, die in der Lage waren, alle Käfer, Spinnen und Ameisen auf den Inseln zu bestimmen. Es dauerte seine Zeit, bis Wilson und Simberloff 54 davon für die Mitarbeit gewonnen hatten. Einer reiste sogar selber an, die anderen bekamen die Tiere oder Fotos zugeschickt.

Doch das größte Problem war ein anderes: Wie konnten die Insekten auf den Inselchen ausgerottet werden? Wilson dachte zuerst, die Natur würde ihm dabei behilflich sein. Ab und zu raste ein Hurrikan über Teile der Sümpfe hinweg. Inseln, die dabei in seinem Weg lagen, waren blank gefegt und hätten sich eigentlich für Wilsons Studie geeignet. Doch weil er nicht im Voraus wusste, welche Gebiete es treffen würde, kam er von diesem Plan ab und beauftragte den Kammerjäger Steven Tendrich.

Im Juli 1966 sprühten Tendrich und Wilson zwei Insel-

Die von Edward O. Wilson (Bild) und Robert MacArthur begründete Theorie der Biogeografie von Inseln bediente sich viel komplizierter Mathematik. Um die Theorie zu testen, räucherten Wilson und sein Doktorand Daniel Simberloff in Florida kleine Inseln aus.

Edward O. Wilson scheute keinen Aufwand, um seine Theorie über die Artenverteilung zu überprüfen. Er verpackte in Florida kleine Inseln, um auf ihnen alles tierische Leben auszulöschen.

chen – E 1 und E 2 – mit dem Insektizid Parathion ein. Bei einer der Inseln gab es Ammenhaie, und Tendrichs Männer weigerten sich, ins Wasser zu gehen, bis Wilson selbst, hüfttief im Wasser stehend, die Raubfische mit einem Ruder vertrieb. Die Sprayaktion war allerdings kein Erfolg. Zwar tötete das Gift alle Tiere an der Oberfläche, doch Larven, die tief im Holz der Mangroven steckten, überlebten.

Sprayen reichte offenbar nicht aus, die Tiere mussten ausgeräuchert werden. Wenn Termiten in Miami ein Haus befielen, war es gängige Praxis, über dem Haus ein luftdichtes Nylonzelt zu errichten und ein giftiges Gas ins Innere zu leiten. Das müsste sich doch auch mit Inseln machen lassen, überlegte sich Wilson. Lange bevor der bulgarische Künstler Christo Inseln mit Planen verhüllte, fuhr Wilson mit Tendrich und ein paar Arbeitern am 10. Oktober 1966 zu einer Mangroveninsel in den Keys von Florida und packte sie ein. Die Plane war zu schwer, als dass sie sie direkt auf den Baum hätten legen können. Bei den ersten Inseln bauten sie deshalb ein Gerüst, später richteten sie in der Mitte der Insel einen Mast auf, an dem das Zelt aufgezogen wurde.

Zuvor hatte Tendrich an kleineren Bäumen und Zweigen Tests gemacht, um die richtige Dosis Methylbromid zu bestimmen: hoch genug, damit alle Tiere starben, aber niedrig genug, damit die Mangrove nicht in Mitleidenschaft gezogen wurde. Dass einer der Bäume beim ersten Versuch nach drei Stunden im Giftzelt trotzdem Schaden nahm, lag nicht so sehr am Gift als an den hohen Temperaturen im Zelt. Von da an wurde in der Nacht gearbeitet – mit Erfolg: Bei den Kontrollen nach der Vergasung fanden Wilson und Simberloff praktisch keine überlebenden Tiere mehr.

Jetzt begann Simberloffs Arbeit: Ein Jahr lang fuhr er regelmäßig zu den vier Inseln hinaus und beobachtete die Besiedlung. Außer auf der am stärksten isolierten Insel änderte sich nach 250 Tagen die Anzahl der Arten, die er auf den Inseln fand, kaum noch. Sie hatte sich etwa auf dem Wert von vor der Ausräucherung eingependelt. Offenbar gab es tatsächlich einen Zusammenhang zwischen Inselgröße und Artenbestand. Nach zwei Jahren wurden die Arten auf den Inseln erneut bestimmt. Ihre Anzahl hatte sich kaum verändert, doch es waren neue hinzugekommen und alte verschwunden, was Wilsons und MacArthurs Idee von einem dynamischen Gleichgewicht bestätigte.

Obwohl die Inselbiogeografie ein exotisches Fachgebiet war, wurde der Versuch schnell berühmt – einerseits weil er eine beschreibende Wissenschaft zu einer experimentellen machte, andererseits weil die Resultate nicht nur für Inseln galten.

Bereits in ihrem Buch *Die Theorie der Biogeographie von Inseln* hatten Wilson und MacArthur darauf hingewiesen, dass von Wasser umgebenes Land nur eine Form von Insel darstellt. Jeder Ort, der inmitten von Sperren lag, konnte eine Insel sein. Das galt auch für die isolierten Restbestände, die von der Abholzung des Tropenwalds übrig blieben. 1975 formulierte der amerikanische Naturforscher Jared Diamond, was das seiner Meinung nach für die Errichtung von Naturreservaten bedeutete. Sein wichtigster Schluss: Ein großes Schutzgebiet beherbergt mehr Arten und ist deshalb besser als mehrere kleine mit gleicher Gesamtfläche.

Um diese These entbrannte Ende der 1970er-Jahre ein ungewöhnlich heftiger Streit, der unter der Abkürzung SLOSS (»single large or several small« – »ein großes oder mehrere kleine«) bekannt wurde. Widerspruch kam von unerwarteter Seite: von Daniel Simberloff, der noch kurz zuvor selber geschrieben hatte, dass die Theorie von Wilson und MacArthur »zum Schutz der biotischen Vielfalt der Erde« angewendet werden könne. Doch jetzt war sich Simberloff offenbar nicht mehr sicher, ob sich die Resultate des Experiments als für den Naturschutz nützlich erwiesen. Was den Sinneswandel Simberloffs bewirkt hatte, ist bis heute nicht ganz klar. Vielleicht waren es seine neuen Daten von den Mangroveninseln, aus denen ersichtlich wurde, dass eine große Mangroveninsel nicht in jedem Fall mehr Arten beherbergte als mehrere kleine.

Simberloff und andere Wissenschafter, die seine Meinung teilten, wurden als schwarze Schafe der Naturschutzbewegung gebrandmarkt.

Der Versuch, mit einem groß angelegten Experiment im Amazonas Klarheit über die Frage zu gewinnen, scheiterte. Bäume wurden gefällt, Urwaldinseln verschiedener Größe stehen gelassen. Doch die Resultate waren viel komplizierter als gedacht. Aus den vielen Wenn und Aber ließ sich keine eindeutige Antwort auf die SLOSS-Frage gewinnen.

◆ Wilson, E. O., and D. S. Simberloff (1969). Experimental zoogeography of islands: defaunation and monitoring techniques. *Ecology* 50, 267-278.

1967 **Wie ein nicht funktionierender Lügendetektor funktioniert**

Die Apparatur, mit der sich 60 Versuchspersonen im Frühling 1967 konfrontiert sahen, war beeindruckend. Vier große Gehäuse standen auf der Ecke des Tisches, je zwei übereinandergestapelt. Auf ihrer Vorderseite konnte man verwirrende Schaltdiagramme erkennen und Dutzende von Buchsen, von denen Kabel kreuz und quer zu den anderen

Geräten auf dem Tisch verliefen: einem Tonband, einem Voltmeter und einer schwarzen Kiste, aus der ein Steuerrad ragte. »Es sah aus wie die Horrorfilmversion eines Computers«, beschreibt es Harold Sigall heute.

Sigall, der heute einen Lehrstuhl für Psychologie an der Universität von Maryland innehat, forschte damals an der Universität von Rochester in der Nähe von New York. Der »Elektromyograph« – so hieß sein Gerät, das angeblich geringe Muskelaktivität messen konnte – hatte eine erstaunliche Eigenschaft, von der die Versuchspersonen allerdings nichts wissen durften: Er funktionierte nicht! Was da in einem Kellerraum der Universität stand, war nichts als ein Haufen Elektroschrott, den Sigalls Kollege Richard Page in der Physikabteilung zusammengesucht hatte. Doch bei dem bahnbrechenden Experiment, das Sigall im Sinn hatte, kam es darauf nicht an. Das Einzige, was zählte, war, dass die Versuchspersonen glaubten, es funktioniere.

Seit es die Psychologie als Wissenschaft gibt, träumen Forscher davon, den Leuten direkt in die Seele zu schauen. Doch weil Menschen im Allgemeinen ihr Herz nicht auf der Zunge tragen, kann man nur auf Umwegen ihr Innenleben ergründen – etwa indem man Fragen stellt: Was denken Sie jetzt gerade? Was fühlen Sie? Was würden Sie tun, wenn dieses oder jenes geschähe? Eine Möglichkeit, herauszufinden, ob die Leute dabei die Wahrheit sagen, gibt es nicht.

Sigall, Page und Edward E. Jones, der dritte am Experiment beteiligte Psychologe, glaubten, den direkten Draht ins Innerste des Menschen gefunden zu haben. Weil ihr Verfahren nicht ohne eine kleine Lüge auskam, nannte Jones es »Bogus Pipeline« (etwa »erschwindelter Zugang«).

Bei Psychologieexperimenten wurde damals viel geschwindelt. Und eine Art dieser »faulen Tricks« brachte Jones und Sigall auf die entscheidende Idee. Es waren Experimente, bei denen die Versuchspersonen falsche Rückmeldungen über ihre Körperfunktionen erhielten. Ein Forscher zeigte Männern zum Beispiel zehn Fotos von halb nackten Frauen und machte dabei ihren Herzschlag über einen Lautsprecher hörbar. Das glaubten die Männer zumindest. In Wirklichkeit wurde ein Band mit aufgezeichneten Herzschlägen abgespielt. Bei fünf Bildern hörten die

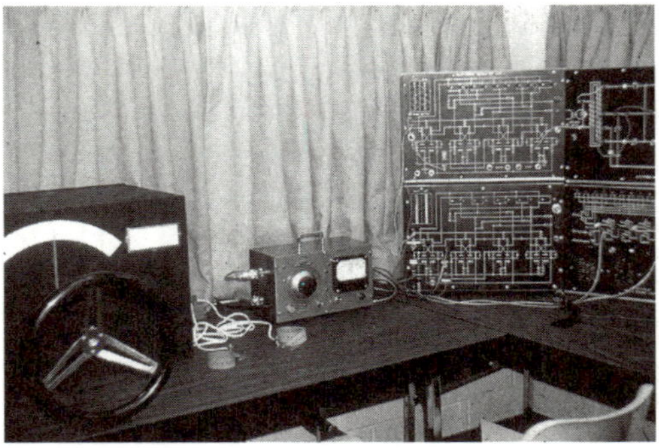

Dieser sogenannte Elektromyograph hat eine erstaunliche Eigenschaft: Er ist nichts anderes als ein Haufen Elektroschrott, der nicht funktioniert. Doch solange die Versuchspersonen das nicht erfahren, lassen sich erstaunliche Dinge mit ihm anstellen.

Männer, wie sich ihr Puls vermeintlich stark erhöhte. Als sie anschließend die Attraktivität der Frauen beurteilten, standen diese fünf ganz oben. Offenbar ließen sich die Männer vom falschen Feedback stark beeinflussen.

Sigall und Jones spannen diesen Gedanken weiter: Wenn sie eine Versuchsperson glauben machen konnten, dass eine Maschine imstande sei, jede ihrer Antworten vorauszusagen, würde das ihr Verhalten beeinflussen? Sigall glaubte, ja: »Sie würden es nicht wagen zu lügen, denn niemand will von einer Maschine als Lügner entlarvt werden.«

Also ließ er Page eine eindrucksvolle, aber funktionslose Apparatur konstruieren und überlegte sich, wie er die Leute damit hinters Licht führen konnte. Sicher war: Um das Vorgehen zu testen, musste er Fragen stellen, die es den Leuten schwer machten, ehrlich zu sein.

Ende der 1960er-Jahre ergab sich aus Fragebogenuntersuchungen, dass die Einstellung weißer Amerikaner gegenüber den Schwarzen über die Jahre positiver geworden war. Sigall vermutete, dass viele der Befragten nicht wirklich weniger Vorurteile hatten.

Sigall und Page ließen also 60 weiße Studenten einen Fragebogen zu den Charaktereigenschaften von weißen und schwarzen Amerikanern ausfüllen. Für 22 Eigenschaften – von musikalisch bis faul – mussten sie auf einer Skala von –3 bis +3 einschätzen, wie stark sie auf die jeweilige Gruppe zutraf. Bei der Hälfte der Versuchsteilnehmer kam der Elektromyograph zum Einsatz. Sigall befestigte Elektroden an den Unterarmen der Versuchsteilnehmer und erklärte ihnen, der Elektromyograph sei in der Lage, die jeweilige Antwort (–3 bis +3) aus den unwillkürlichen Muskelbewegungen der Arme zu lesen, wenn sie auf dem Steuerrad lägen.

Darauf demonstrierte er die Genauigkeit des Geräts, indem er den Versuchspersonen ein paar unverfängliche Fragen über Filme, Musik, Sport und Autos stellte. Es waren die gleichen Fragen, die die Versuchspersonen zuvor im Vorraum auf einem Fragebogen beantwortet hatten, von den sie glaubten, niemand habe ihn gesehen – in Wirklichkeit hatte ein Komplize die Antworten unauffällig abgeschrieben. Sigall stellte also die Fragen, und ohne dass die Versuchsperson am Steuerrad drehte, bewegte sich der Zeiger des Voltmeters immer auf jenen Wert, den die Versuchsperson zuvor auf dem Fragebogen angekreuzt hatte.

Das Voltmeter wurde dabei von Page gesteuert, der in einem Nebenraum saß und die kopierten Antworten vor sich hatte. Den Versuchspersonen musste es vorkommen, als könnte das Gerät tatsächlich ihre Antworten voraussagen. Jetzt stellte Sigall die Fragen zu den Charaktereigenschaften der schwarzen und weißen Amerikaner. Er erklärte den Versuchspersonen, dass der Elektromyograph die Antworten wie bei den Testfragen aus den Muskelbewegungen lesen würde. Dann sagte Sigall, dass er auch erfahren möchte, »in welchem Grad Leute in Verbindung mit ihren Gefühlen stehen«. Er deckte die Anzeige ab und forderte die Versuchspersonen auf, bei jeder Frage zu raten, was die Maschine wohl anzeigte. Die Leute mussten also ständig befürchten, von der Maschine entlarvt zu werden, wenn sie nicht die Wahrheit sagten. Die zweite Gruppe wurde nicht an den Elektromyographen angeschlossen und musste folglich auch nicht befürchten, dass ihre wahre Einstellung offengelegt würde.

Wie Sigall vermutet hatte, unterschieden sich die Antworten der beiden Gruppen. Wer am Elektromyographen angeschlossen war, gab seine ehrliche Meinung preis und beurteilte seine schwarzen Landsleute als deutlich fauler, unzuverlässiger, schmutziger und dümmer als derjenige, der seine Antworten unüberwacht abgeben konnte.

Am Ende des Experiments eröffnete Sigall den Versuchspersonen, dass der Apparat nicht echt gewesen sei. Sie waren erstaunt und interessiert, erinnert er sich, behaupteten aber, sie hätten ohne Elektromyograph genau gleich geantwortet.

Dass die Methode funktionierte, hatte auch damit zu tun, dass jeder Versuchsteilnehmer unschwer die Ähnlichkeit des Elektromyographen mit dem fünfzig Jahre zuvor erfundenen Lügendetekor erkannte. »Unsere Aufgabe wurde uns durch das Wissen der Öffentlichkeit um den Lügendetektor und seinen Einsatz bei Strafuntersuchungen stark erleichtert«, schrieb Sigall im *Psychological Bulletin* über die Bogus-Pipeline-Methode. Obwohl es keine wissenschaftlichen Belege für die zuverlässige Funktion des Lügendetektors gab (es gibt sie bis heute nicht), ließen sich viele Leute von der eindrucksvollen Technik und einigen Presseberichten über ihren erfolgreichen Einsatz beeindrucken.

Wie der Wissenschaftshistoriker Ken Alder in seinem Buch *The Lie Detectors* schreibt, beruhten diese Erfolge auf dem gleichen Prinzip wie Sigalls Bogus Pipeline. Wer sich dem Lügendetektortest zu unterziehen hatte, befürchtete, enttarnt zu werden, und zog es oft vor, ein Geständnis abzulegen. Als Jones und Sigall die Bogus-Pipeline-Methode entwickelten, war ihnen nicht bewusst, dass der Rektor einer Highschool in New Jersey schon in den 1930er-Jahren Schüler dazu gebracht hatte, vor einer Attrappe eines Lügendetektors Verfehlungen zuzugeben, und dass auch Polizisten bereits ähnlich verfahren waren.

Die Bogus-Pipeline-Methode ist ein eleganter Trick, wie man Menschen dazu bringt, ehrlich zu sein. Sie wird in der Forschung dort angewendet, wo vorauszusehen ist, dass es die Leute mit der Wahrheit nicht so genau nehmen: wenn es um Vorurteile geht, um Essgewohnheiten oder wenn man Männer fragt, wovor sie Angst haben.

Nicht immer ist hierzu ein Elektromyograph erforderlich. Bei einer Studie über das Rauchverhalten von Teenagern zeigte man den Versuchsteilnehmern einen Film, der erklärte, wie aus dem Speichel einer Person auf ihren Zigarettenkonsum geschlossen werden kann. Bevor sie anschließend den Fragebogen ausfüllten, mussten sie eine Speichelprobe abgeben. Daraufhin war eine Laboranalyse nicht mehr nötig.

Besonders oft kommt die Bogus-Pipeline-Methode nicht zum Einsatz. Einerseits, weil sie ziemlich aufwendig ist, andererseits, weil sie den Keim ihres eigenen Untergangs in sich trägt: Wenn zu viele Leute erfahren, dass alles nur Show ist, wird man niemanden mehr finden, der die Lüge glaubt.

verrueckte-experimente.de

◆ Jones, E. E., and H. Sigall (1971). The Bogus Pipeline: A New Paradigm for Measuring Affect and Attitude. *Psychological Bulletin* 76(5), 349-364.

1968 Das lange Warten auf zwei Marshmallows

Angenommen, Sie müssten die Zukunft eines vierjährigen Kindes vorhersagen. Ob es später gute Schulleistungen zeigt, viele Freunde hat, keine Drogen nimmt, eine harmonische Partnerschaft führt. Kurz: ob es sich zu einer stabilen, zufriedenen Persönlichkeit entwickelt. Was würden Sie tun?

Das Kind von Experten beobachten lassen? Es einem Intelligenztest unterziehen? Sein Gehirn scannen? Die Antwort ist viel einfacher: Machen Sie mit ihm den Marshmallow-Test: Lassen Sie ihm die Wahl zwischen einem Marshmallow sofort oder zwei Marshmallows später (Sie können auch Schokolade nehmen). Je länger es bereit ist, auf die zwei Marshmallows zu warten, desto besser wird es sein Leben meistern.

Dass ein derart einfacher Test so effizient ist, war auch für seinen Erfinder Walter Mischel eine Überraschung. Die erstaunliche Voraussagegenauigkeit entdeckte der Psychologe fast zufällig und erst zwanzig Jahre nachdem er die ersten Experimente zum Thema Belohnungsaufschub gemacht hatte.

Mischel war 25 Jahre alt, als er im Sommer 1955 zum ersten Mal auf die Karibikinsel Trinidad reiste, wo er auch die folgenden drei Sommer verbrachte. Er begleitete seine damalige Frau, die Riten und Zeremonien der Einheimischen erforschte. Doch bald suchte er nach einer eigenen Beschäftigung.

Bei Gesprächen erfuhr er, wie die Inselbewohner übereinander dachten. In den Augen der Einwanderer aus Indien waren die afrikanischstämmigen Trinidader »dem Vergnügen zugetan, vor allem bestrebt, im Moment zu leben und nicht über die Zukunft nachzudenken«. Umgekehrt hielten die Afrikaner die Inder für Arbeitstiere, die »das Geld unter der Matratze verstecken, ohne je den Tag zu genießen«.

Dass ihn die Frage interessierte, ob es besser sei, seinen Bedürfnissen sofort nachzugeben oder sie für ein höheres Ziel aufzuschieben, war kein Zufall. Nachdem er 1938 im Alter von acht Jahren mit seiner Familie vor den Nazis aus Wien in die USA geflüchtet war, musste er viele seiner Bedürfnisse zurückstellen. »Aus einer mittelständischen Familie kommend, fand ich mich in den USA in extremer Armut

Die erstaunliche Vorhersagekraft seines Experiments entdeckte der Psychologe Walter Mischel nur durch Zufall.

wieder. Die Frage, wie man sich aus schwierigen Umständen hocharbeitet, wurde zu meinem Lebensthema.«

Dass die Fähigkeit zum selbst auferlegten Aufschub einer Belohnung einen wesentlichen Schritt zur Reifung eines Menschen bedeutete, war schon lange postuliert worden. Geld sparen, eine Diät befolgen, eine Sprache lernen – überall waren diese Gaben gefragt. Wissenschaftliche Versuche dazu hatte jedoch noch niemand angestellt.

Also ließ Mischel Schüler in Trinidad Fragebogen ausfüllen und sagte ihnen dann: »Ich möchte euch allen Süßigkeiten geben, habe aber nicht genug von den großen Süßigkeiten mit dabei. Ihr könnt also heute die kleinere Süßigkeit bekommen oder bis nächsten Freitag warten, dann bringe ich euch die große.«

Dabei fand er zum Beispiel heraus, dass Kinder, die ohne Vater aufwuchsen, was bei den Afrikanern häufig war, oft nicht auf die größere Belohnung warten mochten. Viele der afrikanischstämmigen Kinder zweifelten auch grundsätzlich daran, dass der weiße Experimentator tatsächlich mit den großen Süßigkeiten auftauchen würde, und entschieden sich deshalb für die sofortige Belohnung.

1962 zog Mischel mit seiner zweiten Frau an die Westküste nach Kalifornien. Die Stanford University in Palo Alto hatte ihm eine Stelle angeboten. Es waren seine drei kleinen Töchter, die ihm dort zu seiner größten Entdeckung verhalfen.

1966 gründete die Universität Stanford auf ihrem Campus die Bing Nursery School, eine Kinderkrippe, die der Forschung diente. Dort führte Mischel zwischen 1968 und 1974 seine bekanntesten Experimente über die Mechanik des Belohnungsaufschubs durch.

Seine Versuchspersonen waren jünger als jene in Trinidad. Kinder zwischen vier und sechs Jahren saßen allein vor einem Tisch im sogenannten Überraschungszimmer der Kinderkrippe, einem Raum, der durch einen Einwegspiegel einsehbar ist. Mischel hatte zuvor zwei unterschiedliche Belohnungen und eine Glocke auf den Tisch gelegt und den Kindern erklärt, er werde den Raum jetzt verlassen und längere Zeit nicht wiederkommen. Wenn sie bis zu seiner Rückkehr warteten, bekämen sie die große Belohnung. Sollte ihnen das jedoch zu lange dauern, könnten sie

Ein Kind im sogenannten Überraschungszimmer, in dem seine Fähigkeit getestet wurde, ein Bedürfnis aufzuschieben. Links auf dem Tisch liegt die Glocke, mit der es den Versuchsleiter herbeirufen kann, wenn es nicht mehr länger auf die Belohnung warten will.

mit der Glocke klingeln. Er werde dann sofort zurückkommen. Dann allerdings gebe es nur die kleine Belohnung.

Das Verfahren scheint recht einfach zu sein, doch waren viele Unwägbarkeiten zu bedenken. Wie lange sollte der Versuchsleiter maximal warten, wenn das Kind der Versuchung nicht erlag? In Vorstudien warteten einige Kinder eine ganze Stunde allein im Zimmer. Mischel beschränkte die Wartezeit schließlich auf 20 Minuten.

Wie lange die Kinder bereit waren zu warten, hing natürlich auch von den Belohnungen ab. »Einmal legten wir ein M & M neben einen Beutel M & M, was dazu führte, dass die meisten Kinder ewig auf den Beutel warteten«, erinnert sich Mischel. Waren sich Belohnungen aber zu ähnlich, nahmen die Kinder natürlich sofort die kleinere. In Vorversuchen wurde der Wert der Belohnungen so austariert, dass mit ungefähren Wartezeiten zwischen 0 und 20 Minuten zu rechnen war. Weil Mischel dabei auch Marshmallows einsetzte, wurden die Versuche unter dem Namen »Marshmallow-Test« bekannt.

Durch den Einwegspiegel beobachtete Mischel, welche Strategien die Kinder anwendeten, um der Versuchung zu widerstehen. Einige hielten die Hände vors Gesicht, damit sie die Belohnung nicht anschauen mussten. Andere redeten sich zu: »Wenn ich noch ein bisschen länger warte, kriege ich es – er kommt jetzt sicher bald zurück –; ich bin ganz sicher, er muss.« Wieder andere begannen zu singen oder erfanden Spiele mit ihren Händen und Füßen. Es gab sogar Kinder, die versuchten einzuschlafen – was einem tatsächlich gelang.

Mischel versuchte herauszufinden, was in den Köpfen der Kinder vorging, erforschte die Bedingungen, die das Warten erleichterten oder erschwerten. Weil auch seine Töchter die Bing Nursery School besuchten, gehörten sie ebenfalls zu den Versuchspersonen. Das war sein großes Glück, denn von ihnen erfuhr er noch Jahre nach den Experimenten, wie es den anderen Kindern ging. »Hin und wieder fragte ich: Wie geht es eigentlich Susie?, oder: Was macht George? Ich schrieb mir die Antworten auf und entdeckte einen verblüffenden Zusammenhang zwischen den Testresultaten und den Kommentaren meiner Töchter.« Wer sich beim Marshmallow-Test als geduldig erwiesen hatte, war offenbar besser in der Schule und hatte auch sonst weniger Probleme.

Das brachte ihn auf die Idee, die Kinder dreizehn Jahre nach den ersten Experimenten noch einmal unter die Lupe zu nehmen. Das Resultat war eine Sensation: Der im Alter zwischen vier und sechs Jahren absolvierte Marshmallow-Test sagte viele Eigenschaften der Kinder zehn Jahre später mit unerwarteter Genauigkeit voraus. Aus einem einzigen Messwert – der Anzahl Sekunden, die ein Kind warten konnte – ließ sich ablesen, ob es später ausgeglichen und kooperativ war, ob es Initiative zeigte und welche Schulnoten es nach Hause brachte. Selbst als die Kinder längst erwachsen waren, ergaben sich aus ihren frühen Testresultaten noch Hinweise auf Selbstbewusstsein und Stressresistenz.

Die Welt außerhalb der Psychologie erfuhr von Mischels Marshmallow-Test aus Daniel Golemans 1995 erschienenem Bestseller *Emotional Intelligence*. Goleman erhob die Fähigkeit, kurzfristigen Verlockungen zugunsten langfristiger Ziele zu entsagen, zu einer der wichtigsten in der Lebensbewältigung. »Diese Fähigkeit ist wertneutral«, sagt Mischel, »man braucht sie, ob man nun Mafiaboss werden will oder Gandhi.«

Erstaunlicherweise dauerte es fast vierzig Jahre, bis jemand der offensichtlichen Frage nachging, die Mischels Erkenntnis beinhaltete: Wenn Kinder, die im Test gut abschneiden, generell besser durchs Leben kommen, könnte man diese Fähigkeit dann nicht trainieren? Und wenn ja, auf welche Weise? Und würde sich dieses Training dann wirklich positiv auf das spätere Leben auswirken? Die Fähigkeit zum Belohnungsaufschub könnte auch genetisch bedingt sein.

Entsprechende Studien laufen derzeit an. Ihre Resultate werden wohl zu den wichtigsten gehören, die die Psychologie in Zukunft über die Erziehung gewinnen wird.

Bevor Sie nun mit drei Marshmallows und einer Stoppuhr Ihrem Vierjährigen die Zukunft prophezeien, hier noch eine Warnung: Es gibt keine Tabelle, die Ihnen sagt, welche Zeit Ihrem Kind ein gutes Leben garantiert. Die hängt von der Versuchsanordnung und der Art der Belohnung ab und wäre überdies ohnehin nur als statistische Tendenz zu verstehen, die über den Einzelfall wenig aussagt.

Darüber bin auch ich froh, denn mein Vierjähriger würde ohne zu zögern die kleine Belohnung ergreifen und dann seine Mutter so lange anflehen, bis sie auch die große herausrückt.

verrueckte-experimente.de

◆ Mischel, W. (1974). Process in Delay of Gratification. *Advances in Experimental Social Psychology*. L. Berkowitz. New York, Academic Press. 7, 249-292.

1968 **Die Gnus mit den gelben Hörnern**

Weil der Zoologe Hans Kruuk das Experiment mit den gelben Hörnern der Gnus nicht für besonders aussagekräftig hielt, hat er es nie publiziert. Dass dreißig Jahre später trotzdem Millionen Menschen davon erfuhren, ist der Verdienst des amerikanischen Bestsellerautors Michael Crichton. In seinem Wissenschaftsthriller *Prey* entkommen die Hauptfiguren gefährlichen Nanopartikeln nur, weil sich eine von ihnen an Kruuks Versuch erinnert.

In Michael Crichtons Nanotechnik-Thriller *Beute* können sich die Protagonisten nur retten, weil einer von ihnen ein altes Experiment mit Gnus kennt.

In dem Roman will eine Gruppe von Menschen dem Angriff von Nanopartikeln entgehen. Diese mikroskopisch kleinen Maschinen bilden in Crichtons Science-Fiction-Story Schwärme in der Luft und entwickeln nach dem Vorbild biologischer Evolution immer neue Jagdstrategien. Als sie sich in die Richtung der Menschen bewegen, bilden die fünf Protagonisten eine Miniherde, indem sie sich hintereinanderstellen und sich genau synchron bewegen.

Eine von Crichtons Romanfiguren hatte sich an ein Experiment von Kruuk erinnert: Vor dreißig Jahren habe dieser in der Serengeti Hyänen studiert und herausgefunden, dass ein Gnu, das er mit Farbe markiert, beim nächsten Angriff garantiert getötet werde. Umgekehrt würden gleiches Aussehen und gleiche Bewegungen es den Jägern erschweren, ein Opfer auszusondern.

Tatsächlich sind die Nanopartikel ratlos, als sie auf die Miniherde stoßen, und sich im Unklaren darüber, über wen sie herfallen sollen, bis eine der Romanfiguren – ein bisschen Action muss sein – Panik bekommt, wegrennt und getötet wird.

Kruuk weiß nicht, wie Crichton von seinem Experiment erfahren hat. Er führte es im Ngorongoro-Nationalpark in Tansania durch. Ein anderer Forscher, der Gnus markierte, damit er sie später wiedererkannte, hatte ihm erzählt, dass Hyänen bevorzugt genau diese Gnus angriffen. Dieses Phänomen interessierte Kruuk. Er betäubte 32 einjährige Gnus und bemalte bei 16 von ihnen die schwarzen Hörner giftig gelb. Dann entließ er eines nach dem anderen in die Herde. Die Gnus ohne gelbe Hörner, die bloß betäubt worden waren, hatten keine Probleme, doch die Tiere mit den gelben Hörnern wurden von den anderen Gnus aus der Herde ausgestoßen und verbrachten den nächsten Tag allein. Länger konnte Kruuk sie nicht verfolgen. Und selbst wenn er hätte beobachten können, dass sie häufiger von Hyänen gejagt worden wären als andere Tiere, hätte es zwei mögliche Gründe dafür gegeben: die gelben Hörner selbst oder die Tatsache, dass die Gnus durch die gelben Hörner zu Einzelgängern geworden waren.

Crichtons Romanfiguren hatten eine eher oberflächliche Vorstellung von Kruuks Experiment. Dass es ihnen das Leben rettete, dürfte weniger mit der Erkenntnis daraus zu tun haben als mit der schützenden Hand des Autors, der nicht schon auf Seite 271 das halbe Personal seines Romans den Nanopartikeln zum Fraß vorwerfen konnte.

◆ Crichton, M. (2002). *Beute*, Blessing, München.

1969 **Eine ganz besondere Halloween-Party**

Am 31. Oktober 1969 erschienen acht Grundschüler in New York zu einer ganz besonderen Halloween-Party. Die Kinder – alle zwischen acht und zehn Jahre alt – waren eingeladen worden, den Nachmittag mit verschiedenen Spielen zu verbringen. Kostüme brauchten sie keine mitzubringen, hatte man ihnen gesagt, die seien vorhanden. Als die Kinder eintrafen, erhielten sie als Erstes große Namensschilder. Die erwachsenen Aufsichtspersonen sprachen sie in der Folge immer mit dem Namen an. Die Kostüme waren noch nicht da. Die seien noch nicht angekommen, flunkerte ihnen eine der Aufsichtspersonen vor, also begannen die Kinder in Straßenkleidern mit den Spielen.

Zur Auswahl standen acht Spiele, die im Wohnzimmer und in den benachbarten Räumen eines Hauses vorbereitet worden waren: vier ruhige, wie etwa auf einem Holzsteg zu balancieren, und vier kampfbetonte, wie zum Beispiel Wasserballons ins Gesicht eines Erwachsenen zu werfen. Die Kinder waren eifrig bei der Sache, denn es gab Gutscheine zu gewinnen, die sie am Ende der Party gegen Spielsachen tauschen konnten.

Der Raum war reich dekoriert, aus einem Lautsprecher klang Musik, und farbige Glühbirnen sorgten für Partyatmosphäre. Keinem der Kinder dürfte aufgefallen sein, dass eine der gelben Lampen exakt alle 20 Sekunden blinkte, worauf sich einige der Erwachsenen umblickten und dann etwas auf ihren Block kritzelten.

Nach einer Stunde trafen die Kostüme ein – das jedenfalls erzählte man den Kindern. In Wahrheit lagen die kuklux-klan-artigen Gewänder schon lange bereit, doch das Experiment erforderte, dass die Kinder zuerst nicht verkleidet waren.

Als alle Kinder ihre Kostüme übergezogen hatten, wusste niemand mehr, wer wer war. Nicht nur, weil sich jedes Kind einzeln in einem abgetrennten Raum umgezogen hatte, sondern auch, weil die Kostüme alle gleich aussahen: weiße Umhänge, die bis zu den Füßen reichten, mit Löchern für die Arme, und Kissenbezüge, die den Kopf bedeckten. Auch die Erwachsenen hatten sich damit ausstaffiert. Die Kinder konnten nicht sehen, dass sie jetzt unter ihren Kopfbedeckungen farbige Brillen trugen, die dem Zweck dienten, die jungen Partyteilnehmer unter diesen Bedingungen immer noch zu identifizieren: Die Farbfilter erlaubten ihnen, sonst unsichtbare Nummern auf den Umhängen zu lesen.

»Sie sahen aus wie kleine psychedelische Gespenster«, erinnert sich der Psychologe Scott Fraser, der die Idee für

Anonymität in der Gruppe ist eine explosive Mischung. Der Psychologe Scott Fraser lud Kinder zu einer Halloween-Party ein. Als ihm die ersten Wasserballons um die Ohren flogen, betrachtete er das Experiment als geglückt.

dieses Experiment hatte. Fraser arbeitete an seiner Doktorarbeit. Sein Professor Philip Zimbardo, der später mit dem Stanford-Prison-Experiment (siehe *Das Buch der verrückten Experimente*, Seite 211) Aufsehen erregte, interessierte sich damals für die Frage, wie sich das Verhalten von Leuten ändert, wenn sie sich als anonymen Teil einer Gruppe empfinden.

Dabei hatte eines seiner Laborexperimente einen beängstigenden Effekt: Wenn Versuchsteilnehmerinnen durch eine Gesichtsmaske und eine übergroße Schürze füreinander nicht mehr identifizierbar waren, dauerten die Elektroschocks, die sie einer anderen Person austeilten, doppelt so lange, wie wenn sie nicht verkleidet waren und Namensschilder trugen. Dieser Effekt wird »Deindividuation« genannt und führt dazu, dass Menschen in Gruppen Dinge tun, zu denen sie als Individuen nie fähig wären.

Fraser fragte sich, ob sich dieser Effekt auch außerhalb des Labors in einer natürlichen Umgebung nachweisen ließe. Dabei kam ihm die Idee mit Halloween: Die Tradition, sich in der Nacht auf den 1. November zu verkleiden, schien ihm ideal für ein Deindividuationsexperiment. Also suchte er Forschungsassistenten, die bei der Durchführung des Experiments halfen, und Eltern, die ihre Kinder zu seiner Party schickten.

Obwohl Fraser eigentlich wusste, was er zu erwarten hatte, wurde er vom Verlauf des Versuchs überrascht. Als nämlich alle ihre Kostüme trugen, breitete sich auf einen Schlag eine aggressive Stimmung aus. Wenn sich die Kinder noch an den Wettbewerben beteiligten, wählten sie vermehrt die kämpferischen Spiele aus. Viele spielten auch gar nicht mehr, sondern rempelten sich an, schrien herum oder schlugen einander.

Die gelbe Lampe blinkte immer noch alle 20 Sekunden. In diesem Rhythmus notierten die Forschungsassistenten jeweils, welche Kinder sich gerade aggressiv verhielten. Aus diesen Daten wollte Fraser später herauslesen, ob die Aggressivität in der Gruppe durch die anonymisierende Wirkung der Kostüme zugenommen hatte. Ihre Arbeit wurde durch gezielte Würfe mit Wasserballons und Angriffe mit der Holzplanke des Balancierspiels, die die Kinder nun als Waffe benutzten, erschwert.

Wie die Phase zuvor hätte auch diese eine Stunde dauern sollen. »Doch wir verloren völlig die Kontrolle über die Situation«, sagt Fraser. »Ich war nicht mehr so sehr besorgt um die Sicherheit der Kinder, sondern viel mehr um die Sicherheit meiner Forschungsassistenten.« Deshalb brach er diesen Teil des Experiments vorzeitig ab.

Unter dem Vorwand, ihre Kostüme würden noch auf einer anderen Party gebraucht, mussten die Kinder sie wieder ausziehen. Dann konnten sie eine weitere Stunde um Gutscheine kämpfen. Ohne Kostüme waren die Kinder sofort wieder friedlich. Eine Zählung der errungenen Gutscheine ergab zudem, dass sich das aggressive Verhalten nachteilig auswirkte: In der Kostümphase sammelte jedes Kind durchschnittlich 31 Gutscheine, in der Phase zuvor waren es 58, in jener danach sogar 79. Die Anonymität in der Gruppe hatte die Aggression gefördert, obwohl dies dem Interesse des Einzelnen im Grunde widersprach, wie die geringere Zahl erworbener Gutscheine zeigt. »Die Aggression selbst bekam ihre eigene Belohnung. Andere, weiter in der Zukunft liegende Ziele wurden gegenüber dem ›Spaß am Spiel‹ zurückgesetzt«, schrieb Philip Zimbardo später.

Nachdem Scott Fraser von New York an die University of Washington in Seattle gewechselt hatte, suchte er wieder »Opfer« für ein Halloween-Experiment. Dieser Versuch fand nicht in einem Haus statt wie jener in New York, sondern in 27 Häusern in Seattle gleichzeitig. In allen diesen Häusern, die ihm nach Vorgesprächen zur Verfügung gestellt worden waren, sah es im Eingangsbereich gleich aus: Auf einem Tisch standen zwei Schalen, eine mit Süßigkeiten, 60 Zentimeter davon entfernt eine andere mit Kleingeld. Wenn Kinder aus der Nachbarschaft auf dem traditionellen Gang von Tür zu Tür anklopften, wurden sie hereingebeten. Eine ihnen unbekannte Frau sagte zu ihnen: »Jeder von euch darf eine Süßigkeit nehmen. Ich muss zurück an meine Arbeit in einem anderen Raum.«

Jetzt waren die Kinder allein und bedienten sich: Manche taten, wie ihnen geheißen, und nahmen nur eine Süßigkeit, andere nahmen zwei oder griffen in die Schale mit dem Kleingeld. Dass sie dabei von einem von Frasers Assistenten beobachtet wurden, der sich im Schrank versteckt hatte und durch ein kleines Guckloch blickte, bemerkten sie nicht.

Wieder zeigte sich die Wirkung der Anonymität in der Gruppe: Wenn die Frau die Kinder nach ihren Namen fragte, bevor sie den Raum verließ, stahlen 21 Prozent der Kinder, wenn die Kinder anonym blieben, 57 Prozent. Manchmal ging die Frau darüber hinaus zuvor auf ein einzelnes Kind in der Gruppe zu und sagte: »Ich mache dich dafür verantwortlich, wenn etwas wegkommen sollte.« In dieser Situation stahlen 80 Prozent der Kinder.

Anonymität bei Einzelpersonen hatte eine weit geringere Wirkung: Nur 20 Prozent der Kinder, die allein auftauchten und anonym blieben, griffen unerlaubt in eine der Schalen.

Die harmlose Übertretung in Frasers Experimenten ist ein Modell für schwerwiegende Vergehen. Von der Lynchjustiz gegenüber Schwarzen im frühen 19. Jahrhundert in den USA über die Pogromnacht 1938 im »Dritten Reich« bis zu den Krawallen von rechts und links bei politischen Demonstrationen heute spielte und spielt die Anonymität in der Gruppe eine entscheidende Rolle. Dabei geht es nicht nur darum, dass die Anonymität vor Strafverfolgung schützt, vielmehr enthemmt sie Menschen derart, dass sie nicht mehr sie selbst sind. Es braucht dann nur ein paar wenige, die den ersten Schritt machen, und eine Kettenreaktion setzt ein.

Fraser und später seine Studenten führten noch etliche weitere Halloween-Experimente durch. Die meisten davon waren sehr aufwendig, weil man Häuser und viele Assistenten brauchte. Einige der Versuche gelten heute als Klassiker der Psychologie. Frasers allererste Studie – die Halloween-Party in New York – gehört aus einem einfachen Grund nicht dazu: Sie wurde nie formell publiziert. Philip Zimbardo beschrieb sie zwar in seinem Lehrbuch *Psychology and Life*, doch in einer Fachzeitschrift ist sie nie erschienen. »Ich hatte damals viel andere Arbeit«, sagt Fraser, »oder vielleicht war es auch nur Faulheit.« Dass sie noch je veröffentlicht wird, ist ausgeschlossen: Bei einem Feuer sind 1996 alle Unterlagen verbrannt.

◀ Fraser, S. C. (1974). Deindividuation: Effects on Anonymity on Aggression in Children, University of Southern California (unveröffentlichtes Manuskript)

1970 Ein Delfin und 40 nackte Frauen

Um mehr über die Schwimmtechnik von Delfinen zu erfahren, suchte der russische Biomechaniker Yu Aleyev nach Tieren, die dem Delfin möglichst ähnlich waren. Er fand sie in 40 Wettkampfschwimmerinnen zwischen 17 und 28 Jahren, die er mit Strömungsanzeigern beklebte, nackt an einer Seilwinde durchs Wasser schleppte und dabei mit einer Hochgeschwindigkeitskamera fotografierte.

»Frauen sind ähnlich groß wie ein mittlerer Delfin«, begann Aleyev die Aufzählung der Gemeinsamkeiten seiner Untersuchungsobjekte und fuhr dann fort: »Wie bei Delfinen sind die Körperkonturen der Frauen glatt«, was mit den vergleichbar dicken Fettschichten zu tun habe: zwischen 1 und 4 Zentimetern bei den Frauen, zwischen 3 und 6 Zentimetern bei den Delfinen. Zudem können »die

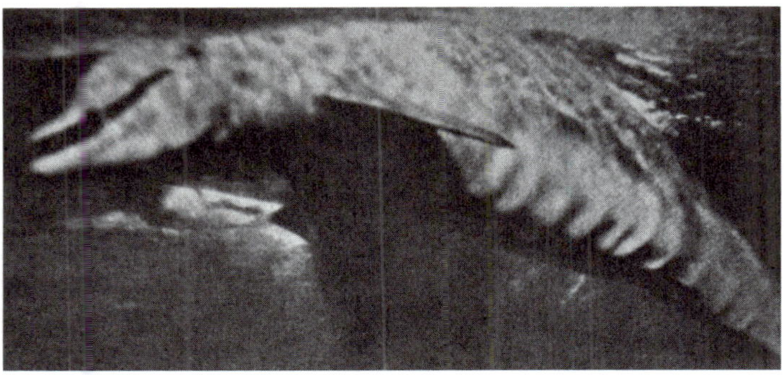

Beim schnellen Schwimmen bildet die Haut der Delfine Wülste, von denen vermutet wurde, dass sie den Wasserwiderstand der Tiere verringern.

Körperoberfläche einer Frau in ausreichender Näherung als haarlos betrachtet werden, was auch für den Delfin typisch ist«.

Eines der ungelösten Rätsel, das der Delfin den Forschern aufgegeben hatte, war seine enorme Schwimmgeschwindigkeit: 23 Meilen pro Stunde (fast 38 km/h) waren gemessen worden. 1936 berechnete der Zoologe James Grey, dass der Delfin dazu eigentlich siebenmal mehr Muskeln benötigen würde, als er hatte. Obwohl sich Greys Kalkulation später als fehlerhaft erwies, blieb schwierig zu erklären, wie Delfine so schnell durchs Wasser gleiten. Einige Wissenschafter glaubten, dass das Tier einen ganz speziellen Trick beherrschte. Sie vermuteten, dass es an seiner Oberfläche den laminaren Fluss des Wassers aufrechterhalten konnte.

Wie viel Widerstand ein Körper der Flüssigkeit, in der er sich bewegt, entgegenbringt, hängt davon ab, wie sich die Flüssigkeit an seiner Oberfläche verhält. Solange sie einfach gerade vorbeistreicht – die Forscher nennen das eine laminare Strömung –, bleibt der Widerstand klein; bilden sich jedoch Wirbel, steigt er stark an, man spricht von einer turbulenten Strömung.

Der Traum jedes U-Boot-Bauers ist es, die laminare Strömung möglichst an der ganzen Oberfläche aufrechtzuerhalten. Die Praxis zeigt jedoch, dass jeder noch so stromlinienförmige Körper einer bestimmten Größe letztlich irgendwo eine turbulente Strömung erzeugt. War das beim Delfin anders?

Als es in den 1950er-Jahren gelang, Delfine bei hohen Geschwindigkeiten zu fotografieren, waren auf den Bildern wellenförmige Hautwülste zu sehen, die über den Körper der Tiere wanderten. Bald glaubten viele Forscher, Delfine seien imstande diese Wülste aktiv zu formen, um die Entstehung der turbulenten Strömung und damit die Zunahme des Wasserwiderstands zu verhindern. Diese Hypothese wollte Aleyev mit seinen 40 nackten Schwimmerinnen überprüfen.

Als er die Frauen beim Schwimmen, bei Sprüngen ins Wasser oder an der Seilwinde angehängt fotografierte, entstanden auf ihrer Haut ganz ähnliche Wülste wie bei den Delfinen. Aleyev glaubte aber, dass die Muskeln des Menschon anatomisch nicht in der Lage waren, solche Wülste aktiv zu bilden. Die Hautwölbungen waren wohl einfach eine Folge starker Wasserströmung, die an der Haut zerrte. Um ganz sicherzugehen, dass wirklich das Wasser für die Erscheinung verantwortlich war, ließ er die Frauen das Schwimmen an Land simulieren – mittels eines Geräts, das aussah wie eine Kreuzung aus einem Hometrainer und einem Foltergerät. Die Frauen hingen mit den Händen an Ringen, während sie die Beine wie beim Schwimmen im Wasser bewegten, die Füße waren mit Seilen verbunden, die den Widerstand des Wasser simulierten. Wie erwartet bildeten sich während dieser seltsamen Übung keine Hautwülste. Zudem führten die Wülste zu höherem Wasserwiderstand. Daraus schloss Aleyev, dass die Wülste auch bei den Delfinen keine Geheimwaffe für schnelles Schwimmen waren, sondern lediglich die Folge des schnell vorbeifließenden Wassers.

Bis heute ist nicht restlos geklärt, ob die Haut des Delfins versteckte Eigenschaften zum Schnellschwimmen hat. Einer, der das glaubt, ist der Ingenieur Yoshimichi Hagiware vom Kyoto Institute of Technology. Er hatte bei einem

Bis heute hat die Wissenschaft Schwierigkeiten, die hohen Schwimmgeschwindigkeiten der Delfine zu erklären. Eigentlich bräuchten die Tiere dafür mehr Muskeln, als sie haben.

Aquariumbesuch zufällig von einer seltsamen Eigenschaft der Delfine erfahren: Die Tiere verlieren alle zwei Stunden ihre oberste Hautschicht. Hagiware hält es für unwahrscheinlich, dass dahinter kein Zweck steht. Er glaubt, die kleinen Schuppen, die sich ständig von der Haut lösen, stören die Entstehung großer Wirbel und erleichtern so das schnelle Schwimmen.

Anders als Aleyev versuchte Hagiware seine Theorie nicht mit 40 nackten Frauen zu überprüfen, sondern baute sich eine Delfinhaut aus Silikon, deren Strömungswiderstand er im Wasser testete. Um zu simulieren, wie sich Hautschuppen vom Körper lösen, klebte er mit wasserlöslichem Leim Glitzer auf den Silikondelfin. Erste Messungen scheinen seine Hypothese zu bestätigen.

◆ Aleyev, Y. G. (1977). *Nekton*. The Hague, Dr. W. Junk.

1970 **Kitzeln (II): Vor dem Versuch bitte Füße waschen**

Irgendwo in einem Abstellraum der Universität Oxford steht ein seltsames Gerät: eine Holzkiste mit einem Schlitz auf der Oberseite, aus dem knapp die Spitze einer Stricknadel ragt. Mit einem Hebel an der Stirnseite der Box lässt sich diese Spitze im Schlitz hin- und herbewegen. Kein Uneingeweihter könnte erraten, dass dieser krude Apparat eine Fußkitzelmaschine ist. Gebaut hat sie der Psychologe Lawrence Weiskrantz 1970 mit zweien seiner Studenten.

Weiskrantz war nicht der Erste, der sich mit dem Phänomen Kitzeln beschäftigte. Große Denker wie Aristoteles, Francis Bacon oder Charles Darwin hatten schon darüber philosophiert. Eine der Fragen, die dabei immer wieder auftauchten, war: Warum kann sich der Mensch nicht selbst kitzeln? Darwin schrieb dazu: »Aus der Tatsache, dass sich ein Kind kaum selbst kitzeln kann, muss man schließen, dass es den genauen Ort, der beim Kitzeln berührt wird, nicht kennen darf.« Das hielt Weiskrantz nicht für die ganze Wahrheit: »Die meisten Kinder sind kitzlig, selbst wenn sie wissen, wo und wann der Kitzelreiz erfolgt.« Er schlug zwei Studenten vor, die Sache in einem Forschungspraktikum unter die Lupe zu nehmen.

»Als Erstes bestimmten wir die Körperteile, die wir kitzeln konnten, ohne sozial unkorrekt zu sein«, erinnert sich

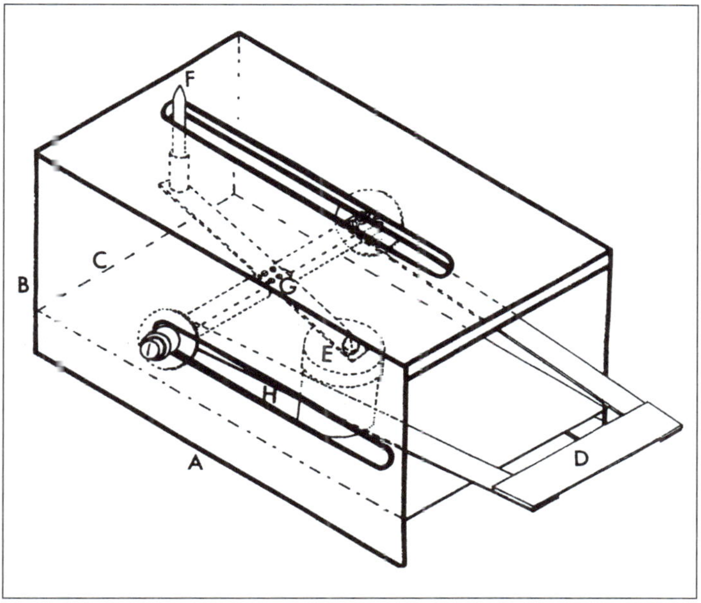

Lawrence Weiskrantz' Kitzelmaschine: Die Versuchspersonen stellten ihren Fuß auf die Kiste, sodass die Plastikspitze F ihre Fußsohle berührte. Das Gewicht E sorgte für konstanten Druck, wenn die Plastikspitze mit dem Hebel D in Bewegung versetzt wurde.

Weiskrantz. »Die besten Kandidaten waren die Fußsohlen.« Damit sich die Resultate unter verschiedenen Versuchsbedingungen vergleichen ließen, musste der Kitzelreiz standardisiert werden. Dafür war der Apparat da. Er war so gebaut, dass die 1 Millimeter dicke Spitze einen konstanten Druck von 17 Gramm auf die Fußsohle ausübte. Um den Kitzelreiz auszulösen, wurde der Hebel mit der Plastikspitze vier Sekunden lang zehn Zentimeter hin- und hergeschoben. Ein Metronom gab den Takt vor: Jede Sekunde fand ein Richtungswechsel statt.

Die 30 Studenten, die am Versuch teilnahmen (und sich vorher die Füße gewaschen hatten), waren sich einig: Wenn eine fremde Person den Hebel bediente, waren sie viel kitzliger, als wenn sie es selbst taten. Interessant war vor allem die Variante, bei der zwar jemand anderer den Hebel führte, die Versuchspersonen aber ebenfalls die Hand an den Hebel hielten und so eine direkte Rückkopplung zur Kitzelbewegung bekamen.

In diesem Fall war die Kitzelempfindlichkeit der Probanden zwar vermindert, aber immer noch größer, als wenn sie den Hebel selbst führten. Weiskrantz zog daraus den Schluss, dass, anders als Darwin vermutete, die Information darüber, wann und wo gekitzelt wird, nicht ausreicht, um die Kitzligkeit völlig zu unterdrücken. Das gelingt nur, wenn man beim Kitzeln auch selbst das Kommando hat.

Weiskrantz' Studie, die unter dem Titel »Vorläufige Beobachtungen über das Kitzeln von sich selbst« in der renommierten Fachzeitschrift *Nature* erschien, wurde von vielen Zeitungen aufgenommen. Ein englischer Kabarettist wollte die Fußkitzelmaschine sogar auf der Bühne demonstrieren. Weiskrantz lehnte ab.

Aus weiteren Studien mit Kitzelrobotern und Gehirnscans wissen wir heute, welche Bereiche im Gehirn die Nervensignale so steuern, dass wir uns nicht selber kitzeln können. Die viel wesentlichere Frage aber, warum der Mensch überhaupt kitzlig ist, bleibt ein Rätsel. Einige Forscher vermuten, dass das Kitzeln die Bindung zwischen Kind und Eltern fördert; andere glauben, dass das Kitzeln bei freundschaftlichen Rangeleien unter Kindern den Kampf in Gang hält und auf diese Weise eine bessere Vorbereitung für den Ernstfall ermöglicht. Auch eine Funktion bei der Partnersuche wurde dem Kitzeln schon zugeschrieben.

Es gibt aber auch Forscher, die an sozialen Erklärungen zweifeln. Die amerikanische Psychologin Christine R. Harris hat sich 1999 die Frage gestellt: Sind Menschen auch kitzlig, wenn sie allein sind? Mit einem Kitzelroboter fand sie es heraus (siehe Seite 223 ff.).

◆ Weiskrantz, L., J. Elliott et al. (1971). Preliminary observations on tickling oneself. *Nature* 230(5296), 598-9.

1972 **Ich fuhr schnell und war deshalb früher am Ziel**

Früher beruhten viele psychologische Theorien auf der stillschweigenden Annahme, dass Menschen mit offenen Augen und Ohren durch die Welt gehen und ihr Verhalten eine einigermaßen vernünftige und nachvollziehbare Reaktion auf das ist, was sie sehen und hören. Die Psychologin Ellen Langer benötigte nicht mehr als einen Fotokopierer und ein paar ahnungslose Versuchspersonen, um diese naheliegende Annahme Anfang der 1970er-Jahre zu erschüttern. »Die Forscher verbrachten damals ihre Zeit damit, herauszufinden, auf welche Weise Denkprozesse beim Menschen ablaufen«, erinnert sich Langer. »Da dachte ich: Lasst uns zuerst sicherstellen, dass die Leute überhaupt denken.«

Sie denken nicht! Das vermochte Langer mit einem eleganten Experiment am Kopierapparat des Graduate Center der City University of New York aufzuzeigen. Während einer Woche im Jahr 1972 sprach ein Assistent Langers immer wieder Personen an, die gerade Kopien machen wollten und ihre Blätter schon auf die Maschine gelegt hatten: »Entschuldigen Sie, ich habe fünf Seiten. Könnte ich den Kopierer schnell benutzen, weil ich Kopien machen muss?« 14 der Angesprochenen – alle außer einer – ließen den Assistenten vor. Ganz anders sah es aus, wenn der Assistent die Begründung wegließ: »Entschuldigen Sie, ich habe fünf Seiten. Könnte ich den Kopierer schnell benutzen?« Jetzt ließen ihn von 15 Personen nur 9 gewähren.

Dass darin eine Überraschung steckt, ist im ersten Moment nicht offensichtlich, doch Langer erkannte sofort, welch bizarres Verhalten sich hier offenbarte. Der Student hatte nämlich im ersten Fall gar keinen wirklichen Grund angegeben: »Könnte ich den Kopierer schnell benutzen, weil ich Kopien machen muss?« – Ja, weswegen denn sonst!?

Die Psychologin Ellen Langer zeigte mit einem erstaunlich einfachen Experiment, wie oft der Mensch ohne zu denken nach einem festen Drehbuch handelt.

Langer nannte solche Scheinbegründungen »Placebo-Information« (»placebic information«) und stellte fest, dass die Angesprochenen sie oft als wirkliche Erklärung akzeptierten. In Langers Experiment war die Scheinbegründung ebenso wirksam wie ein wirklicher Grund: »Könnte ich den Kopierer schnell benutzen, weil ich in Eile bin?« Mit dieser Bitte sprach Langers Assistent 16 Personen an, 15 davon machten Platz.

Langer glaubt, dass, obwohl viele unserer Handlungen im Alltag als Resultat bewusster Entscheidungen erscheinen, sie in Wirklichkeit gedankenlos nach einem vorhandenen Drehbuch abgespult werden. Wer um einen Gefallen gebeten wird, erwartet eine Begründung. Doch wenn es nur um eine Kleinigkeit geht, wird keine Anstrengung verschwendet, diese Begründung auf ihre Plausibilität hin abzuklopfen. Wird jedoch nach einem größeren Opfer verlangt, sieht die Sache anders aus. Wenn der Assistent anstelle von 5 Kopien 20 machen wollte, schalteten die Angesprochenen ihr Hirn ein. Jetzt bemerkten sie den Vorwand und gaben nicht häufiger nach, als wenn die Begründung ganz fehlte. Der Hinweis darauf, man sei in Eile, wirkte aber immer noch.

Die Meister der von Langer postulierten Gedankenlosigkeit sind wohl Sportreporter, lassen sie sich von ihren Interviewpartnern doch seit Jahrzehnten unkommentiert Dinge wie: »Ich fuhr schnell und war deshalb früher am Ziel«, oder: »Wir haben verloren, weil die andere Mannschaft mehr Tore gemacht hat« unterjubeln. Doch auch jeder Benutzer eines Computers legt, ohne etwas davon zu merken, einen geradezu grotesken Mangel an Aufmerksamkeit an den Tag (siehe Seite 239 ff., 244 f., bzw. 247 f.).

◆ Langer, E., A. Blank et al. (1978). The mindlessness of ostensibly thoughtful action: The role of »placebic« information in interpersonal interaction. *Journal of Personality and Social Psychology* 36, 635-642.

1972 **Feiglinge in der U-Bahn**

Wenn es eine Auszeichnung für das einfachste psychologische Experiment gäbe, dann wäre die sogenannte U-Bahn-Studie von Stanley Milgram ein heißer Anwärter. Das Experiment können Sie jederzeit selber durchführen: Stellen Sie sich in einer voll besetzten U-Bahn vor einen beliebigen Fahrgast und sagen Sie zu ihm: »Entschuldigen Sie. Darf ich Ihren Sitz haben?« Das ist alles.

Genau das taten vier Studentinnen und sechs Studenten Milgrams während einiger Wochen im Jahr 1972. Als sie 30 Jahre danach von der *New York Times* befragt wurden, erinnerten sie sich lebhaft daran: Für viele war es ein traumatisches Erlebnis. »Man kann das nicht wirklich verstehen, wenn man nicht dabei gewesen ist«, sagte Jacqueline Williams. Eine andere, Kathryn Krogh, beschrieb ihren Zustand so: »Ich hatte Angst, mich übergeben zu müssen.«

Es war eine Unterhaltung mit seiner Schwiegermutter, die Milgram auf die Idee für diesen Versuch brachte. Sie fragte ihn einmal, warum die jungen Leute im Bus oder in der U-Bahn einer weißhaarigen Frau ihren Sitzplatz nicht mehr anböten. Als er zurückfragte, ob sie denn je um einen Platz gebeten habe, schaute sie ihn an, als wäre die Idee völlig abwegig. Offenbar herrschte in der U-Bahn die stumme Vorschrift: Frage niemanden einfach so nach seinem Platz!

Der Psychologe Stanley Milgram schickte seine Studenten los, andere Leute in der U-Bahn um ihren Sitz zu bitten. Für viele wurde die Aufgabe zum Horrortrip.

Milgram schlug einer seiner Klassen an der Universität vor, diese Vorschrift zu brechen und genau das zu tun. Doch die Studenten weigerten sich. Einer, der es dann doch wagte, schaffte nur 14 der vorgesehenen 20 Versuche. Fasziniert probierte Milgram es selber, doch als er sich dem ausgewählten Fahrgast näherte, erstarrte er: »Die Worte blieben mir im Hals stecken und kamen einfach nicht heraus«, sagte er später in einem Interview mit *Psychology Today*. »Was für ein Feigling du bist«, dachte er bei sich.

Als er sich dann später doch traute und der Fahrgast seinen Sitz auch freigab, durchlebte er erstaunliche Gefühle. »Nachdem ich dem Mann den Sitz genommen hatte, fühlte ich einen unheimlichen Drang, meine Aufforderung durch mein Verhalten zu rechtfertigen. Mein Kopf sank zwischen meine Knie, und ich fühlte, wie ich bleich wurde. Ich spielte nicht Theater. Ich fühlte mich, als ob ich gleich ohnmächtig würde.«

Im nächsten Semester schickte er zehn seiner Studenten los, verschiedene Variationen auszuprobieren. Bei der ersten Frage: »Entschuldigen Sie. Darf ich Ihren Sitz haben?«, räumten erstaunlicherweise zwei Drittel der Leute ihren Sitzplatz, obwohl »der gesunde Menschenverstand einem nahelegt, dass es unmöglich ist, einen Sitzplatz zu bekommen, indem man einfach danach fragt«, wie Milgram später schrieb. Wenn die Frage hingegen lautete: »Entschuldigen Sie. Darf ich Ihren Sitz haben? Ich kann mein Buch stehend nicht lesen«, stand nur noch etwas mehr als ein Drittel auf.

Milgram vermutete, dass sich die angesprochenen Waggoninsassen im ersten Fall derart überrumpelt fühlten, dass es für sie einfacher war, den Sitz freizugeben, als sich eine ablehnende Antwort auszudenken. Um diese Idee zu testen, ließ er seine Studenten ein weiteres Szenario spielen: Zwei von ihnen unterhielten sich für alle hörbar darüber, ob es wohl in Ordnung wäre, jemanden um seinen Platz zu bitten. Erst dann fragte einer der beiden nach einem Platz. Der auserkorene Fahrgast wusste also schon vorher, worum es ging. Tatsächlich gab jetzt nur noch ein Drittel der Leute ihren Sitz auf.

In einer letzten Variation wollte Milgram den Inhalt der Bitte von der Art, wie sie vorgebracht wurde, trennen. Seine Studenten wandten sich jetzt an den ausgewählten Fahrgast: »Entschuldigen Sie bitte«, überreichten ihm aber dann einen Zettel, auf dem stand: »Entschuldigen Sie bitte. Dürfte ich Ihren Sitz haben? Ich möchte mich so gerne setzen.« Milgram vermutete, dass jetzt noch weniger Leute Platz machen würden, weil eine schriftliche Anfrage distanzierter wirke als eine mündliche. Dabei unterschätzte er wohl, wie abwegig dieses Verfahren wirken musste: Eine Person, die offensichtlich sprechen kann – sie sagte ja, »entschuldigen Sie bitte« –, überreicht einem Fahrgast einen Zettel mit der Bitte um den Sitzplatz. Das kam der Hälfte der Passagiere offenbar so bizarr vor, dass sie das Feld sofort räumten.

Erstaunlicher und aufschlussreicher als diese Resultate waren aber wohl die erwähnten Schwierigkeiten der Studenten, überhaupt eine wildfremde Person zu bitten, ihnen ihren Sitz zu überlassen. Für Milgram war das ein starker Hinweis darauf, wie unausgesprochene Normen helfen, die Ordnung in einer Gruppe von Menschen aufrechtzuerhalten.

◆ Milgram, S., and J. Sabini (1978). On Maintaining Urban Norms. *Advances in Environmental Psychology*. A. Baum, J. E. Singer and S. Valins. Hillsdale, NJ, Lawrence Erlbaum. 1, 31-40.

1975 **Auditorische Effekte des Wandtafelkratzens**

Der Wissenschafter David J. Ely war sich durchaus über die Grausamkeit seines Experiments im Klaren. In einer Fußnote schreibt er: »Der Autor möchte sich für die Qual entschuldigen, die das Lesen dieses Artikels verursacht haben könnte.« Ely hatte guten Grund, um Verzeihung zu bitten: Seine Publikation dreht sich um die »Potenzierung vorgestellter und auditorischer Effekte von Wandtafelkratzen«.

Dass das Geräusch von Fingernägeln (oder einer Kreide), die über eine Wandtafel kratzen, vielen Leuten unerträglich ist, war schon lange bekannt. Warum das so ist, wusste niemand. Sicher war einzig, dass es ein äußerst seltsamer Effekt ist. Wandtafelkratzen braucht ja nicht besonders laut zu sein, um seine Wirkung zu entfalten, und anders als laute Geräusche, die in den Ohren – und nur in den Ohren – schmerzen, löst Wandtafelkratzen noch ganz andere Körperreaktionen aus: Gänsehaut und kalten Schweiß etwa.

Elys Ziel war bescheiden. Er wollte einzig überprüfen, ob sich die Wirkung des Geräuschs verstärkte, wenn man sich dazu vorstellte, wie es erzeugt wurde. Der tiefere Grund dafür war die Möglichkeit, dass gar nicht das Geräusch selbst für die Gänsehaut und den kalten Schweiß verantwortlich war, sondern die Vorstellung davon, wie es entstand.

16 bedauernswerte Versuchspersonen hatte Ely an seinem Arbeitsort, dem Porterville State Hospital in Porterville, Kalifornien, rekrutiert. Während er ihnen Tonfolgen aus Wandtafelkratzen und einem harmlosen Ton vorspielte, zeichnete er ihren Hautwiderstand auf. Weil der Hautwiderstand als Maß für den Erregungszustand eines Menschen gilt, konnte er so die körperliche Reaktion auf die Geräusche messen.

Einem Teil seiner Versuchspersonen teilte Ely mit, dass es sich beim einen Geräusch um das Kratzen von Fingernägeln auf einer Wandtafel handelte (in Wirklichkeit hatte Ely seine Fingernägel geschont und mit einem Plastikstab die Tafel malträtiert). Die anderen Probanden wussten nicht, woher die Geräusche stammten. Die Resultate waren ausgesprochen verwirrend: Manchmal war der Hautwiderstand bei der einen Gruppe höher, dann bei der anderen. Trotzdem glaubte Ely – allerdings aus schwer nachvollziehbaren Gründen –, seine These belegt zu haben: Die Vorstellung von Fingernägeln, die über eine Wandtafel kratzen, verstärke die Wirkung des dazugehörenden Geräuschs.

Es dauerte mehr als zehn Jahre, bis drei andere Forscher

◆ Ely, D. J. (1975). Aversiveness Without Pain: Potentation of Imaginal and Auditory Effects of Blackboard Screeches. *Bulletin of the Psychonomic Society* 6(3), 295-296.

genug Versuchspersonen zusammengekratzt hatten, um ein weiteres Experiment zum Thema Wandtafelkratzen durchzuführen. Ihre Arbeit trug den Titel: »Die Psychoakustik eines abschreckenden Geräusches« (siehe Seite 187 f.).

1977 **Der perfekte Gang afrikanischer Frauen**

Eigentlich war Norman Heglund 1977 nicht nach Afrika gereist, um den Gang afrikanischer Frauen zu studieren. Der Biologiestudent der Universität Harvard wollte vielmehr den Energieverbrauch großer Tiere in Bewegung untersuchen. Am einfachsten ließ sich das bewerkstelligen, indem er mithilfe einer Gesichtsmaske die Sauerstoffaufnahme der Tiere bestimmte, die sich direkt proportional zur verbrauchten Energie verhält.

Heglund lebte für sechs Monate in Muguga, einem Ort in der Nähe der kenianischen Hauptstadt Nairobi, wo er mit seinen Kollegen in einer Baracke ein Laufband und ein Sauerstoffmessgerät aufstellte. Während sie die ersten Tests mit Büffeln, Antilopen und Gazellen machten, beobachtete er, mit welcher Leichtigkeit die Frauen der Luo und Kikuyu im Dorf schwere Lasten auf dem Kopf trugen. Fiel ihnen das Tragen wirklich leichter als anderen Menschen? Er fragte die afrikanischen Hilfskräfte, ob sich ihre Ehefrauen für ein Experiment zur Verfügung stellen würden. »Den Frauen war das zwar erst etwas peinlich, aber nachdem wir die Fenster mit Zeitungen zugeklebt hatten, machten sie mit.«

Fünf Frauen kamen ins Labor und ließen sich von Heglund testen. Sie setzten eine Gesichtsmaske auf und gingen mit unterschiedlichen Gewichten auf dem Kopf für einige Minuten auf dem Laufband, dessen Geschwindigkeit in fünf Stufen verändert wurde.

Es dauerte acht volle Jahre, bis Heglund entdeckte, welch erstaunliches Resultat dieser Versuch ergab. Der Sauerstoffverbrauch der Frauen ließ sich nämlich nur mit einiger Rechnerei aus den gewonnenen Messungen bestimmen. Dafür fehlte Heglund aber die Zeit. Er musste seine Doktorarbeit abschließen. Danach zog er nach Mailand und arbeitete beim bekannten Gehforscher Giovanni Cavagna an der dortigen Universität.

Erst 1985 – zurück in Harvard – kramte er die Messungen wieder hervor, und was er sah, bereitete ihm Kopfzerbrechen: Wenn die Last auf dem Kopf der Frauen weniger als ein Fünftel ihres Körpergewichts betrug, verbrauchten sie nicht mehr Sauerstoff, als wenn sie ohne Last gingen. Eine 70 Kilogramm schwere Frau konnte 14 Kilogramm tragen, ohne auch nur ein bisschen mehr Energie dafür aufzuwenden. Das widersprach allem, was Heglund über den Energieumsatz von Tieren wusste. Versuche mit rennenden Menschen, Pferden, Hunden und Ratten hatten ergeben: Eine Last von 20 Prozent des Körpergewichts erhöht auch den Energieverbrauch um 20 Prozent. Bei amerikanischen Rekruten erbrachten Messungen im Gehen das gleiche Resultat. Die Afrikanerinnen ließen die trainierten Soldaten weit hinter sich.

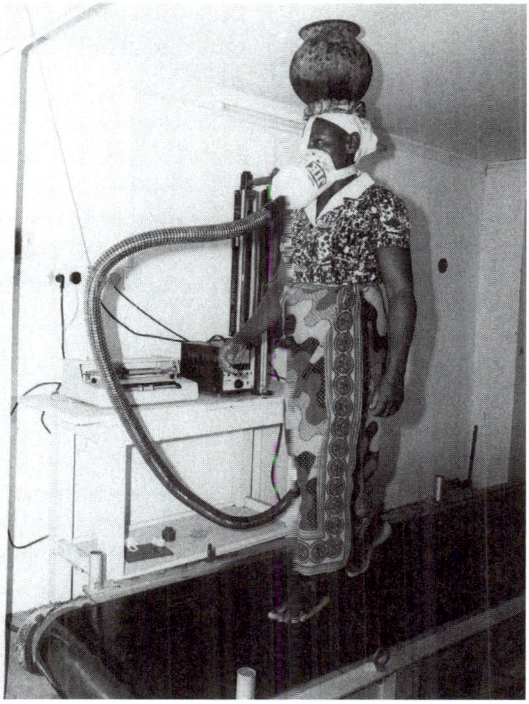

Nachdem Norman Heglund den Energieverbrauch afrikanischer Frauen gemessen hatte, stand er vor einem Rätsel: Luo-Frauen tragen 20 Prozent ihres Körpergewichts, ohne mehr Energie aufzuwenden.

Um sicherzugehen, dass der seltsame Effekt nicht daher rührte, dass die Frauen ihre Lasten auf dem Kopf trugen, die Rekruten aber auf dem Rücken, führte Heglund Versuche mit Europäern und einem mit Bleigewichten versehenen Fahrradhelm durch. Das Resultat waren ein steifer Hals und die Erkenntnis: Ob Rücken oder Kopf, macht keinen Unterschied. Heglund war ratlos.

Seine damaligen Spekulationen über andere mögliche Gründe erwiesen sich im Nachhinein alle als falsch. Heglund vermutete, die Frauen sparten vielleicht Energie, indem sie ihren Körperschwerpunkt immer auf der gleichen Höhe halten – wie etwa Michael Jackson bei seinem »Moonwalk« –, oder dass es bei Frauen, die von klein auf schwere Lasten trugen, zu einer anatomischen Veränderung gekommen sei, die das Energiesparen möglich machte.

Heglund kannte zwar den Grund für den von ihm entdeckten Effekt nicht, aber er wusste, wie er ihn herausfinden konnte: mithilfe einer sogenannten Force Plate, einer Druckplatte. Das ist eine Art komplizierte Badezimmerwaage, die den zeitlichen Verlauf der Kraft, die auf sie einwirkt, aufzeichnet. Mit einem solchen Gerät im Gepäck reiste er 1989 erneut nach Kenia.

Er ließ die Afrikanerinnen so über die Force Plate gehen, dass er den exakten Verlauf eines Schrittes verfolgen konnte – vom Moment an, wo der Fuß die Platte berührte, bis zu dem Augenblick, da er sie wieder verließ. Diesen Verlauf wollte er mit dem eines europäischen Schrittes vergleichen. Im Unterschied musste des Rätsels Lösung liegen.

Heglund wusste von seiner Arbeit mit Cavagna, dass man sich das Gehen als wiederholte Bewegung einer Art Pendel vorstellen konnte. Anders als bei einem normalen Pendel, bei dem der unbewegte Drehpunkt oben liegt, ist er beim Gehen unten. Der Fuß setzt auf, und das Bein mit dem Oberkörper bewegt sich von der Position hinter dem Bodenkontakt vor diesen, bis der andere Fuß aufsetzt und der Prozess von vorne beginnt. Wie wenn man sich mithilfe eines Stocks über einen Bach schwingt, ist die Geschwindigkeit dabei am höchsten, wenn man den Fuß – oder den Stock – auf den Boden setzt. Danach nimmt die Geschwindigkeit ab und die Höhe des Körperschwerpunkts zu. Die Geschwindigkeit (kinetische Energie) wird in Höhe (potenzielle Energie) investiert. Hat der Körper den höchsten Punkt erreicht – sein Schwerpunkt liegt jetzt senkrecht über dem Fuß oder über dem Stock –, kann er auf dem weiteren Weg die gespeicherte Energie wieder beziehen, indem er an Höhe verliert und gleichzeitig an Geschwindigkeit gewinnt.

Würde die ständige Umwandlung von Geschwindigkeitsenergie in Höhenenergie und zurück perfekt funktionieren, so wäre das Gehen mit praktisch keiner Anstrengung verbunden, doch Heglund wusste, dass der Mensch beim Gehen kein perfektes Pendel war. Er konnte nur etwa 65 Prozent der investierten Energie zurückgewinnen.

Ein Vergleich der mit der Force Plate gemessenen Kraftverläufe zeigte, dass das auch auf die Luo- und Kikuyu-Frauen zutraf – jedenfalls solange sie keine Lasten trugen. Wie Europäer verloren auch sie Energie am Anfang und am Ende des Schrittes, wenn beide Füße gleichzeitig auf dem Boden waren. Das war nicht zu verhindern. Wie bei einer Pendeluhr braucht der Mensch beim Gehen immer wieder einen kleinen Schubs, um die Pendelbewegung in Gang zu halten.

Doch es gab eine weitere Stelle, an der Energie verloren ging: in der Mitte der Bewegung. Wenn der Körperschwerpunkt am höchsten lag, wurde die Höhenenergie für 15 Millisekunden nicht perfekt in Geschwindigkeitsenergie verwandelt. Der Schwerpunkt verlor an Höhe, ohne dass die Geschwindigkeit entsprechend zunahm – man schwingt sich mit dem Stock über den Bach und rutscht an der höchsten Stelle ein wenig am Stock herunter; dabei geht Höhe verloren, ohne dass die Geschwindigkeit zunimmt.

Als Norman Heglund die Kraftverläufe verglich, sah er, dass die Afrikanerinnen diesen unnötigen Energieverlust unter Last vermindern konnten. Sie wurden zu besseren Pendeln, die die in der Höhe gespeicherte Energie nun fast perfekt in Bewegungsenergie verwandelten. So gelang es ihnen, eine Last von bis zu 20 Prozent ihres Körpergewichts zu kompensieren.

Sherpas in Nepal tragen Lasten bis zum Doppelten ihres Körpergewichts, brauchen dabei aber nur halb so viel Energie, wie ein Europäer benötigte.

Könnten das auch amerikanische Rekruten und mit dem Wochenendeinkauf beladene Hausfrauen lernen? Heglund bezweifelt es. Er glaubt zwar nicht, dass die Fähigkeit angeboren sei, aber er hält es für wahrscheinlich, dass man, um sie zu erwerben, von klein auf Lasten tragen muss. Der Unterschied der Gangarten ist so gering, dass man ihn mit bloßem Auge nicht bemerkt.

In den 1990er-Jahren zog es Heglund nach Nepal, wo Sherpas Lasten von bis zum Doppelten ihres Körpergewichts Berghänge hinauftragen. Er fand heraus, dass auch die Sherpas dabei viel weniger Energie brauchen als angenommen. Anders als die Afrikanerinnen bekommen sie die ersten 20 Prozent zwar nicht umsonst – der spezielle Pendelgang eignet sich nur im

◆ Maloiy, G. M., N. C. Heglund, et al. (1986). Energetic cost of carrying loads: have African women discovered an economic way? *Nature* 319(6055), 668-9.

Flachen –, dafür sind sie bei größeren Lasten effizienter. Wenn ein Sherpa Waren vom Gewicht seines eigenen Körpers trägt, braucht er dabei bloß die Energie, die ein Europäer für die halbe Last benötigt. Wie die Sherpas das schaffen, weiß Heglund nicht – noch nicht.

1979 **Die Puppen an der Bar**

Im Sommer 1979 geriet Henry L. Bennett in eine hitzige Diskussion, weil er nicht glauben wollte, was in der Psychologie längst als etablierte Tatsache galt. Bennett war damals Medizinstudent an der University of California in Davis und besuchte ein Seminar über das Gedächtnis. Die Kapazität des Kurzzeitgedächtnisses wurde dabei mit sieben Informationseinheiten plus/minus zwei angegeben. Auf dieses Resultat war man bei unzähligen Labortests gekommen.

»Jede Kellnerin kann sich mehr als sieben Dinge merken«, behauptete Bennett.

»Kann sie nicht«, entgegnete ein Kommilitone.

»Und ob.«

»Aber nein.«

»Ich werde es beweisen.«

Diese vollmundige Ankündigung sollte Bennett einige Jahre beschäftigen, während denen er die erstaunlichen Gedächtnisleistungen von Kellnerinnen dokumentierte.

Seine erste Untersuchungsmethode muss ihn in den Lokalitäten rund um die Universität zum unbeliebtesten Gast aller Zeiten gemacht haben. Er setzte sich mit einer Gruppe von acht Freunden an einen Tisch, und dann bestellte jeder ein anderes Gericht und ein anderes Getränk. Nachdem die Kellnerin in Richtung Küche verschwunden war, tauschten die Studenten die Plätze. Bennett wollte nicht nur herausfinden, wie viele Bestellungen eine Kellnerin im Gedächtnis behalten konnte, sondern auch, wie sie sich an die Gerichte und Getränke erinnerte: Merkte sie sich den Platz oder das Gesicht?

Nach einigen solcher Versuche wurde Bennett klar, dass sein Verfahren nicht optimal war. Die Situationen in den Lokalen unterschieden sich zu stark voneinander, als dass sie brauchbare Aussagen erlaubt hätten, zudem schrieben einige Bedienungen die Bestellung auf. »Also wechselte ich in Bars«, erinnert sich Bennett, der heute als Anästhesist im Saint Luke's Hospital in New York arbeitet. Getränkebestellungen werden normalerweise nicht aufgeschrieben.

Um jeder Kellnerin die exakt gleiche Aufgabe zu stellen, hatte er schließlich die verschrobene Idee, die sein Experiment zur Legende werden ließ: Er kaufte in einem Spielzeugladen 33 fingergroße Plastikpuppen, die er an langen Abenden zu Hause individuell einkleidete und denen er die Haare unterschiedlich färbte. Dazu bastelte er zwei runde Miniaturtische mit Stühlen, die er auf einer Holzplatte von der Größe eines Serviertabletts befestigte. Mit dieser Ausrüstung betrat er nachmittags um halb fünf, wenn noch nicht viel los war, regelmäßig Bars und fragte die Kellnerinnen, ob sie bei einem Experiment mitmachen wollten. Obwohl sie Bennett leicht für ein Mitglied der örtlichen Puppenfetisch-Gruppe hätten halten können, ließen sich 40 von 41 Frauen auf das seltsame Spiel ein.

Bennett brachte eine Tonbandkassette mit, auf die er mit Kommilitonen eine Serie von 7, 11 und 15 Bestellungen gesprochen hatte. Sobald die Kellnerin bereit war, ließ er das Band laufen: »Bringen Sie mir eine Margarita« (zwei Sekunden Pause), »ich hätte gern ein Budweiser«. Und so weiter. Bei jeder Bestellung wackelte Bennett mit jener Plastikpuppe, zu der die Stimme vom Band gehörte.

Während eine Assistentin von Bennett hinter der Theke die Getränke vorbereitete – es waren Gummipfropfen mit einem Fähnchen, auf dem der Name des Drinks stand –, beschäftigte Bennett die Kellnerin mit einem Kurzinterview. Auf diese Weise wollte er verhindern, dass sie sich die Bestellung ungestört einprägen konnte. Dann brachten die Kellnerinnen den Puppen die Minidrinks an den Tisch. Im Vergleich mit Studenten, die sich dem gleichen Test unterzogen, schnitten sie tatsächlich besser ab. 6 der 40 verwechselten überhaupt keine der insgesamt 33 Bestellungen, 9 nur eine einzige.

Bennetts Vermutung, dass die Größe des Kurzzeitgedächtnisses – sieben plus/minus zwei Informationseinheiten – ein künstliches Konstrukt war, das im wirklichen Leben kaum Bedeutung hatte, schien sich zu bestätigen. Die Kellnerinnen berichteten von Fällen, in denen sie sich

50, in einem Fall sogar 150 Bestellungen merken konnten. Herauszufinden, wie sie das machten, war jedoch schwierig. Oft sagten sie bloß: »Ich weiß nicht, wie ich die Drinks im Kopf behalte.« Genaueres Nachfragen ergab, dass die Position der Gäste am Tisch nebensächlich war. Für die meisten waren das Gesicht und die Erscheinung der Kunden entscheidend.

Manche gaben auch an, sie würden nach einem Merkmal suchen, das zum Drink passte: Wangenrouge zum Erdbeer-Daiquiri etwa. Doch die erstaunlichste Erklärung für ihr überragendes Gedächtnis – eine Art höhere Bewusstseinsstufe der Kellnerinnen – lieferten jene drei Kellnerinnen, die sagten: »Nach einer Weile beginnen die Kunden auszusehen wie ihre Drinks.«

◆ Bennett, H. L. (1983). Remembering Drink Orders: The Memory Skills of Cocktail Weitresses. *Human Learning* 2, 157-169.

1980 **Wie man sich vordrängelt**

Für die meisten Leute ist die Warteschlange jener Ort, an dem sich Langeweile und schmerzende Füße zur übelsten Mischung zusammentun, die unsere Zivilisation zu bieten hat. Für Warteschlangenforscher ist sie hingegen ein »soziales System«, dessen »Aufrechterhaltung ... vom gemeinsamen Wissen der dieser Situation angemessenen Verhaltensnormen« abhängt. So drückte es Stanley Milgram in seiner Studie »Reaktionen auf Vordrängeln in Warteschlangen« aus. Wer sich am Bratwurststand in die Schlange einreiht, tritt in eine Minigesellschaft mit eigenen Regeln ein – ob er will oder nicht. Anfang der 1980er-Jahre machte sich Stanley Milgram daran, diese Regeln zu erforschen.

Die einfachste Möglichkeit, Regeln zu erforschen, besteht darin, zu beobachten, was geschieht, wenn man sie bricht. Milgram schickte seine Studenten in New York mit dem Auftrag los, sich überall in Warteschlangen vorzudrängeln. Der damaligen Psychologiestudentin Joyce Wackenhut blieb das Experiment in lebhafter Erinnerung. Theoretisch schien das Vorgehen ganz einfach zu sein. Indem Wackenhut die Rolle des Eindringlings spielte, steuerte sie auf die Position zwischen der dritten und der vierten Person in der Schlange zu, sagte: »Entschuldigen Sie bitte, ich möchte hier hinein«, und drängelte sich an die vierte Stelle in der Schlange. Doch die Durchführung war ganz etwas

Eine Warteschlange ist eine kleine Welt mit ihrer eigenen Regeln. Wer sich vordrängeln will, sollte sie kennen.

anderes. »Es brauchte wahnsinnig viel Überwindung, es zu tun«, erinnert sich Wackenhut. Auch die anderen Studenten hatten große Mühe. Einige trippelten eine halbe Stunde nervös auf und ab, bis sie den Mut aufbrachten, sich vorzudrängeln, anderen wurde schlecht oder schwindlig.

Die Reaktionen der Leute in der Schlange reichten von stiller Duldung bis zu wütenden Tiraden. »Als wir uns bei einer Warteschlange der Hafenbehörde vordrängten, packte einer seine Pistole aus«, erzählt Wackenhut. »Wir rannten davon, so schnell wir konnten.« Insgesamt 129 Warteschlangen infiltrierten die Studenten, bis sie genug Daten zusammenhatten.

Nicht jede Warteschlange reagierte gleich. »Die Schlange vor dem Info-Schalter im Bahnhof Grand Central rückte schnell voran«, erinnert sich Wackenhut, »das Vordrängen wurde dort seltener geahndet als vor dem Ticket-Master-Schalter, wo die Leute in ihrer knappen Mittagszeit Theaterkarten kaufen wollten.«

Von den Leuten in der Schlange, die sich gegen den Eindringling wehrten, standen drei Viertel hinter ihm. Das war wenig überraschend, fügte er ihnen doch direkten Schaden zu. Ein Viertel stand jedoch vor ihm. Das zeigt, dass es in einer Warteschlange um mehr geht als um das eigene Vorwärtskommen. »Es ist nicht nur der Verlust von Position und Zeit, der wütend macht, vielmehr reicht allein die Verletzung der Regel als solche, um sich zu ärgern«, schreibt Milgram.

Auch von den Leuten hinter dem Eindringling machte offenbar nicht jeder seine eigene Kosten-Nutzen-Rechnung. Weil alle im selben Maße unter dem Regelbruch litten, hätten eigentlich auch alle das gleiche Interesse gehabt einzugreifen. Die Aufgabe, den Eindringling zurechtzuweisen, oblag aber in erster Linie der Person direkt hinter ihm. Sie reagierte in 60 Prozent der Fälle. Unternahm sie nichts, war die Person zwei Positionen hinter dem Eindringling an der Reihe, die aber nur noch in etwa 20 Prozent der Fälle eingriff. Die Personen auf den anderen Positionen wurden fast nie aktiv. Auf der Person hinter dem Eindringling lastete also eine ziemliche Verantwortung. »Manchmal waren die Leute nicht wütend auf uns, sondern auf diese Person, wenn sie nicht eingriff«, erinnert sich Wackenhut.

Wenn Sie sich also je vordrängen wollen, dann lautet der Tipp aus der Wissenschaft: Bestimmen Sie die Ihrer Meinung nach schüchternste Person in der Schlange, und stellen Sie sich vor diese. Wenn Sie hingegen in einer Schlange stehen, und jemand drängt direkt vor ihnen hinein, dann denken Sie daran: Nach den ungeschriebenen Gesetzen des Schlangestehens ist es Ihre Pflicht einzugreifen.

◆ Milgram, S., H. J. Libety et al. (1986). Response to Intrusion Into Waiting Lines. *Journal of Personality of Social Psychology* 51(4), 683-689.

1984 **Aus der Bibel (III): Die Kreuzigung im Wohnzimmer**

Es braucht einiges, um erfahrene Gerichtsmediziner in Erstaunen zu setzen, doch das Bild, das im Januar 1984 auf Seite 9 des *Canadian Society of Forensic Science Journal* abgedruckt war, dürfte es geschafft haben. Der Leser blickte in ein dunkel getäfeltes Zimmer mit biederen Vorhängen, in dem ein junger Mann in Shorts an einem Kreuz hing. Am Oberarm trug er eine Manschette zur Blutdruckmessung, auf der Brust klebten Elektroden, deren Kabel zu einem Schreiber führten. Ein bärtiger älterer Mann in einem weißen Arztkittel stand daneben und horchte mit einem Stethoskop die Lunge des jungen Mannes ab.

Wenn man es nicht für undenkbar hielte, könnte man durchaus auf die Idee kommen, dass da einer im Wohnzimmer die Kreuzigung Jesu nachstellte – und genau das tat er. Der Titel des Fachbeitrags lautete »Tod durch Kreuzigung«.

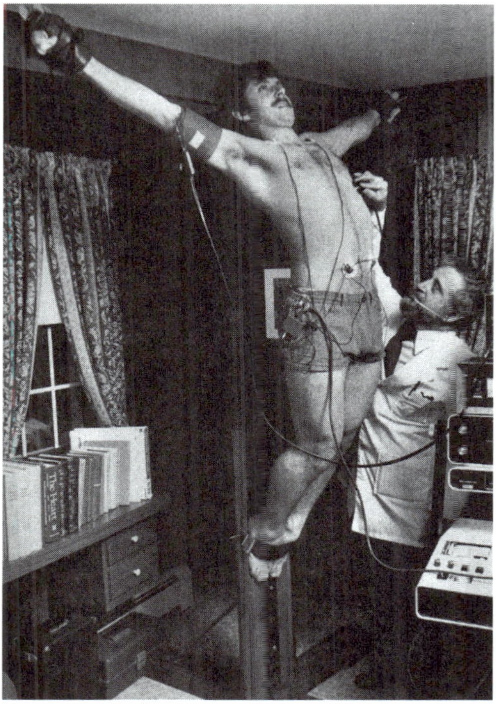

Der Gerichtsmediziner Frederick Zugibe hatte keine Mühe, Freiwillige für seine Experimente zu finden. Die Mitglieder einer nahe gelegenen Freikirche konnten es kaum erwarten, ans Kreuz gehängt zu werden.

Frederick Zugibe, Gerichtsmediziner von Rockland County nördlich von Manhatten, hat sich ein ungewöhnliches Fachgebiet ausgesucht. »Ich gelte weltweit als die Autorität in Sachen Kreuzigung«, sagte der heute 80-jährige Pathologe kürzlich dem Wissenschaftsmagazin *Zeitwissen*. Mit 20 Jahren las er zum ersten Mal einen Fachartikel über »Die physischen Leiden unseres Herrn«, seither hat er darüber seine eigenen Theorien aufgestellt. Und weil Theorien ohne harte Fakten nichts wert sind, ließ er sich von einem gewissen Pater Weyland vom Orden des Göttlichen Wortes ein 2,30 Meter hohes Kreuz zimmern, an das er bei sich zu Hause Hunderte von Versuchspersonen hängte.

Die meisten wissenschaftlichen Abhandlungen über die Kreuzigung seien von Leuten mit zwar redlichen Absichten, jedoch beschränktem medizinischem Wissen geschrieben worden, oder von Leuten, deren religiöses Feuer sie zu unhaltbaren Befunden getrieben habe, kann man in Zugibes Kreuzigungsstudie lesen. Er selbst ist zwar ebenfalls gut katholisch, aber eben auch Wissenschafter, und als solcher war ihm bald klar, dass die Theorien des anderen großen Kreuzigungsforschers, Pierre Barbet, Unsinn waren. Barbet glaubte mit seinen Experimenten in den 1930er-Jahren bewiesen zu haben, das Jesus am Kreuz erstickt sei, weil die hängende Position einen Atemstillstand verursacht habe (siehe Seite 74 ff.). Von seinen Freiwilligen, versichert Zugibe, habe keiner je nach Luft gerungen.

Wer übrigens glaubt, es sei schwierig, Freiwillige für

Kreuzigungsexperimente zu finden, täuscht sich. Die ersten knapp 100 Versuchspersonen waren Angehörige einer lokalen religiösen Gemeinschaft. »Die hätten mich bezahlt dafür. Jeder wollte hoch, um zu sehen, wie es sich anfühlt«, sagte Zugibe der Journalistin Mary Roach, die in ihrem Buch über Leichen, *Stiff*, ein Kapitel den Kreuzigungen widmet.

Obwohl Zugibe antike Eisennägel aus einem römischen Lager in Schottland besitzt, nagelte er seine Versuchspersonen nicht ans Kreuz. Er hatte vielmehr Manschetten angefertigt, in denen die Hände mittels Bolzen am Querbalken fixiert werden konnten. Die Füße steckten in einem Gurt, der um den Längsbalken führte. Zwischen 5 und 45 Minuten hielten es die Versuchspersonen aus. Zugibe kontrollierte ihre Herztätigkeit, bestimmte den Sauerstoffgehalt im Körper, horchte die Lunge ab und nahm Blutproben. Die Leute klagten über Muskelschmerzen und Krämpfe, manche hatten Schweißausbrüche und bekamen Panik. Sie konnten das Experiment jederzeit abbrechen. Für den Notfall standen ein Defibrillator und ein Beatmungsgerät bereit. Gebraucht habe er sie nie, sagt Zugibe.

Nach den ausgedehnten Versuchen glaubt er die Todesursache von Jesus abschließend bestimmt zu haben: Er starb an Herz- und Atemstillstand, verursacht durch hohen Blutverlust und traumatischen Schock.

◆ Zugibe, F. T. (1984). Death by Crucifixion. *Canadian Society of Forensic Science Journal* 17(1), 1-13.

1984 **Ein befriedigendes Experiment**

Den angenehmsten Selbstversuch aller Zeiten hat wohl Ann Carol Schulster unternommen. Die Ärztin am Royal Victoria Hospital in Montreal las im Februar 1984 in einer Fachzeitschrift, dass die Gesundheit eines ungeborenen Kindes durch einen Orgasmus seiner Mutter bedroht sein könnte. Das schlossen die Autoren aus einem früheren Versuch, bei dem der Puls des Babys beim Höhepunkt der Mutter sank.

Schulster, selbst schwanger, konnte das nicht glauben. In der 38. Woche ihrer Schwangerschaft schloss sie sich an einen Smith-Kline-Pulsmonitor an und brachte sich zum Orgasmus. Die Messung zeigte keine Verlangsamung des Pulses beim Baby. Zwei Wochen später brachte sie eine gesunde Tochter zur Welt.

◆ Schulster, A. C. (1984). Does Coitus Embarrass the Fetus. *The Lancet* 2(8401), 514.

1985 Synchronisieren der Menstruation

Während ihres Studiums merkte Genevieve M. Switz, dass sie eine besondere Gabe hatte: Jeweils nach einigen Monaten hatten die Frauen, die mit ihr die Wohnung teilten, ihre Periode zum gleichen Zeitpunkt wie sie. Damit konnte sie zwar nicht im Zirkus auftreten, aber das Interesse der Wissenschaft war ihr sicher.

Dass Frauen, die engen Kontakt haben, ihre Menstruation synchronisieren, hatte Ende der 1960er-Jahre eine Studentin vom Wellesley College in Massachusetts belegt. Martha McClintock war gerade 20 Jahre alt, als sie bei einer Diskussion Wissenschaftler darüber sprechen hörte, wie Pheromone (Duftbotenstoffe) den Eisprung bei Mäusen steuerten, sodass das Ei bei allen gleichzeitig reifte.

Das Gleiche geschehe auch bei Frauen, warf McClintock ein. Doch die Wissenschafter – alles Männer – wollten ihr nicht glauben. »Ich hatte den Eindruck, dass sie meine Äußerung lächerlich fanden. ›Wo ist der Beweis?‹, fragten sie.«

Den Beweis wollte Martha McClintock liefern. Sie befragte während eines Studienjahres die 135 Kommilitoninnen in ihrem Wohnheim, wann sie ihre Periode hatten. Die Auswertung zeigte: Bei engen Freundinnen lag der Zeitpunkt der Menstruation unmittelbar nach den Sommerferien im Schnitt sechseinhalb Tage auseinander; sieben Monate später waren es nur noch viereinhalb Tage.

Martha McClintock stieß auf das erstaunliche Phänomen, dass Frauen ihre Menstruation offenbar synchronisieren.

Zwei Tage Annäherung waren für die renommierte Fachzeitschrift *Nature* Beweis genug: 1971 publizierte sie die Studie – der erste Hinweis darauf, dass Pheromone auch beim Menschen eine Rolle spielten. Gaben Alphafrauen so den Menstruationstakt an?

Genevieve Switz studierte 1977 organische Chemie an der San Francisco State University, wo sie auf Michael J. Russell traf, der sich für die Geruchskommunikation des Menschen interessierte. Da sie den Zyklus anderer Frauen beeinflusste, eignete sie sich für Russells Experiment – oder besser, ihr Schweiß eignete sich dafür. Falls wirklich Pheromone die Synchronisation der Menstruation verursachen, müsste regelmäßig verabreichter Schweißgeruch von Genevieve Switz den Zeitpunkt der Menstruation bei anderen Frauen beeinflussen.

Switz musste ihren Schweiß in Watte sammeln, die sie unter den Armen trug. Einmal pro Tag wurden die Bäusche ersetzt, mit vier Tropfen Alkohol beträufelt, in vier Stücke geschnitten und tiefgefroren. Switz durfte keine parfümierte Seife verwenden und sich unter den Armen weder rasieren noch waschen.

Aus der Studie geht nicht hervor, ob die Versuchsteilnehmerinnen wussten, was es mit den Wattebäuschen auf sich hatte. Es heißt lediglich: »Wir baten sie um Erlaubnis, einen Duft auf ihre Oberlippe aufzutragen.« Während vier Monaten gelangte Switz' Schweißgeruch so in die Nasen der Hälfte der Versuchsteilnehmerinnen; die andere Hälfte, die Kontrollgruppe, bekam Wattebäusche, die lediglich Alkohol enthielten.

Das Ergebnis: Bei den fünf Frauen, die Switz' Duftstoffe verabreicht bekamen, lag die Menstruation nach vier Monaten 3,4 Tage auseinander, 6 Tage weniger als zu Beginn der Studie. Bei den sechs Frauen der Kontrollgruppe kam es zu keiner Annäherung der Zyklen.

Trotz des scheinbar eindeutigen Resultats zweifeln heute viele Fachleute daran, dass es so etwas wie die Synchronisation der Menstruation überhaupt gibt. Denn obwohl später alle möglichen Frauengruppen daraufhin untersucht wurden – von Beduininnen über Basketballerinnen bis hin zu lesbischen Paaren –, ergab sich kein eindeutiges Bild. Bei einigen zeigte sich der McClintock-Effekt, bei anderen nicht. Kritiker führen die positiven Resultate auf methodische Mängel zurück. Dass viele Frauen trotzdem daran glauben, habe damit zu tun, dass sich die Perioden oft zufällig überlappten.

McClintock ist immer noch von Existenz und Wirkung der Pheromone überzeugt. Doch sei die Sache komplizierter als angenommen. So wirkten die Duftstoffe nicht immer synchronisierend, und eine Taktgeberin gebe es wahrscheinlich nicht. Auch was die Funktion des Phänomens angeht, tappen die Forscher im Dunkeln.

Dass die zwei Lager zu einem Konsens finden, ist unwahrscheinlich, denn die naturwissenschaftliche Diskussion wird von einer feministischen überlagert. Wenn Frauen zur gleichen Zeit menstruieren, sehen das manche als biologischen Ausdruck der Frauensolidarität.

• Russel, M. J., G. M. Switz et al. (1980). Olfactory Influences on the Human Menstrual Cycle. *Pharmacology Biochemistry & Behavior* 13, 737-738.

1986 **Vom langsamen Kratzen einer Gartenhacke über eine Schiefertafel**

Mitte der achtziger Jahre wollten die Wissenschafter Lynn Halpern, Randolph Blake und James Hillenbrand wissen, was es mit dem Wandtafelkratzen auf sich hat. Warum erschaudern viele Leute, wenn Fingernägel über eine Wandtafel kratzen? Die bisher einzige Studie zum Thema (siehe Seite 172 ff.) war wenig ergiebig gewesen, also gingen die drei Forscher das Phänomen grundsätzlich an.

Als Erstes ordneten sie eine Reihe Geräusche nach ihrer Beliebtheit. Sie spielten 24 Versuchspersonen 16 Geräusche vor, die sie bewerten mussten: Glockenklänge, laufendes Wasser, einen Bleistiftspitzer, einen Küchenmixer, zwei Styroporblöcke, die aneinanderreiben. Wenig überraschend schnitt das »langsame Kratzen einer Gartenhacke mit drei Zinken (Modell ›True Value Pacemaker‹) über eine Schiefertafel« am schlechtesten ab – eine Beschreibung, bei deren Lesen es schon »alle Versuchsteilnehmer schauderte«, wie es in der Arbeit heißt. Auf einer Skala von 0 (angenehm) bis 15 (unangenehm) landete dieses Geräusch bei 13,74. Die Forscher wählten es aus, weil es praktisch identisch klingt wie Fingernägel auf einer Wandtafel, aber einfacher zu erzeugen war.

Anschließend stellten die Wissenschafter eine künstliche, digitale Version des Geräuschs mit der Gartenhacke her, die sich einfacher manipulieren ließ als die Originalaufnahme. »Mehrere zögernde Freiwillige« beurteilten das künstliche Geräusch als »genauso unangenehm«. Jetzt galt es, herauszufinden, was dieses Geräusch so unerträglich machte.

In der Annahme, dass die hohen Frequenzen daran schuld seien, schickten die Forscher das Geräusch durch einen Klangfilter, der die Höhen dämpfte. Doch für die 12 Testzuhörer wurde das Geräusch dadurch keinen Deut angenehmer. Überraschenderweise nahm die umgekehrte Maßnahme dem Kratzen seinen Schrecken: Wenn dem

»langsamen Kratzen der Gartenhacke (Modell ›True Value Pacemaker‹) mit drei Zinken über eine Schiefertafel« die tiefen Frequenzen fehlten, empfanden es die Testhörer als deutlich erträglicher.

Etwas ratlos darüber, was dieses Resultat zu bedeuten hat, verlegten sich Halpern, Blake und Hillenbrand am Schluss des Artikels aufs Spekulieren darüber, warum das Gartenhackengeräusch so starke Reaktionen erzeugt. Ihre geniale oder absurde Idee (je nachdem, wen man fragt): Das Geräusch soll den Warnschreien von Makaken ähneln. Der kalte Schweiß und die Gänsehaut wären dann das nutzlose evolutionäre Überbleibsel einer früheren Fluchtreaktion.

Die These, dass Wandtafelkratzen wie ein Warnschrei aus dem Tierreich klingt, geistert bis heute als Erklärung für das seltsame Phänomen umher. Einer der Forscher, Randolph Blake, findet sie immer noch plausibel, wenn auch nicht bewiesen. Doch James Hillenbrand ist sich nicht mehr so sicher. Nachdem die Arbeit im Jahr 2006 einen Ig-Nobelpreis gewann, die Spaßauszeichnung für besonders schräge Studien, sagte Hillenbrand einem Journalisten: »Diese Idee ergab für mich nie einen Sinn.« Die Reaktion des Menschen auf Wandtafelkratzen sei »einzigartig« und nicht vergleichbar mit der zu erwartenden Reaktion, wenn man auf ein gefährliches Tier stoße. Hillenbrand glaubt vielmehr, dass es letztlich gar nicht das Geräusch selbst ist, das die Wirkung entfacht. Vielmehr vermutet er, dass die heftige Reaktion mit der unangenehmen Vorstellung der Tastempfindung zu tun hat, wenn Fingernägel über eine Wandtafel kratzen. Bereits David Ely, der elf Jahre zuvor die auf Seite 172 ff. geschilderte Studie zum Wandtafelkratzen unternahm, hatte diesen Verdacht.

Da das Geräusch und die Tastempfindung oft zusammen auftreten, stellt unser Gehirn vielleicht eine Verbindung zwischen ihnen her, sodass auch das Geräusch allein zu einer Gänsehaut führt; genau wie bei Pavlovs Hunden, die beim Klang der Glocke Speichel absonderten, obwohl dieser selber nichts mit Nahrung zu tun hat (siehe *Das Buch der verrückten Experimente*, Seite 60). Dann wäre unsere starke Reaktion auf das »langsame Kratzen der Gartenhacke (Modell ›True Value Pacemaker‹) mit drei Zinken über eine Schiefertafel« ein Fall von klassischer Konditionierung.

◆ Halpern, D. L., R. Blake et al. (1986). Psychoacoustics of a chilling sound. *Perception Psychophysics* 39(2), 77-80.

1987 Denken Sie jetzt nicht an einen weißen Bären

Hier ist die Aufgabe: Denken Sie jetzt auf keinen Fall an einen weißen Bären! – Sie schaffen es nicht? Nun, dann erleben Sie gerade »Die paradoxen Effekte bei der Unterdrückung von Gedanken«, wie eine Publikation im *Journal of Personality and Social Psychology* 1987 hieß. In dieser Untersuchung sollten 34 Studenten fünf Minuten lang nicht an einen weißen Bären denken – mit dem Resultat, dass sie im Durchschnitt 6,78-mal genau das taten.

Das ist kein Wunder, erfordert die bewusste Unterdrückung von Gedanken doch Hirnakrobatik der dritten Art: Wer sich vornimmt, nicht an einen weißen Bären zu denken, muss den Gedanken daran auch gleich wieder eliminieren, weil er sonst exakt das tut.

Der Wunsch, gewisse Gedanken – an die frühere Freundin oder an die nächste Zigarette – aus dem Hirn zu verbannen, ist weit verbreitet. Sich beim Vergessen anzustrengen, ist aber nutzlos. Nicht nur gelingt es kaum, Gedanken vollständig zu unterdrücken, vielmehr werden sie danach stärker zurückkommen. Als ein Teil der Studenten nach dem Eisbär-Denkverbot aufgefordert wurde, bewusst an einen weißen Bären zu denken, waren diese Gedanken viel mächtiger als bei einer Gruppe, die vorher ihre Gedanken an den Bären nicht zu unterdrücken versuchte.

Auch an etwas anderes zu denken, hilft wenig. Wenn man die Studenten aufforderte, anstatt an einen weißen Bären an einen roten VW-Käfer zu denken, sahen sie die Bären ständig vor sich – und den VW dazu. Ob der Bär am Steuer saß oder auf dem Beifahrersitz, geht aus der Studie allerdings nicht hervor.

◆ Wegner, D. M., D. J. Schneider et al. (1987). Paradoxical effects of thought suppression. *Journal of Personality and Social Psychology* 53, 5-13.

1987 Der richtige Mann zum Abnehmen

Frauen, die abnehmen wollen, sollten mit Männern ausgehen, die gern reisen, sich für Fotografie interessieren, Sport treiben, viel lesen, Recht studieren wollen und Single sind. Und sie sollten Männer meiden, die keine Hobbys außer Fernsehen und Partys haben, keine Karriereziele außer »Geld zu machen«, und in einer festen Beziehung leben.

Mit zwei solch unterschiedlichen Typen wurden zwei

Dutzend Studentinnen an der Vanderbilt University in Nashville, Tennessee, unter dem Vorwand zusammengebracht, es gehe um eine Untersuchung über das Kennenlernen. Die Studentinnen mussten vor der Begegnung einen Fragebogen zu ihren Interessen, Hobbys und Karrierezielen ausfüllen, den sie dann mit dem ausgefüllten Fragebogen ihres männlichen Partners austauschten. Der Mann war ein Komplize der Experimentatoren. Seinen Fragebogen gab es in zwei Versionen: Einer stellte ihn als interessant und noch zu haben dar, der andere als langweilig und vergeben.

Nachdem man die beiden in einem Raum für ein Gespräch zusammengebracht hatte, drückte man ihnen beiläufig je eine Schale mit M&Ms und Erdnüssen in die Hand. Es handle sich um »Überbleibsel einer Laborparty«, sie dürften so viel davon essen, wie sie wollten.

Was die Frauen nicht wussten: Die Schalen waren mit genau 250 Gramm Snacks gefüllt und wurden nach dem Treffen erneut gewogen. Bei Frauen, die sich mit dem vermeintlich interessanten Mann getroffen hatten, fehlten durchschnittlich 6,37 Gramm, bei jenen, die dem uninteressanten Mann zugewiesen worden waren, 25,24 Gramm – viermal so viel.

Die Autoren liefern dazu folgende Erklärung: »Wenig essen« wird als typisch feminine Eigenschaft angesehen, und in der Gegenwart eines begehrenswerten Partners versuchen Frauen, möglichst weiblich zu erscheinen.

Der potenzielle Partner muss allerdings in Fleisch und Blut präsent sein, die rein virtuelle Anwesenheit von Hugh Grant im Video hat aller Erfahrung nach nicht den gleichen Effekt.

◆ Mori, D., S. Chaiken et al. (1987). »Eating Lightly« and self-presentation of femininity. *Journal of Personality and Social Psychology* 53, 693-702.

1988 **Wenn Sportler Schwarz sehen**

Mark Frank hatte schon lange die Ahnung, dass die Farbe Schwarz auf Menschen eine ganz besondere Wirkung hatte. Er war ein großer Sportfan, und wenn er sich Football- oder Eishockeyspiele anschaute, wurde er den Eindruck nicht los, dass Mannschaften in schwarzen Trikots aggressiver spielten und mehr Fouls begingen als Teams in anderen Farben. Auch die Spaziergänge mit seinem Hund, einem schwarzen Schäfer-Husky-Bastard, bestätigten diese Vermutung. »Die Leute gingen ihm immer aus dem Weg, obwohl er sehr gutmütig war, ganz im Gegensatz zum Hund eines Freundes, dessen Fell weiß und grau war, vor dem sich aber niemand fürchtete, obwohl er viel angriffslustiger war als meiner«, erinnert sich der Psychologe.

Frank war überzeugt, dass die Farbe Schwarz hinter dieser Täuschung steckte. Er glaubte aber auch, bemerkt zu haben, dass sein braver Hund frecher wurde, wenn die Leute ihm auswichen. Konnte es sein, dass Schwarz nicht nur den Leuten Angst einflößt, sondern auch den Hund aggressiver macht?

Wird aggressiv, wer Schwarz trägt? Der Footballspieler Lyle Alzado von den Los Angeles Raiders ist ein typisches Beispiel für den »bad guy in black«.

Frank besprach diese Frage mit Thomas Gilovich, seinem Professor an der Cornell University in New York, und die beiden beschlossen, der Sache nachzugehen. Zuerst mussten sie natürlich herausfinden, ob Franks Beobachtungen überhaupt stimmten.

In einem ersten Versuch beurteilten 25 Versuchsteilnehmer, denen Frank Bilder der Spielertrikots von Eishockey- und Footballmannschaften zeigte, tatsächlich jene der Los Angeles Raiders, der Pittsburgh Steelers, der Vancouver Canucks und der Philadelphia Flyers als am aggressivsten – alle sind schwarz.

Als Nächstes schaute sich Frank die Strafstatistiken der Mannschaften an. Und auch dort zeitigte die Farbe Schwarz Wirkung: Die Los Angeles Raiders und die Philadelphia Flyers hatten mehr Strafen kassiert als alle anderen Teams. Und auch die übrigen Mannschaften in Schwarz lagen bei den Strafen weit vorne.

Besonders vielsagend war aber ein anderer Vorgang. Die Pittsburgh Steelers (American Football) und die Vancouver Canucks (Eishockey) hatten während der Erhebungszeit ihre Trikotfarbe gewechselt und spielten danach in Schwarz. Und siehe da: Sie erhielten umgehend mehr Strafminuten. Die Frage war bloß, warum? Spielten sie in Schwarz aggressiver oder unterlag der Schiedsrichter der gleichen Täuschung wie die Leute, die Franks Hund zum ersten Mal sahen, und nahm sie lediglich als aggressiver wahr?

Spieler in Schwarz werden als aggressiver wahrgenommen, verhalten sich aber auch aggressiver.

Auf diese Frage eine Antwort zu bekommen, erwies sich als umständlich, denn dazu waren Bilder von zwei identischen Spielszenen erforderlich, in denen abwechslungsweise immer eine der Mannschaften Schwarz trug. Wenn die Aggressivität in diesen Szenen unterschiedlich beurteilt würde, musste es eine von der Farbe Schwarz hervorgerufene Täuschung sein.

Frank besorgte sich also Aufnahmen von kampfbetonten Spielszenen, die er in zwei Versionen umarbeitete. »Wir zeichneten die Konturen der Spieler auf einem Hellraumprojektor nach – es war die Zeit vor Power Point und Photo Shop –, dann kopierten wir diese Bilder und färbten das Trikot des Angreifers einmal schwarz und einmal rot ein.« Doch die Versuchspersonen wussten mit diesen Bildern nichts anzufangen. Frank wurde klar, dass für die Beurteilung von Aggression bewegte Bilder nötig waren. Bewegte identische Spielszenen ließen sich aber nicht mit einem Hellraumprojektor und farbigen Filzstiften herstellen, und Videobilder aus aktuellen Spielen zu bearbeiten war damals technisch zu aufwendig. Frank musste seine Freunde um Hilfe bitten.

Bereits seit längerer Zeit traf er sich jedes Jahr mit ihnen für eine Männerwoche in einem Ferienhaus in Interlaken in der Nähe von New York. »Ich versprach ihnen zwei Kisten Bier, wenn sie sich in ihre Footballkluft werfen und ein paar harte Spielszenen nachstellen würden.«

Frank stellte mehrere Kameras auf und platzierte Marken auf dem Spielfeld, dann wurde exakt die gleiche Spielszene immer und immer wieder in wechselnden Trikotfarben wiederholt. Am Schluss wählte er aus den Aufnahmen die identischsten Spielszenen aus und zeigte sie Footballfans und Footballschiedsrichtern. Und tatsächlich verhängten die Schiedsrichter höhere Strafen gegen die Mannschaft in Schwarz, und die Fans befanden, diese Mannschaft spiele aggressiver.

Und was war mit Franks Beobachtung, derzufolge sein Hund frecher wurde, wenn die Leute sich vor ihm fürchteten? Konnte es sein, dass beide Effekte gleichzeitig spielten, dass nicht nur derjenige als aggressiver wahrgenommen wird, der Schwarz trägt, sondern dadurch auch aggressiver wird?

Frank bat 72 Versuchspersonen unter einem Vorwand, schwarze oder weiße T-Shirts anzuziehen und dann aus einer Liste von zwölf Spielen jene fünf auszuwählen, an denen sie teilnehmen wollten. Wer Schwarz trug, entschied sich für die aggressiveren. Dieses Resultat rüttelt am instinktiven Glauben, der Mensch habe letztlich eine stabile Persönlichkeit, die von scheinbar bedeutungslosen Äußerlichkeiten unberührt bleibe. Obwohl wir es nicht wahrhaben wollen, ist das Gegenteil der Fall.

Nachdem die Studie 1988 publiziert worden war, beeilten sich die Forscher, in der Presse klarzustellen, dass die Resultate nichts über die Gewinnchancen eines Teams aussagen, sonst hätten in der nächsten Saison wohl alle Mannschaften in Schwarz gespielt.

Wer seine Trikotfarbe wirklich nach wissenschaftlichen Kriterien auswählen will, sollte es wohl eher mit Rot versuchen. Eine Analyse der Wettkämpfe in vier Kampfsportarten bei den Olympischen Sommerspielen 2004, bei denen den Kontrahenten blaue und rote Dresses zugelost worden waren, ergab, dass die Kämpfer in Rot eher gewannen.

Fußballexperten wird es nicht überraschen, dass, was für den Kampfsport gilt, auch beim Fußball nicht ganz falsch sein kann. Bei der Fußballeuropameisterschaft 2004 gingen die Mannschaften in Rot öfter als Sieger vom Platz. Wenn man die Spielstärke der Mannschaften berücksichtigt, zeigt die Analyse der Evolutionsanthropologen Russel

Hill und Robert Barton von der Universität Durham (England), dass Kroatien, die Tschechische Republik, England, Lettland und Spanien in ihren roten Trikots durchschnittlich 0,97 Tore mehr erzielten, als wenn sie andersfarbige trugen (jede Mannschaft hat zwei Trikotfarben, die je nach der Farbe des Gegners getragen werden).

Warum Rot auf diese Weise wirkt, ist unklar. Die Forscher glauben, dass der Effekt ein Erbe aus unserer Stammesgeschichte ist. Bei vielen Tieren ist Rot das Zeichen von Dominanz. Der dreizehnte Mann auf dem Spielfeld muss also Darwin sein, der uns ständig an unsere Herkunft erinnert. (Ein anderes Fußballexperiment finden Sie auf Seite 245 ff.)

◆ Frank, M. G., and T. Gilovich (1988). The dark side of self and social perception: Black uniforms and aggression in professional sports. *Journal of Personality and Social Psychology* 54, 74-85.

1989 **Wie man Rasputin sympathisch macht**

Es ist schwierig, etwas Positives über Grigorij Rasputin zu sagen. Bereits als Siebzehnjähriger lagen gegen den späteren Geistheiler und Wanderprediger Anzeigen wegen Trunksucht, Mädchenschändung und Diebstahls vor. Auch später, als er am Zarenhof ein und aus ging, führte er ein ausschweifendes Leben. Er wird oft als Scharlatan beschrieben, dem es gelang, seine vielen Schwächen zu kaschieren und seine Stellung als religiöser Günstling der russischen Aristokratie skrupellos auszunutzen.

Rasputin war ein übler Zeitgenosse. Doch eine kleine psychologische Manipulation kann selbst ihm zu einem besseren Image verhelfen.

Trotzdem haben die Psychologen John F. Finch und Robert B. Cialdini einen einfachen Weg gefunden, Rasputin wenigstens ein bisschen sympathischer zu machen. Sie verteilten seinen Lebenslauf an Studenten und baten sie dann, vier seiner Charaktereigenschaften zu beurteilen. Das Urteil fiel natürlich immer negativ aus – außer wenn Rasputins Geburtstag, der auf dem Deckblatt des Lebenslaufs vermerkt war, so manipuliert worden war, dass er mit dem Geburtstag des Studenten übereinstimmte. Das führte zu einem Sympathiesprung von fast 25 Prozent.

Wie Ähnlichkeit zu Sympathie führt, lässt sich auch mittels E-Mail-Botschaften nachweisen (siehe Seite 248 f.), und das Servierpersonal in einem Restaurant kann damit sogar Geld verdienen (siehe Seite 260 f.).

→ Finch, J. F., and R. B. Cialdini (1989). (Self-)Image Management: Boosting. *Personality & Social Psychology Bulletin* 15(2), 222-232.

1991 **Wissenschaft auf dem Oktoberfest**

Heiko Hecht wusste, dass es auf der Welt keinen Ort gab, der sich besser für sein Experiment eignete als die Münchner Theresienwiese Ende September. Seine Versuchspersonen mussten sich gut mit Flüssigkeiten in Gläsern auskennen, und wo findet man die, wenn nicht auf dem Oktoberfest. Mehr noch als die Gäste erfüllten die Zeltbedienungen diese Bedingung. Also streifte er während des Oktoberfestes 1991 jeweils nachmittags mit einem Fragebogen, auf dem ein leeres geneigtes Glas zu sehen war, durch die Bierzelte und bat Kellnerinnen, den Wasserspiegel im Glas einzuzeichnen. Dass sein Versuch ihrem Expertentum einen schweren Schlag versetzen würde, wusste er damals noch nicht.

Hecht stellte den Kellnerinnen die berühmte Wasserspiegel-Aufgabe (siehe Seite 87 f.), die der Schweizer Pädagoge Jean Piaget in den 1930er-Jahren entwickelt hatte. Piaget veranschaulichte mit diesem Test die Entwicklung der Vorstellung das Raums bei Kindern. Vor die Aufgabe gestellt, den Wasserspiegel in einem geneigten Glas wiederzugeben, ließen Fünfjährige den Wasserspiegel stets senkrecht zum Glasrand hin verlaufen. Sechs- oder Siebenjährige merkten, dass das nicht stimmt, stellten das Wasser aber immer noch geneigt dar. Erst mit etwa neun Jahren erreichten die Kinder die letzte der von Piaget postulierten Stufen und stießen auf die richtige Lösung: Der Wasserspiegel verläuft immer waagerecht, also parallel zur Tischplatte.

Als die Psychologin Freda Rebelsky das Experiment 30 Jahre später mit Psychologiestudenten wiederholte, stellte sie überrascht fest, dass viele Erwachsene Piagets letzte Stufe nicht erreichen und die gleichen Fehler begehen wie kleine Kinder: Fast zwei Drittel ihrer Versuchspersonen zeichneten den Wasserspiegel um mindestens fünf Grad falsch ein. Wobei einige geradezu grotesk danebenlagen und sich auf über 90 Grad festlegten. »Obwohl ein 20-Jähriger viele Gelegenheiten hatte, von einem geneigten Glas zu trinken, ist es offensichtlich, dass sie bei der Auf-

Wie steht das Bier im Glas? Die Kellnerinnen wussten es nicht.

gabe diese Erfahrung nicht anwenden«, schrieb Rebelsky damals mit dem in einer wissenschaftlichen Arbeit üblichen Understatement.

Um sich ein Bild vom Ausmaß des Versagens zu machen, hier eine kleine Rechnung: Wenn ein 20-Jähriger in seinem bisherigen Leben auch nur drei Glas Flüssigkeit pro Tag zu sich genommen hat, dann hat er rund 20 000-Mal aus nächster Nähe gesehen, dass die Flüssigkeit im Glas waagerecht bleibt, wenn er des Glas kippt. Und was macht er, wenn er das aufzeichnen soll? Er verpasst dem Wasserspiegel eine Schräglage!

Aber das war noch nicht alles. Rebelskys Studie brachte noch etwas an den Tag, das weit schlimmer war. »Man darf es fast nicht sagen«, bemerkt Heiko Hecht dazu: Frauen schneiden bei der Wasserspiegel-Aufgabe deutlich schlechter ab als Männer. Nachdem dieses Ergebnis bekannt geworden war, stürzte sich ein Heer von Psychologen darauf, die bis heute weit über 100 Studien publizierten. Doch wie sie es auch anstellten: Der Geschlechterunterschied war nicht aus der Welt zu schaffen. Hier zum Beispiel das Resultat einer typischen Studie von 1995: Von den Männern schnitten 50 Prozent sehr gut ab und 20 Prozent sehr schlecht, von den Frauen 25 Prozent sehr gut und 35 Prozent sehr schlecht.

Die Vermutungen, woher diese Divergenz kommt, reichen von einem »rezessiven Gen auf dem X-Chromosom«, über Verschiedenheiten beim Gleichgewichtsorgan von Mann und Frau bis hin zur Tatsache, dass Jungen mehr mit Bauklötzen spielen als Mädchen. Das Fazit nach fast 80-jährigem Studium der Wasserspiegel-Aufgabe lautet: Wir haben keine Ahnung, warum die Menschen so schlecht sind darin, und wir wissen ebenfalls nicht, warum Frauen schlechter abschneiden als Männer. Und wer jetzt hofft, Heiko Hecht hätte am Oktoberfest etwas Licht ins Dunkel gebracht, wird enttäuscht. Er stiftete mit seinen seltsamen Resultaten nur noch mehr Verwirrung.

Heiko Hecht hatte in den USA an der Universität Virginia eben seine Doktorarbeit abgeschlossen, als ihm die Idee für das Experiment kam. Er dachte damals über die Frage nach, was Expertentum bedeutet und wie man zum Experten wird. Eine seiner Kolleginnen beschäftigte sich mit der Wasserspiegel-Aufgabe, und weil Hecht im Begriff war, ans Max-Planck-Institut für psychologische Forschung in München zu wechseln, fielen ihm die Wiesnkellnerinnen ein, die mit fünf Maß Bier in jeder Hand durch die Zelte eilen, ohne etwas zu verschütten. »Die müssen doch wissen, wie das Bier im Glas steht«, dachte er sich, »das sind doch die Expertinnen für diese Aufgabe.«

Auch Hechts Doktorvater Dennis Proffitt interessierte sich dafür, wie Experten bei der Aufgabe abschneiden. Seit er in den 1970er-Jahren »dem ersten Mann mit Doktortitel begegnet war, der das Problem falsch löste«, wie Proffitt der Fachzeitschrift *Science* sagte, wollte er wissen, wie sich Erfahrung auf das Lösen der Wasserspiegel-Aufgabe auswirkte. Der Mann war nämlich Pharmakologe, der »den größten Teil seiner Tage damit verbrachte, Reagenzgläser zu schütteln«.

Der Test:
Das Glas in der Zeichnung ist nicht in Bewegung, das Wasser darin also in Ruhe. Zeichnen Sie den Wasserspiegel so ein, dass die Linie durch den Punkt am rechten Glasrand führt. (Lösung auf der nächsten Seite)

Hecht fand in den Bierzelten 20 Wiesnbedienungen, die im geneigten Glas den Wasserspiegel einzeichneten. Später testete er noch je 20 Barkeeper, Hausfrauen, Busfahrer und Studenten. Die Resultate waren so klar wie überraschend: Die Kellnerinnen und Barkeeper schnitten deutlich schlechter ab als alle anderen Gruppen. Nur

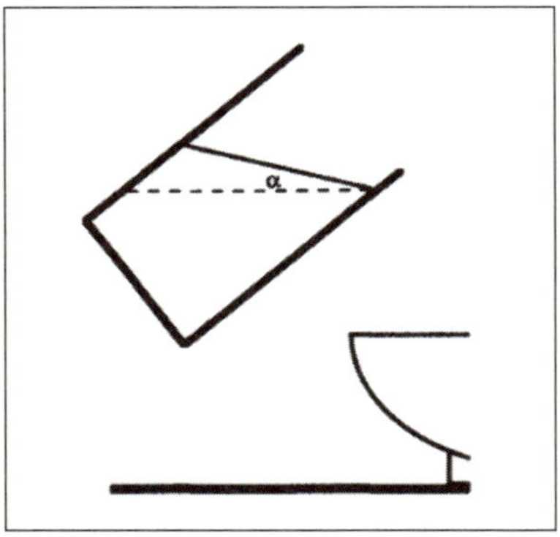

(Lösung von vorhergehender Seite)
Die gestrichelte Linie ist die korrekte Lösung: parallel zur Tischplatte. Die durchgezogene Linie zeigt eine typisch falsche Lösung.

gerade einem Drittel unter ihnen gelang es, den Wasserspiegel auf 5 Grad genau wiederzugeben. Die durchschnittliche Abweichung lag bei 21 Grad. Und nicht nur das: Unter allen Versuchsteilnehmern, die eine falsche Antwort gaben, staunten die Kellnerinnen und die Barkeeper am meisten über die richtige Lösung. Manchmal musste Hecht ein Glas nehmen und demonstrieren, was passiert, wenn er es kippt, bis sie es glaubten. Damit hat er den offenen Fragen rund um die Wasserspiegel-Aufgabe eine weitere hinzugefügt: Wie kann es sein, dass mit der Erfahrung sich auch die Fehleranfälligkeit erhöht?

Hecht und Proffitt vermuten, dass die Erfahrung in diesem Fall dazu verführt, das Glas als Bezugssystem anzusehen: »Es ist unerlässlich, dass Barkeeper und Kellnerinnen Getränke nicht verschütten, dazu müssen sie den Abstand zwischen der Oberfläche der Flüssigkeit und dem Rand des Gefäßes überwachen und regulieren.« Diese Konzentration auf das Glas könnte dazu führen, dass auch bei einer Aufgabe wie jener mit dem Wasserspiegel das Glas als Referenz genommen wird, obwohl sie eigentlich nach der Umgebung als Referenz verlangt.

Doch das ist nicht mehr als eine weitere von vielen Vermutungen, die rund um dieses Problem schon angestellt wurden. 1997, zwei Jahre nachdem Hecht und Proffitt ihre Resultate veröffentlicht hatten, publizierten andere Wissenschafter eine Studie mit dem genau entgegengesetzten Resultat: Dort schnitten amerikanische Barkeeper und Kellnerinnen besser ab als Buchhalter und Verkäuferinnen.

Und falls das der Rätsel nicht genug sein sollten: Kürzlich hat man herausgefunden, dass bei der Wasserspiegel-Aufgabe auch besser abschneidet, wer die chinesische Schrift beherrscht.

◆ Hecht, H., and D. R. Proffitt (1995). The Price of Expertise: Effects of Experience on the Water-Level Task. *Psychological Science* 6(2), 90-95.

1991 **Überlebenskampf im Gewächshaus**

Am 26. September 1991 um acht Uhr morgens betraten vier Frauen und vier Männer in der Wüste Arizonas ein hermetisch von der Außenwelt abgeriegeltes Gewächshaus. Als sie es zwei Jahre später wieder verließen, waren sie dermaßen verfeindet, dass einige von ihnen nicht mehr miteinander sprachen. Das riesige Glashaus trug den Namen »Biosphere 2«, weil es eine Kopie der ersten Biosphäre – unserer Erde – im Kleinformat sein sollte.

Bereits 1961 hatte sich der sowjetische Wissenschafter Ewgeni Schepelew für 24 Stunden in einer luftdichten Stahltonne einsperren lassen. Chlorella-Algen hatten sein ausgeatmetes Kohlendioxid wieder in Sauerstoff verwandelt. Später war in länger dauernden Experimenten versucht worden, Nahrung im geschlossenen System zu erzeugen. Das Fernziel war, eine kleine, sich selbst erhaltende Welt für lange Reisen im All zu schaffen.

So kühn wie Biosphere 2 war jedoch keiner der früheren Versuche. Eine Fläche von zweieinhalb Fußballfeldern wurde mit 6500 Glasscheiben überdacht. Im Boden dichtete eine 500 Tonnen schwere Stahlwanne die Welt unter Glas ab. Tests zeigten, dass die Anlage doppelt so dicht war wie das Spaceshuttle.

Nichts geht rein, nichts geht raus, lautete der wichtigste Leitsatz der zweijährigen Mission – nichts Materielles jedenfalls. Die sechs Millionen Kilowattstunden Energie, die Biosphere 2 für den Betrieb benötigte, stammten nämlich aus dem eigenen Kraftwerk außerhalb des Glashauses.

Fauna und Flora mussten so ausgewählt werden, dass ein Ökosystem entstand, das sich selbst und seine acht Nutznießer am Leben erhielt. Anders als bei früheren Ex-

Da war die Welt noch in Ordnung: Am 26. September 1991 ließen sich acht Menschen in das riesige Gewächshaus Biosphere 2 einschließen, um zwei Jahre darin zu leben. Doch bald schon gab es Streit.

perimenten, bei denen man die Anzahl Pflanzen und Tiere möglichst gering hielt, war Biosphere 2 ein kleiner Garten Eden. Auf 23 verschiedenen Bodentypen gab es einen Regenwald, eine Savanne, einen Sumpf, eine Geröllwüste und eine Wüste. Ein Meer samt Wasserfall und Korallen gehörte ebenso zur Miniaturwelt wie eine Landwirtschaftszone mit Ziegen, Schweinen und Hühnern. Hinzu kamen das Labor, die Werkstatt, der Computerraum und die Bibliothek.

Die Medien berichteten im Vorfeld begeistert über das Experiment. Es sei »das aufregendste wissenschaftliche Projekt seit der Mondlandung«, schrieb das Wissenschaftsmagazin *Discover*. Doch dann, ein halbes Jahr bevor es losging, behauptete ein Journalist, die am Projekt beteiligten Leute bildeten eine Art Sekte. Das Ganze sei völlig unwissenschaftlich.

Tatsächlich stammten die Initianten aus dem Umfeld der Synergisten, einer New-Age-Bewegung, die den Geist der Gegenkultur der 1960er-Jahre atmete. Das von ihnen gegründete Institut für Ökotechnik hatte zum Ziel, »globale Konflikte zwischen Natur und Technik« beizulegen. Ihr Anführer John Allen kleidete sich wie ein Beatnik und konnte kaum den Mund öffnen, ohne etwas Großspuriges von sich zu geben. Auch dass die Biosphäriker Uniformen von William Travilla trugen, der den berühmten Faltenrock von Marilyn Monroe kreiert hatte, und darin aussahen wie die Besatzung vom »Raumschiff Enterprise«, trug nicht zu ihrer Glaubwürdigkeit bei. Finanziert wurde das Unterfangen vom jungen texanischen Milliardär Ed Bass, der den Synergisten ebenfalls nahestand.

Das Leben im Glashaus war modern und rückständig zugleich. Jeder der acht Biosphäriker verfügte über ein luxuriöses Zimmer mit Stereoanlage, Fernsehen und Video. Es gab Funkgeräte, Computer und eine moderne Küche – aber kein Toilettenpapier, weil Papier im Glashaus nicht hergestellt werden konnte (stattdessen gab es auf den Toiletten Wasserdüsen). Jeder Stoffkreislauf musste geschlossen werden: Das Wasser wurde aufbereitet, die Exkremente wurden kompostiert, das ausgeatmete Kohlendioxid wurde von den Pflanzen aufgenommen und der Sauerstoff wieder abgegeben.

Kaum hatte sich die Luftschleuse hinter den Biosphärikern geschlossen, begannen sie Hunger zu leiden. Die Umstellung der Ernährungsweise von viel Fett und Fleisch zu viel Fasern und Gemüse war schwierig. Zudem verbrachten die Biosphäriker einen großen Teil ihrer Zeit mit der körperlich anstrengenden Arbeit in ihrer Miniaturlandwirtschaft, was ihren Kalorienbedarf steigerte.

Zu allem Unglück fiel die Sojaernte mager aus, die Bohnen raffte ein Pilz dahin, die Kartoffeln wurden von Milben gefressen. Der Versuch, ihnen mit einem Haarföhn den Garaus zu machen, scheiterte. Wenigstens schien den Süßkartoffeln das Mikroklima zu bekommen. Die Biosphäriker aßen so viele davon, dass sie vom Farbstoff Betacarotin orange Hände bekamen.

Größere Schwierigkeiten bereitete es auch, die Zusammensetzung der Atmosphäre einigermaßen stabil zu halten. Die wichtigsten Bestandteile der Luft sind 78 Prozent Stickstoff, 21 Prozent Sauerstoff und etwa 0,04 Prozent Kohlendioxid. Ursprünglich sollte dieses Verhältnis allein durch die richtige Kombination von Pflanzen und Tieren gewährleistet werden. Erste Tests zeigten jedoch, dass der Anteil des Kohlendioxids stark variierte. Um überschüssiges Gas zu binden, wurde ein sogenannter Atemkalkbehälter installiert, wie er auch in U-Booten zum Einsatz kommt. Als die Presse später zufällig davon erfuhr, vermuteten einige Journalisten, das Management von Biosphere 2 habe es verschweigen wollen.

Überhaupt erwies sich John Allen, was die Kommunika-

Biosphere 2 lag in der Wüste Arizonas, wo es für die Pflanzen genug Sonne hätte geben sollen, um den Sauerstoffgehalt stabil zu halten. Doch ein Jahr nach Beginn musste Frischluft zugeführt werden.

tion betraf, als Albtraum. Er neigte zu Monologen, brach Interviews ab und hielt bewusst Informationen zurück. Er war es auch, der gemeinsam mit der Projektmanagerin Margaret Augustine die acht Versuchspersonen – die jüngste 29, die älteste 69 Jahre alt – auswählte und auf eine bizarre Vorbereitungsreise auf ein Schiff und eine australische Farm schickte. Die zwei entließen auch immer wieder Mitarbeiter aus undurchsichtigen Gründen.

Das chaotische Management war der Hauptgrund, weshalb die acht Biosphäriker im Glashaus Streit bekamen: Eine Gruppe stand aufseiten John Allens, die andere lehnte sich auf. Zum Eklat kam es, als der Sauerstoffanteil von Biosphere 2 sank. John Allen verheimlichte die schlechten Werte vor dem wissenschaftlichen Beirat, solange er konnte. Am 13. Januar 1993, etwas mehr als ein Jahr nach Beginn des Experiments, musste dann von außen Sauerstoff zugeführt werden.

Einige der Biosphäriker schlugen dem wissenschaftlichen Beirat Experimente vor, wie man herausfinden könnte, warum es zur Sauerstoffknappheit gekommen war. Doch es wurde schnell klar, dass Allen der reduktionistischen Wissenschaft misstraute, die versucht, mit einfachen Experimenten einzelne Einflussfaktoren zu isolieren. Biosphere 2 war das genaue Gegenteil davon: ein komplexes System mit einer kaum überblickbaren Zahl an Störfaktoren.

6500 Glasscheiben überdachten eine Fläche von zweieinhalb Fußballfeldern. Es gab einen Regenwald, eine Savanne, einen Sumpf, eine Geröllwüste und eine Wüste; ein Meer samt Wasserfall und Korallen sowie eine Landwirtschaftszone mit Ziegen, Schweinen und Hühnern.

Spätere Analysen ergaben, dass der Sauerstoffmangel auf den Beton zurückzuführen war, der große Mengen Kohlendioxid aufnahm, das den Pflanzen dann nicht mehr zur Verfügung stand, um es in Sauerstoff umzuwandeln.

Während des zweiten Jahres ihres Aufenthalts sprachen die verfeindeten Gruppen kaum noch miteinander. Als auch noch Gerüchte über Nahrungsknappheit nach außen drangen, wurde eine Versuchsperson von einer Teamkollegin angespuckt, weil man sie für die Indiskretion verantwortlich machte.

»Wir können stolz darauf sein, dass wir einander nicht umbrachten«, schreibt Jane Poynter in ihrem Buch *The Human Experiment* über ihre zwei Jahre im Glashaus. Am 26. September 1993 verließen die acht Biosphäriker Biosphere 2 unter großem Medienbrimborium.

Der Streit um das Projekt ging weiter. Der Geldgeber Ed Bass, der 150 Millionen Dollar investiert hatte, verlangte eine Buchprüfung und vertrieb das Management unter John Allen schließlich mithilfe der Polizei aus der Anlage, während bereits eine zweite Crew ins Glashaus eingezogen war. Vier Tage später sabotierten zwei Mitglieder der ersten Crew, die John Allen nahestanden, Biosphere 2.

Nachdem die zweite Mission vorzeitig abgebrochen worden war, benutzte von 1996 bis 2003 die Columbia University in New York Biosphere 2 für wissenschaftliche Experimente. 2007 wurden die Anlage und das Grundstück an eine private Gesellschaft verkauft, die Einfamilienhäuser und ein Hotel bauen will. Die University of Arizona hat Biosphere 2 zu Forschungszwecken gemietet.

Im Rückblick scheint Biosphere 2 ein Misserfolg gewesen zu sein. Es musste Sauerstoff zugegeben werden, Schaben und Ameisen vermehrten sich explosionsartig, alle Blütenbestäuber und 19 von 25 Wirbeltierarten starben aus – die Schweine unter aktiver Mitwirkung der Menschen: Sie wurden geschlachtet, da sie Nahrungskonkurrenten der Bewohner waren.

Andererseits entfaltete das Experiment eine enorme Wirkung in der Öffentlichkeit. Man steckt Menschen mit Tieren in ein überdimensionales Einmachglas und schaut, was geschieht: Schöner lässt sich nicht zeigen, was Leben auf unserem Planeten eigentlich bedeutet.

verrueckte-experimente.de

◆ Poynter, J. (2006). *The Human Experiment: Two Years and Twenty Minutes Inside Biosphere 2*, Basic Books.

1992 **Die angeborene Vorliebe der Jungen für Spielzeugautos**

Angesichts der herannahenden Geburtstage ihrer lieben Sprösslinge stehen aufgeschlossene Eltern vor dem gleichen Problem: Sollen sie ihrem Sohn den Betonmischer mit Profilreifen, Wassertank und Auslaufblechen kaufen, obwohl er eben erst den Kippsattelzug mit Zwillingsbereifung bekommen hat? Wäre es nicht an der Zeit, seine Fürsorge weg vom Gabelstapler in Richtung Puppe zu lenken? Und das Mädchen? Sollte man ihm nicht den Lego-Bausteinkasten schmackhaft machen statt das dritte Fashion-Fever-Abendkleid für Barbie?

Wenig ist in einem Kinderleben so stabil wie die Vorlieben der Geschlechter für bestimmte Spielsachen. Lange Zeit vermutete man dahinter ausschließlich die Sozialisation. Knaben imitieren Männer, Mädchen Frauen, die Werbung besorgt den Rest, sodass kein Knabe in der Nähe eines rosaroten Plüschponys gesehen werden will. Doch kann das die ganze Erklärung sein? Die Psychologin Melissa Hines zweifelte daran.

Als sie in den 1990er-Jahren an der University of California in Los Angeles tätig war, ergaben Hines' Studien, dass Mädchen, die wegen einer Störung vor der Geburt zu viel des männlichen Sexualhormons Testosteron produziert hatten, sich später mehr für Hubschrauber und Feuerwehrautos interessierten.

Doch gegen die Idee, Spielzeugvorlieben bei Kindern könnten auch hormonell bedingt sein, erwuchs erheblicher Widerstand. Einerseits war unklar, warum diese Vorlieben hätten angeboren sein sollen, andererseits war die Sache politisch: Viele Frauen unterstrichen die Forderung nach Gleichberechtigung mit dem Argument, typisch männliche oder weibliche Verhaltensweisen seien ausschließlich das Resultat gesellschaftlicher Einflüsse. Da wäre es politisch äußerst unkorrekt gewesen, wenn sich Frauen schon als kleine Mädchen genetisch zum Kochherd hingezogen gefühlt hätten.

Es war Hines' Kollegin Margaret Kemeny, die sie auf die entscheidende Idee brachte, wie sich die Sache klären ließe: Warum die Vorlieben für Spielzeug nicht dort messen, wo jeder Einfluss konservativer Eltern und knalliger Werbung

Die Psychologin Melissa Hines testete die Neigung männlicher und weiblicher Affen, mit Puppen, Bällen und Spielzeugautos zu spielen. Das Resultat: Affen spielen politisch nicht korrekt.

ausgeschlossen werden kann – bei Affen? Also entwarfen Hines und ihre Mitarbeiterin Gerianne M. Alexander ein Experiment, das sie 1992 auf der Affenstation der Universität in Sepulveda durchführten: Sie präsentierten 88 Gelbgrünen Meerkatzen – 44 Weibchen und 44 Männchen – in Gruppen nacheinander sechs verschiedene Spielsachen und beobachteten, mit welchen sie am längsten spielten. Die Beliebtheit der Spielsachen war in früheren Studien bestimmt worden. Es waren zwei typisch männliche (ein Ball und ein Polizeiauto), zwei typisch weibliche (eine Puppe und ein Kochtopf) und zwei neutrale (ein Bilderbuch und ein Plüschhund).

Die Resultate waren eindeutig: Die männlichen Affen spielten doppelt so lange mit dem Ball und dem Polizeiauto wie die weiblichen, diese wiederum doppelt so lange mit der Puppe und dem Kochtopf wie die männlichen. Bilderbuch und Plüschhund waren ähnlich beliebt. Bis auf kleine Unterschiede zeigten die Affen also ähnliches Verhalten wie Menschenkinder. Wie Knaben spielten männliche Affen grundsätzlich häufiger mit Objekten als Mädchen und Weibchen.

Was das alles zu bedeuten hat, ist noch unklar, zumal die Forscher bei den Affen nicht die gleiche Methode anwenden konnten wie bei Kindern, die bei solchen Tests jeweils allein sind und denen zwei Spielzeuge gleichzeitig zur Auswahl angeboten werden. Sicher scheint, dass die Vorliebe der Geschlechter für unterschiedliches Spielzeug nicht nur von Eltern und Fernsehspots bestimmt wird, sondern auch einen biologischen Anteil hat. Wie unpopulär diese Erkenntnis ist, erfuhren Hines und Alexander, als sie das Ergebnis publizieren wollten: Zehn Jahre dauerte es, bis sie eine Fachzeitschrift fanden, die ihren Artikel 2002 druckte. Sechs Jahre später wiesen andere Forscher bei männlichen Rhesusaffen eine Vorliebe für Spielzeug mit Rädern und eine Abneigung gegen Plüschtiere nach.

Die große Frage bleibt: Woher kommen diese unterschiedlichen Präferenzen? Wie konnten sich das männliche und das weibliche Gehirn dahin entwickeln, Dinge zu mögen, die es noch gar nicht gab, als dieses Gehirn von den Kräften der Evolution geformt wurde? Welche Eigenschaft eines Tiefladers macht ihn für ein männliches Gehirn attraktiv? Darüber wird im Moment eifrig spekuliert. Sind es die beweglichen Teile? Oder ist es gar nicht das Spielzeug selbst, sondern, was man damit tun kann? Mit einer Puppe kann man nicht auf dem Boden umherfahren.

◆ Alexander, G. M. and M. Hines Sex differences in response to children›s toys in nonhuman primates (Cercopithecus aethiops sabaeus). *Evolution and Human Behavior* 23(6), 467-479.

In der Wissenschaft sind es fast nur Frauen, die sich mit diesen Fragen auseinandersetzen. Ihre früheren Schulkollegen konstruieren derweil wohl Autos oder spielen Fußball.

1992 Wie man einen toten Wal versenkt

Als Craig Smith im Februar 1992 auf Hawaii in das Flugzeug stieg, wusste er, dass er seine Kleider und seinen Taucheranzug nach der Rückkehr würde wegwerfen müssen. Das war eine der Schattenseiten seiner Arbeit mit Walkadavern: Sie verbreiteten einen Gestank, den man nicht wieder loswurde. Ein paar Tage zuvor hatte Smith erfahren, dass in der Nähe von San Diego ein 10 Tonnen schwerer toter Grauwal angeschwemmt worden sei, worauf er sofort ein Flugticket nach der Hafenstadt in Kalifornien buchte, ein Boot samt Besatzung charterte und sich 700 Kilogramm Eisenschrott beschaffte.

Smith arbeitet an der Universität von Hawaii und befasst sich schon lange mit der Frage, was eigentlich in der Tiefsee geschieht, wenn große Stücke organischen Materials absinken. Und natürlich gibt es kein größeres solches Stück als einen toten Wal. Da Walkadaver auf dem Meeres-

Die verschiedenen Phasen einer Walversenkung: Wal festbinden (oben), zum vorgesehenen Ort schleppen (Mitte), mit Ballast beschweren und versenken (unten). Oft schießt die Schiffsbesatzung noch auf den Wal, was aber keine Wirkung hat.

grund aber nur zufällig und selten gefunden werden, entschied sich Smith, selber Wale zu versenken.

Der erste Versuch im Jahr 1983 scheiterte kläglich: Der tote Wal wollte einfach nicht untergehen. In seinem Innern hatten sich Gärgase gebildet, die für Auftrieb sorgten. Dann brach auch noch ein Sturm los, und Smith musste den Wal treiben lassen und an Land zurückkehren. Auch der zweite Versuch 1988 im Puget Sound vor Seattle im US-Bundesstaat Washington war nur ein halber Erfolg: Zwar erreichte der Wal diesmal den Grund, doch gab es in der Region kein U-Boot, mit dem Smith später hätte zu ihm tauchen können.

Der jetzige Wal war besser positioniert: Das Meer bei San Diego gehörte zum Einsatzgebiet von Forschungs-U-Booten. Auch dass das Tier bei einer Marinebasis gestrandet war, entpuppte sich als Glücksfall. Für die Soldaten war es eine willkommene Abwechslung, den Wal mit ihren Amphibienfahrzeugen so weit ins Meer zu ziehen, dass ihn Smiths Schiff ins Schlepptau nehmen konnte. Darauf fuhr der seltsame Kombination 24 Stunden lang auf die offene See hinaus, bis zu jener Stelle des San Clemente Basin, die Smith für das Experiment ausgesucht hatte. Dort notierte er die exakte Position und beschwerte den Wal dann mit dem Eisenschrott, bis er versank – 1920 Meter tief. Im Glauben, den Forschern einen Gefallen zu tun, hatten einige Crewmitglieder auch noch mit ihren Pistolen auf den Kadaver geschossen. »Das hilft zwar nichts, aber es gibt ihnen das Gefühl, Teil des Projekts zu sein«, sagt Smith verständnisvoll. »Es ist ein sehr amerikanisches Verhalten.«

Obwohl die Voraussetzungen perfekt waren, musste Smith erneut um sein Experiment bangen, denn jetzt fehlte ihm das Geld, um nach dem Kadaver zu tauchen. Zwei Finanzierungsgesuche wurden abgelehnt. Erst beim dritten bekam er die nötigen Mittel zugesprochen. Drei Jahre nach dem Versenken des Wals machte Smith sich also auf den Weg. Weil der Boden an dieser Stelle im San Clemente Basin relativ eben war, fand Smith den Kadaver – oder was von ihm übrig war – problemlos mit dem Echolot.

Als er mit dem U-Boot »Alvin« hinuntertauchte, war der größte Teil des Verwertungsprozesses schon vorbei. Smith fand nur noch ein Skelett im sogenannten dritten Stadium

So sieht ein toter 30-Tonnen-Wal nach sechs Jahren in 1674 Meter Tiefe aus.

des Zerfalls vor. Es war von zehntausenden Muscheln und Schnecken bevölkert, deren Überleben von Sulfiden abhing, die Bakterien aus dem Fett im Inneren der Knochen erzeugten. Das erste Stadium, in dem große Aasfresser wie Schleimaale und Schlafhaie 40 bis 60 Kilogramm Walfleisch pro Tag fraßen, war schon nach etwa sechs Monaten abgeschlossen gewesen. Und auch das zweite Stadium, in dem Muscheln, Würmer und Schnecken sich an den Resten gütlich taten, war schon zu Ende. Diese Stadien konnte er bei späteren Experimenten beobachten.

Smith vermutet, dass sich einige der Arten, die er entdeckt hat, ausschließlich von Walkadavern ernähren. Das mag überraschen, scheint ein toter Wal auf dem Meeresgrund doch ein zeitlich streng begrenzter und noch dazu kein häufiger Nahrungslieferant zu sein. Doch Smith berechnete, dass die Knochen eines großen Wals 80 Jahre oder länger als Futterquelle dienen können. Die durchschnittliche Distanz zwischen zwei Kadavern schätzt er auf weniger als 16 Kilometer. Damit leisten die Walkadaver einen bedeutenden Beitrag zum Ökosystem der Tiefsee.

Bis heute hat Smith sieben Walkadaver versenkt. Dass seine Arbeit noch größere Risiken birgt als stinkende Kleider, wurde ihm spätestens dann bewusst, als er 1998 einen zwölf Meter langen Grauwal versenken wollte, der unter einem Landungssteg gestrandet war. Um ihn abzuschleppen, mussten Smith und sein Team ihre Taucheranzüge anziehen und ihn in ein Netz hüllen. Erst als sie das Netz am Zielort entfernten, bemerkten sie einen zwei Meter langen Blauhai, der offenbar schon beim Landungssteg am Wal gefressen hatte und den sie versehentlich mit eingewickelt hatten. Im Nachhinein erinnerte sich Smith, mit dem Fuß etwas berührt zu haben, das sich wie ein Hai anfühlte.

◆ Smith, C. R., and A. R. Baco (2003). The ecology of whale falls at the deep-sea floor. *Oceanography and Marine Biology: an Annual Review* 41, 311-354.

1992 **Das Wunder von Costa Rica**

Als James Glasheen mit seiner Doktorarbeit begann, glaubte er, dass er auf keine größeren Schwierigkeiten stoßen würde. Glasheen arbeitete im Labor des Biomechanikers Thomas McMahon an der Harvard University in Cambridge, Massachusetts. Als Anfang der 1990er-Jahre ein Kommilitone das Bild eines Basilisken, einer »Jesusechse«, ins Labor brachte, wollte er herausfinden, wie das Tier es schaffte, übers Wasser zu laufen. »Ich war überzeugt, dass das nicht besonders schwierig sein konnte. Die nötige Physik schien einigermaßen bekannt zu sein, und die Echsen, die ich für die Experimente brauchte, glaubte ich im Zooladen zu bekommen«, erinnert sich Glasheen. Ein paar Monate später saß er verschwitzt und frustriert in einer heruntergekommenen Bar in Costa Rica.

Nachdem der Biomechaniker James Glasheen dieses Bild einer Jesusechse gesehen hatte, wollte er herausfinden, wie das Tier es anstellt, übers Wasser zu gehen.

Nachdem sich herausgestellt hatte, dass Zooläden in den USA keine Jesusechsen führten, war Glasheen nichts anderes übrig geblieben, als zu versuchen, die Tiere selber im Urwald ausfindig zu machen. Da er schon fast einen Monat erfolglos unterwegs gewesen war, empfahlen ihm die Einheimischen in der Bar, es in der anderen Ecke des Landes, im Städtchen Golfito, zu versuchen. Dort angekommen, betrat er wieder eine Bar und versprach in seiner Verzweiflung jedem fünf Dollar, der ihm eine lebende Jesusechse bringe.

Als Glasheen wieder nach draußen trat, wurde ihm klar, wie absurd seine Offerte war: In Golfito wimmelte es nur so von Jesusechsen. Es dauerte nicht lange, da hatte er eigenhändig ein Dutzend davon gesammelt. Doch in der Zwischenzeit hatte sich sein Angebot unter der Dorfjugend herumgesprochen, und bald standen auf dem Dorfplatz kleine Latinos in schmutzigen Schuluniformen um einen Jutesack randvoll mit Jesusechsen. »Natürlich musste ich ein paar davon kaufen, obwohl ich eigentlich keine mehr brauchte.«

Zurück in Cambridge, brachte Glasheen seine zwölf Jesusechsen unter den kritischen Augen seiner Mitstudenten ins Labor. »Es war ein Ingenieurlabor, wo es normalerweise keine Tiere gab und wo es sehr sauber zuging.« Dass die kleinen Reptilien immer wieder ausbüxten und Glasheen zudem eine Grillenzucht einrichten musste, um sie zu ernähren, erhöhte seine Beliebtheit im Labor auch nicht gerade.

Um dem Trick der Echse auf die Spur zu kommen, machte Glasheen Filmaufnahmen. Er ließ die Tiere durch eine 3,6 Meter lange Wanne rennen, die er – ebenfalls zum Missfallen seiner Kollegen – im Labor aufgestellt hatte und die auch prompt mehrmals leckte. Weil eine mittelgroße Echse etwa 20 Schritte pro Sekunde macht, verwendete Glasheen eine Hochgeschwindigkeitskamera, die die Schritte mit 400 Bildern pro Sekunde festhielt. Um die Kräfte zu bestimmen, die auf die Füße der Jesusechsen einwirken, baute Glasheen auch noch verschieden große Echsenfüße aus Aluminium, versah sie mit Messgeräten und klatschte sie immer wieder aufs Wasser.

Dabei stellte sich heraus, dass auch die Physik kompli-

James Glasheen musste die Echsen für sein Experiment selber in Costa Rica holen.

zierter war als angenommen. Die Werkzeuge der Strömungslehre, nach denen die Jesusechse verlangte, mussten die Forscher zuerst entwickeln. Ihrer ersten Publikation, »Das vertikale Eindringen von Platten mit tiefen Froude-Zahlen ins Wasser«, merkte man nicht an, dass es eigentlich um die Frage ging, wie eine kleine Echse übers Wasser flitzt – es sei denn, man wusste, dass mit den »Platten mit tiefen Froude-Zahlen« die Füße der Jesusechse gemeint waren.

Anhand von Filmaufnahmen, Kraftmessungen und einer Masse unanständig komplizierter physikalischer Formeln gelang es den Forschern schließlich nach vier Jahren, das Geheimnis zu lüften: Als Erstes klatscht der Fuß aufs Wasser. Der Widerstand, den ihm die Oberflächenspannung entgegensetzt, liefert etwa 23 Prozent der nötigen Kraft,

Eine Hochgeschwindigkeitskamera hielt die verschiedenen Laufphasen fest.

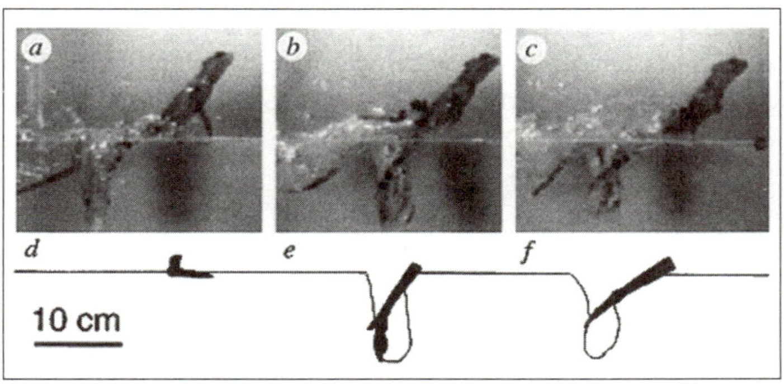

um oben zu bleiben. Dann drückt die Echse den Fuß so schnell nach unten, dass eine luftgefüllte Tasche entsteht. Die Echse stößt sich sozusagen auf dem verdrängten Wasser ab.

Eine ausgewachsene, rund 90 Gramm schwere Echse kann daraus etwa 88 Prozent der Tragkraft beziehen, 2 Gramm leichte Jungtiere aus beiden Effekten sogar 225 Prozent. Ein junger Basilisk könnte also ohne Probleme einen zweiten über das Wasser tragen. Damit die Echse den gewonnenen Auftrieb nicht verliert, zieht sie den Fuß blitzschnell aus der Wassertasche, bevor diese sich füllt. Sonst bekäme sie es mit dem viel höheren Widerstand im Wasser zu tun.

Als Erklärung für biblische Wunder kommt das Experiment allerdings nicht infrage: Die Beine eines 80 Kilogramm schweren Menschen müssten mit einer Geschwindigkeit von 110 km/h nach unten treten und ins Wasser eindringen, um ein Einsinken zu verhindern.

verrueckte-experimente.de

◆ Glasheen, J. W., and T. A McMahon (1996). A hydrodynamic model of locomotion in the Basilisk Lizard. *Nature* 380, 340-342.

1992 Der Preis ist lauwarm

Wer am Montag, dem 9. November 1992, in einer Drogerie bei Nürnberg drei Kilo Waschmittel für 10 DM einkaufte, konnte nicht wissen, dass er an einem wissenschaftlichen Experiment teilnahm – am Samstag hatte das Waschmittel noch 9,99 DM gekostet. Auch die Knoblauchpillen schlugen übers Wochenende von 2,69 auf 2,70 DM auf, ebenso waren der Badreiniger und die Baldriantropfen einen Pfennig teurer geworden. Insgesamt wurden die Preise von 160 Reinigungs- und 280 Gesundheitsprodukten aufgerundet: die letzte Pfennigziffer war nicht mehr wie üblich eine 8 oder eine 9 sondern eine 0.

Bis heute gilt im Handel die Faustregel, die Preise knapp unter runden Beträgen zu setzen. Weit überdurchschnittlich viele Preise enden auf 99, 98, 95. Ursprünglich waren diese Preise Anfang des 20. Jahrhunderts in den USA aufgekommen, um den Diebstahl durch Angestellte zu verhindern. Anders als runde Preise zwangen diese gebrochenen Preise den Verkäufer, mit dem Geld des Kunden zur Kasse zu gehen, um das Rückgeld zu holen, anstatt es einfach einzustecken.

Doch diese Preise hatten auch einen anderen Effekt: Ein Produkt für 19,99 Dollar wirkt überproportional billiger als eines für 20 Dollar. Weil Kunden dazu neigen, die Ziffern rechts zu ignorieren, kostet es in ihrer Wahrnehmung eher 19 als 20 Dollar, manchmal sogar eher 10 als 20 Dollar.

Zwar verliert man an jedem verkauften Artikel 1 Cent, aber dieser Verlust könnte – so die Annahme – mehr als ausgeglichen werden, wenn die Leute unter dem Eindruck, der Artikel sei besonders billig, mehr davon kauften.

Bereits in den 1930er-Jahren versuchte ein Versandhaus, der Sache auf den Grund zu gehen (siehe Seite 88): In einem Teil der 6 000 000 Kataloge wurden Produkte, die normalerweise 0,49, 0,79, 0,98, 1,49 und 1,98 Dollar kosteten, für 0,50, 0,80, 1,00, 1,50 und 2,00 Dollar angeboten. Das Resultat war so verwirrend, dass keine allgemeine Regel daraus abgeleitet werden konnte: Einige Produkte wurden viel häufiger gekauft, andere viel weniger.

Sechzig Jahre später wollte Hermann Diller mittels Waschmitteln und Knoblauchpillen eine Antwort finden. Diller ist Professor für Marketing an der Universität Erlangen-Nürnberg und führte das Experiment in der Drogerie mit Andreas Brielmaier durch. Er war schon immer skeptisch, ob das zwanghafte Festsetzen gebrochener Preise zu mehr Umsatz führte, wie es die meisten Händler immer noch glaubten.

Der schwierigste Teil des Experiments bestand darin, einen Ladenbesitzer davon zu überzeugen, den Versuch zu wagen. »Am Preis zu spielen, halten viele für gefährlich. Das ist für die Händler das Spiel mit dem Feuer«, sagt Diller. Schließlich fand er eine Drogeriekette, die sich bereit erklärte, in vier Läden während vier Wochen bei den Reinigungs- und Gesundheitsprodukten runde Preise zu setzen. Eine Rolle spielte dabei wohl auch, dass Diller vorrechnete, wie sich der Gewinn von 1 oder 2 Pfennig pro Artikel bei runden gegenüber gebrochenen Preisen zur stattlichen Summe von 1,2 Millionen DM pro Jahr addieren kann.

Am Ende der Testphase zeigte sich, dass wegen der aufgerundeten Preise weder der Umsatz generell sank, noch weniger Artikel verkauft wurden. Es kam im Gegenteil zu einem – allerdings nicht signifikanten – Anstieg in beiden Fällen.

Die Gewohnheit, immer und überall mit gebrochenen Preisen zu werben, ist also wahrscheinlich ökonomischer Unsinn – oder doch nicht. Zwei amerikanische Forscher hatten in den 1990er-Jahren 30 000 Kataloge verschickt, in denen die angebotenen Kleider zwischen 7 und 120 Dollar kosteten, und 30 000 mit Preisen zwischen 6,99 Dollar und 119,99 Dollar. Die 99er-Version bewirkte stattliche neun Prozent mehr Umsatz. Wahrscheinlich gibt es keine allgemein gültige Antwort, ob sich gebrochene Preise für ein Unternehmen lohnen oder nicht.

Auch Diller fand gewisse »Preisschwellen«, bei denen gebrochene Preise ihre Wirkung entfalteten und zu Mehrabsatz führten: zum Beispiel beim Waschmittel für 9,99 DM anstatt für 10 DM. Tendenziell vor allem dann, wenn ein Preis auf einen vollen DM-Betrag endete, also keine Pfennigbeiträge enthielt.

Die Vermutung, Preise, die auf 9 endeten, führten zu Mehrabsatz, wurde zu einer sich selbst erfüllenden Prophezeiung. Die Konsumenten sind derart darauf eingestellt, dass eine 9 am Schluss »billig« bedeutet, dass sie in einem Experiment ein Kleid für 39 Dollar deutlich häufiger kauften als dasselbe für 34 Dollar.

Dass Diller mit seiner kritischen Haltung gegenüber dem flächendeckenden Einsatz gebrochener Preise nicht so falsch liegen kann, wusste er, als drei Flaschen Champagner mit der Post kamen: Ein Manager einer Großhandelskette schrieb in dem Begleitbrief, er habe die Preise aufgerundet und seinen Umsatz um einen zweistelligen Millionenbetrag erhöht.

◆ Diller, H., and A. Brielmaier (1996). Die Wirkung gebrochener und runder Preise. Ergebnisse eines Feldexperiments im Drogeriewarensektor. *Zeitschrift für betriebswirtschaftliche Forschung* 48(7/8), 695–710.

1993 **Die vertauschten Friedenspläne**

Wie bringt man israelische Studenten dazu, einen palästinensischen Friedensplan vorteilhafter zu beurteilen als einen israelischen? Jeder Diplomat, der die Verhältnisse im Nahen Osten kennt, hielte das für unmöglich, doch der israelischen Sozialpsychologin Ifat Maoz ist es im Frühsommer 1993 mittels eines Tricks gelungen.

Maoz hatte schon immer zum Frieden zwischen Israel und dem Volk der Palästinenser beitragen wollen. »Es war mir unvorstellbar, Forschung zu betreiben, die nicht von Bedeutung für die Lösung dieses Konflikts ist«, sagt die Professorin an der Hebräischen Universität von Jerusalem. Als sie Anfang der 1990er-Jahre auf der Suche nach einem Thema für ihre Dissertation war, traf sie den Psychologen Lee Ross von der Stanford University in Palo Alto, Kalifornien. Ross ist bekannt für seine Untersuchungen über den naiven Realismus: die Überzeugung jedes Menschen, die Dinge so zu sehen, wie sie wirklich sind. Unser Gehirn ist mit der ebenso bewundernswerten wie eigennützigen Fähigkeit ausgestattet, die eigene Wahrnehmung und die eigenen Ansichten für präzise, realistisch und unvoreingenommen zu halten.

Ross erkannte, welch weitreichende Folgen sich daraus ergeben, wenn zwei Menschen aufeinandertreffen, deren Ansichten auseinandergehen. Wenn ich die Dinge sehe, wie sie sind, muss natürlich jeder andere vernünftige Mensch meine Sicht teilen. Tut er es nicht, muss es möglich sein, dass ich ihn mit meinen vernünftigen Argumenten überzeuge. Sieht er es immer noch nicht ein, ist er dumm, faul oder voreingenommen. Dabei gibt es nur ein einziges Problem: Der andere denkt genauso.

Besonders bei lang andauernden Konflikten sind oft beide Parteien überzeugt davon, die andere Seite sei unaufrichtig oder führe etwas im Schilde. Der Standpunkt des Gegners wird so von vornherein abgewertet – ganz egal, wie nahe er am eigenen liegt. Ross konnte diese unwillkürliche Abwertung bei Rollenspielen im Labor nachweisen, Maoz wollte jetzt herausfinden, ob es sie auch bei realen Konflikten gab.

Mithilfe ihres Vaters, des Nahostexperten Moshe Maoz, verschaffte sie sich Zugang zum Text der Friedensvorschläge, die Israelis und Palästinenser während der Friedensverhandlungen in Washington 1993 präsentiert hatten. Sie suchte zwei davon aus – jenen der Israelis vom 6. Mai und den der Palästinenser vom 10. Mai –, kürzte sie etwas und bat eine Gruppe von Studenten um zwei Wertungen: Wie vorteilhaft ist ein Vorschlag für die Israelis? Wie vorteilhaft ist ein Vorschlag für die Palästinenser? 1 bedeutete sehr schlecht, 7 sehr gut. Wie bei solchen Verhandlungen üblich, waren die Vorschläge eher allgemein gehalten.

Was die Studenten nicht wussten: Bei einem Teil der Fragebogen waren die Urheber vertauscht worden. Der Vor-

Der historische Händedruck am 13. September 1993: der israelische Präsident Rabin links, Palästinenserführer Arafat rechts, Präsident Clinton in der Mitte. Friedensvorschläge aus den vorangegangenen Verhandlungen wurden für ein raffiniertes Experiment verwendet.

schlag der Israelis wurde den Palästinensern zugeschrieben, jener der Palästinenser den Israelis – mit dem Resultat, dass die Studenten den Friedensvorschlag ihrer Feinde deutlich besser fanden (4,06) als ihren eigenen (3,26). Die Politiker hätten es sich sparen können, nächtelang über Details zu brüten, entscheidend war nicht, was da stand, sondern, wer es geschrieben hatte. (War die Zuordnung nicht vertauscht, bewerteten die Studenten die Vorschläge der eigenen Seite als besser.)

Als Maoz die Versuchsteilnehmer über die Manipulation aufklärte, waren sie weder verunsichert noch beschämt. Das war überraschend, schließlich hatte sie ihnen eben nachgewiesen, dass sie höchst parteiisch waren, es ihnen weniger um den Inhalt eines Friedensvorschlags ging als darum, von wem er stammte. »Doch sie sagten nur: ›Das ist ganz rational. Wir befinden uns in einem Kampf, der Feind sind die Palästinenser, wir können ihnen nicht vertrauen, also können wir ihren Vorschlägen auch nicht vertrauen.‹«

Maoz führt das Experiment inzwischen jedes Jahr durch. Am Anfang hatten sie die Resultate noch erstaunt. »Wir dachten: Wie kann das bei politisch gebildeten Leuten passieren, denen dieser Konflikt so wichtig ist?« Heute vermutet sie, dass es eine Frage des Stolzes ist. »Wir glaubten, der Stolz der Studenten würde sich aus ihrer politischen Expertise speisen, aber er stammt wohl eher aus ihrer konsequenten Haltung, den Palästinensern zu misstrauen.«

Zu großen Diskussionen kommt es jeweils, wenn Maoz die Antworten gesondert nach der politischen Position analysiert: Taube oder Falke? (Tauben befürworten einen Kompromiss mit den Palästinensern, Falken lehnen ihn ab.) Auch diese Analyse erbringt stets das gleiche Resultat: Es sind immer die Tauben, deren Wertung stark vom vermeintlichen Urheber abhängt, nie die Falken, deren Urteil sich unabhängig von der Quelle nicht verändert. Das hat auch damit zu tun, dass die Falken jeden Kompromiss mit den Palästinensern ablehnen, ganz egal, von welcher Seite er kommt. Manchmal wirft Maoz trotzdem die provokante Frage in die Runde: »Bedeutet das Resultat, dass Leute, die dem linken politischen Spektrum angehören [also die Tauben], mehr Vorurteile haben als rechts stehende?« Auf eine endgültige Antwort darauf wartet sie noch.

Maoz' Trick funktioniert auch in der anderen Richtung: Auch arabische Israelis, die normalerweise auf der palästinensischen Seite stehen, fanden einen israelischen Vorschlag besser als den palästinensischen, wenn die Urheber vertauscht worden waren. Die Resultate waren zwar etwas weniger ausgeprägt, aber Maoz vermutet, dass die arabischen Studenten es nicht wagten, ehrlich zu antworten, weil sie wussten, dass eine israelische Wissenschaftlerin die Studie durchführte.

Obwohl diese unverrückbare Voreingenommenheit gegenüber der anderen Seite bei Verhandlungen ein fast unüberwindbares Hindernis darstellt, gelingt es Maoz, die Ergebnisse positiv zu deuten. Immerhin habe sie Leute dazu gebracht, Lösungen zuzustimmen, die sie bis dahin abgelehnt hatten.

Natürlich ist das Vertauschen der Urheber eine Manipulation, die im Verhandlungsalltag nicht praktikabel ist, aber Maoz hat bereits weitere Untersuchungen durchgeführt über den Einfluss einer dritten unabhängigen Partei, die als Urheber der Vorschläge auftritt. Die Chancen, dass ein Friedensplan von beiden Seiten akzeptiert wird, erhöht sich dadurch deutlich. In ihrem nächsten Experiment will sie herausfinden, ob es einen Unterschied macht, wenn ein Vorschlag von einer Frau oder von einem Mann kommt.

◆ Maoz, I., A. Ward et al. (2002). Reactive Devaluation of an »Israeli« vs. »Palestinian« Peace Proposal. *Journal of Conflict Resolution* 46(4), 515-546.

1993 Die Farm der Leichen

Im September 1993 führte die anthropologische Forschungseinrichtung der Universität Tennessee ein Experiment durch, dessen Resultat nie in einer Fachzeitschrift publiziert wurde. Wer wissen will, wie der Versuch mit der Leiche 4-93 ausging, muss vielmehr Patricia Cornwells Krimi *Body Farm* lesen.

Cornwell hatte 1990 mit großem Erfolg ihren ersten Krimi publiziert und zugleich eine neue Gattung geschaffen: den forensischen Polizeiroman. Ihre Heldin Kay Scarpetta ist Gerichtsmedizinerin und löst ihre Fälle mit geballtem Wissen über das Einsetzen der Leichenstarre und die Schädelbeschaffenheit nach einem Schlag auf den Kopf.

Ein Großteil dieses Wissens hatte Patricia Cornwell aus erster Hand: Bevor sie Schriftstellerin wurde, war sie Gerichtsreporterin und Computerspezialistin am gerichtsmedizinischen Institut von Virginia. Selbst Experten zollen ihr Respekt für die realistische und exakte Darstellung der forensischen Methoden in ihren Büchern. Über ihre Arbeit schreibt sie: »Wenn ich Ihnen zeige, wie ein Tatort gesichert, eine Autopsie ausgeführt, ein wissenschaftliches Instrument verwendet wird, dann können Sie mir glauben, dass ich Ihnen die Wahrheit sage.«

Für diese Zusicherung wollte Cornwell auch mit *Body Farm* einstehen, und dazu brauchte sie die Leiche 4-93. Für die Lösung des Falls, den sie sich ausgedacht hatte, musste sie wissen, welche Spuren eine Münze auf der Haut einer Leiche hinterlässt, wenn diese einige Tage in einem Keller auf dem Geldstück gelegen hat. Kein Forensiker konnte ihr diese Frage beantworten. Cornwell kannte nur einen Mann, der ihr helfen konnte: Bill Bass, den »Bürgermeister der Farm der Leichen«, wie er scherzhaft genannt wurde.

Bass war forensischer Anthropologe an der Universität von Tennessee und untersuchte seit Langem die Verwesung von Leichen. Cornwell hatte ihn auf einem Kongress kennengelernt, als sie noch in der Gerichtsmedizin arbeitete. 1981 richtete Bass fünf Autominuten von seinem Büro in Knoxville entfernt auf einem halben Hektar Land die Anthropology Research Facility ein, einen Komplex, auf dem er die Zersetzung von Leichen unter realistischen Bedin-

Nachdem sich Spaziergänger immer wieder vor dem Anblick der Leichen erschreckten, wurde das Gelände der Body Farm besser eingezäunt (links). Blick auf den Todesacker (rechts), die Dreibeine dienen zum täglichen Wiegen der Leichen.

gungen beobachten konnte. Polizisten sprachen bald nur noch von der »Farm der Leichen«. Der ersten gab er die Nummer 1-81.

Bass hoffte, in seinem Freiluftlabor Fragen zu beantworten wie etwa: Nach welcher Zeit fällt ein Arm ab? Wann lösen sich Zähne aus dem Schädel? In welcher Reihenfolge besiedeln Insekten Leichen? Wie lange dauert es, bis von einem Körper nur noch das Skelett übrig bleibt? Heute bringt er mit seinen Erkenntnissen Verbrecher zur Strecke: als Sonderberater der Staatspolizei von Tennessee.

Die Farm der Leichen brockte ihm aber auch Probleme ein. Vier Jahre nach ihrer Gründung protestierte die lokale Patientenorganisation »Solutions to Issues of Concern to Knoxvillians« (SICK) gegen die Forschungseinrichtung, da sie in der Nähe eines Hospitals lag. Man einigte sich schließlich darauf, das Gelände besser einzuzäunen. Bis dahin hatten die Leichen offenbar immer wieder Spaziergänger erschreckt, die ungewollt einen Blick ins Totenreich erhaschten.

Als Bass den Anruf von Cornwell erhielt, wusste er noch nicht, dass die Schriftstellerin im Begriff war, ihn und die Farm der Leichen weltberühmt zu machen. In seinen Memoiren *Der Knochenleser* schreibt Bill Bass, dass er zuerst ablehnen wollte, das Experiment für Cornwell durchzuführen. »Aber als sie mir näher erklärte, was ihr vorschwebte, war meine wissenschaftliche Neugier geweckt.« Es ging darum, die Verwesung einer Leiche in einem kühlen, geschlossenen Raum zu studieren.

Bis zu diesem Zeitpunkt hatte Bass seine Leichen meist vergraben oder im Freien liegen lassen. Dass er sich schließlich zu dem Versuch bereit erklärte, war wohl auch Cornwells Prominenz zu verdanken. Obwohl Bass schrieb, »Cornwells Anfrage eröffnete ein ganz neues Forschungsgebiet«, hat er die Studie nie in einer Fachzeitschrift publiziert.

Der Mord in Cornwells Geschichte sollte im Keller eines Hauses in Black Mountain (North Carolina) geschehen. Dort war es deutlich kühler als die 30 bis 35 Grad, die im Osten von Tennessee im Sommer herrschten. Cornwell bot an, eine Klimaanlage zu finanzieren, damit der Versuch im Sommer durchgeführt werden könnte, doch da keine Leiche zur Verfügung stand, musste die Sache bis zum Herbst warten.

An einem Wochenende im September 1993 besuchte Cornwell schließlich die Body Farm. Es fand gerade ein wichtiges Footballspiel statt, und Bass vermutete, Cornwell habe eines der letzten Hotelzimmer in der Stadt erwischt. Bei späteren Aufenthalten war sie nicht mehr auf Übernachtungen in nahen Hotels angewiesen: Sie flog mit dem eigenen Helikopter nach Knoxville und mähte dabei auch einmal den Zaun der Leichenfarm nieder.

Bass führte sie durch das Reich der Toten. Cornwell machte eifrig Notizen. Ihre Heldin Kay Scarpetta wird später berichten: »Der Boden war übersät mit Walnüssen, gegessen hätte ich jedoch keine davon, weil der Tod hier den Boden regelrecht durchtränkt hatte und alle möglichen Körperflüssigkeiten in das Erdreich dieser Hügel gesickert waren.«

Bass hatte alles für das Experiment vorbereitet. Um die Verhältnisse in einem Keller zu simulieren, bediente er sich des Betonfundaments eines geplanten Geräteschuppens. Darüber stellte er eine umgedrehte Sperrholzkiste, 2,50 Meter lang sowie jeweils 1,20 Meter hoch und breit.

Ein paar Wochen nach Cornwells Besuch traf die Leiche 4-93 ein. Wie von Cornwell gewünscht, legten sie Bass und seine Mitarbeiter mit dem Rücken auf den Betonsockel. Unter den Körper steckten sie ein Ein-Cent-Stück und andere Gegenstände, dann stülpten sie die Sperrholzkiste darüber. Sechs Tage später holte Bass die Leiche ins Leichenschauhaus. An der unteren Rückenpartie wies sie eine kreisförmige Vertiefung auf, in deren Mitte ein schwacher

Für ihren 1993 erschienenen Thriller *Body Farm* ließ die Autorin Patricia Cornwell auf dem Todesacker ein Experiment durchführen.

Abdruck des Porträts von Abraham Lincoln zu sehen war – die Leiche verriet, dass sie auf einer Münze gelegen hatte. Scarpetta konnte also im Buch dieses Indiz brauchen, um den Fall zu lösen. Bass schickte Cornwell einen Bericht mit Fotos.

Einige Monate später erfuhr er, dass sie ihren Roman *Body Farm* nennen würde. Und nicht nur das, Bass bekam als Dr. Lyall Shade – »trotz seiner gewaltigen Kompetenz ein bescheidener und introvertierter Mann von sehr sanftmütiger Art« – einen Auftritt. Selbst dass seine Mutter im Altersheim aus Stoffresten Ringe fertigte für die ordentliche Fixierung der Totenschädel, hat Cornwell nicht erfunden. Bass war bekannt dafür, seinen Studenten solche Ringe zum Abschluss zu schenken.

Nachdem das Buch erschienen war, blieb das Telefon von Bill Bass wochenlang nicht mehr still. Reporter aus aller Welt wollten Lyall Shades Alter Ego interviewen; Fernsehteams filmten auf dem Gelände der Farm der Leichen. Bass hatte Schwierigkeiten, die Leute abzuwimmeln. Einmal erkundigten sich in derselben Woche zwei Mütter, ob Bass nicht die Pfadfindergruppen ihrer Söhne durch die Farm der Leichen führen könne.

Doch der ganze Rummel war auch ein Segen. Die Anzahl Leute, die beabsichtigten, ihren Körper nach dem Tod der Body Farm zu spenden, hatte seither deutlich zugenommen. Wegen der Herkunft der Leichen wurde Bass auch schon angegriffen. Die medizinischen Sachverständigen von Tennessee schickten ihm immer wieder Leichen, auf die niemand Anspruch erhob. Vielfach waren es Obdachlose gewesen, darunter Kriegsveteranen, was Bass nicht wusste. Als ein Fernsehsender Bass' Arbeit als Schändung verstorbener Kriegsteilnehmer darstellte, brachten einige Parlamentarier einen Gesetzesentwurf ein, der die Forschung an Leichen unbekannter Herkunft unmöglich gemacht hätte. Das Gesetz wurde schließlich abgelehnt. Es setzte sich die Meinung durch, dass die Sorge um die Überreste Verstorbener hinter der Notwendigkeit, Verbrecher zu ergreifen, zurücktreten sollte.

Bill Bass ist heute über 80 Jahre alt. Er hat auf der Farm der Leichen mehr als 300 Verstorbenen beim Verwesen zugesehen. Wird sein eigener Körper dereinst in der Body

Farm liegen? »Werde ich praktizieren, was ich predige? Werde ich mein Leben zu seinem logischen Abschluss bringen?«, fragt er sich in *Der Knochenleser*.

Früher hätte er ohne zu zögern Ja gesagt. Doch seine jetzige Frau neige eher zu einer »traditionelleren und – zumindest nach ihrer Denkweise – würdigeren letzten Ruhestätte«. Bass wird die Entscheidung ihr und seinen Söhnen überlassen. Er wäre wohl auch nicht unglücklich, wenn sein Körper nicht in der Body Farm landen würde. »Der Wissenschafter in mir will die Spendeneinwilligung unterschreiben. Der Rest meiner Person kann nicht vergessen, wie sehr ich Fliegen hasse.«

verrueckte-experimente.de

◆ Bass, B., and J. Jefferson (2003). *Death's Acre: Inside the Legendary Forensic Lab, The Body Farm, Where the Dead Do Tell Tales*. New York, G. P. Putnam's Sons.

1994 **Kitzeln (III): Kann eine Maschine kitzeln?**

Wenn es an etwas nicht gelegen hat, dass die Kitzelforschung im 20. Jahrhundert keine großen Fortschritte machte, dann an mangelnder Originalität: Da gab es einen Wissenschafter, der immer eine Maske über sein Gesicht zog, bevor er seine Kinder kitzelte (siehe Seite 72ff.), und einen anderen, der aus einer Holzkiste, einer Stricknadel und ein paar Hebeln einen manuellen Kitzelapparat baute (siehe Seite 166ff.). Und auch die Studie, die Christine Harris von der University of California in San Diego Anfang der 1990er-Jahre durchführte, setzte die Tradition der seltsamen Kitzelexperimente fort. Sie trug den Titel: »Kann eine Maschine kitzeln?«

So seltsam und unwichtig diese Frage scheint, Harris hatte gute Gründe ihr nachzugehen. Die bisherigen Arbeiten hatten kaum zur Klärung der Frage beigetragen, was es mit dem Kitzeln auf sich hatte, und wie immer in solchen Situationen schossen die Spekulationen ins Kraut. Eine davon schrieb dem Kitzeln eine soziale Funktion zu. Welche genau das sein sollte, war zwar unklar, aber sie legte die Vermutung nahe, dass nur lachen würde, wer von einem anderen Menschen gekitzelt werde. Die Ansicht, dass Kitzeln eine zwischenmenschliche Angelegenheit sei, war weit verbreitet. Bei einer Umfrage, die Harris und ihr Mitarbeiter Nicholas Christenfeld unter Studenten durchführten, glaubte die Hälfte der Befragten nicht, dass eine Kitzelmaschine einen Menschen auch nur ein bisschen zum Lachen bringen könnte, und lediglich 15 Prozent waren der Meinung, eine Maschine könnte dem Menschen in Sachen Kitzeln ebenbürtig sein.

Keine Frage: Christine Harris brauchte dringend eine Kitzelmaschine. Sie besorgte sich verschiedene Zeiger, Einstellknöpfe und Lämpchen und bastelte einen beeindruckenden Apparat, aus dem an einem Schlauch ein Roboterarm aus dem nächsten Spielwarengeschäft ragte. Die prächtigen Geräusche, die das Gerät von sich gab, stammten von einem im Gehäuse versteckten Inhalator, wie ihn Asthmatiker brauchen.

»Die Idee war, dass er glaubwürdig aussehen sollte«, sagte Harris der Wissenschaftszeitschrift *Discover*. »Je weniger er einem Menschen glich, desto besser.« Nichts sollte die Versuchsteilnehmer an eine soziale Situation erinnern. Dass der Kitzelroboter gar nicht funktionierte, war nicht etwa ein Lapsus, sondern gehörte zum Plan.

Harris wollte vergleichen, wie stark ihre Versuchspersonen lachten, wenn sie von einem anderen Menschen gekitzelt wurden oder von der Maschine. Lachten sie bei der Maschine nicht, wäre das ein Hinweis auf eine soziale Funktion des Kitzelns, lachten sie hingegen bei Maschine und Mensch gleich stark, so existierte diese soziale Funktion vielleicht gar nicht.

Das Problem war natürlich, dass Harris' Roboter genau die gleiche Kitzelleistung vollbringen musste wie ein Mensch. Schließlich ging es nicht um die Frage: Ruft eine andere Art zu kitzeln beim Menschen eine andere Reaktion hervor?, sondern darum: Spielt es eine Rolle, ob hinter dem exakt gleichen Kitzeln ein Mensch oder eine Maschine steckt?

Dieses Problem löste Harris mithilfe von Meg Notman. Wie alle Psychologiestudentinnen an der Universität musste auch Notman ein Forschungspraktikum absolvieren. Ob sie wusste, was sie erwartete, als sie sich bei Harris meldete, ist unbekannt, jedenfalls war ihre Aufgabe mehr als ungewöhnlich: Sie musste sich nämlich unter dem Tisch mit dem Kitzelroboter verstecken und an seiner Stelle die Versuchspersonen an den Füßen kitzeln.

Nachdem die Versuchspersonen den Raum mit dem Kitzelroboter betreten hatten, erklärte ihnen Harris, dass sie

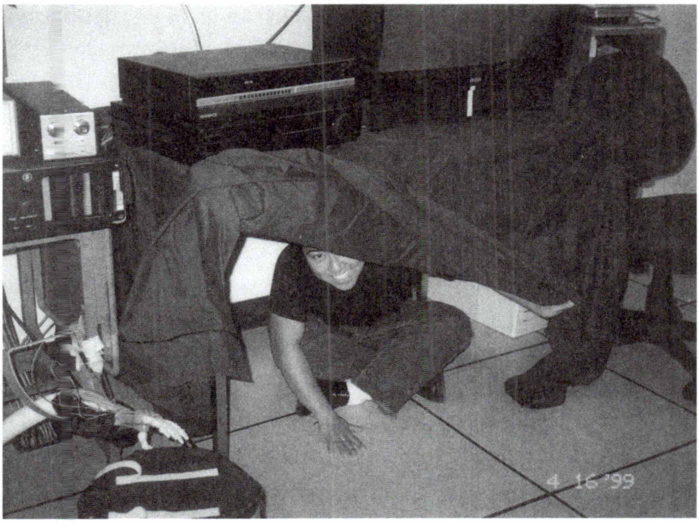

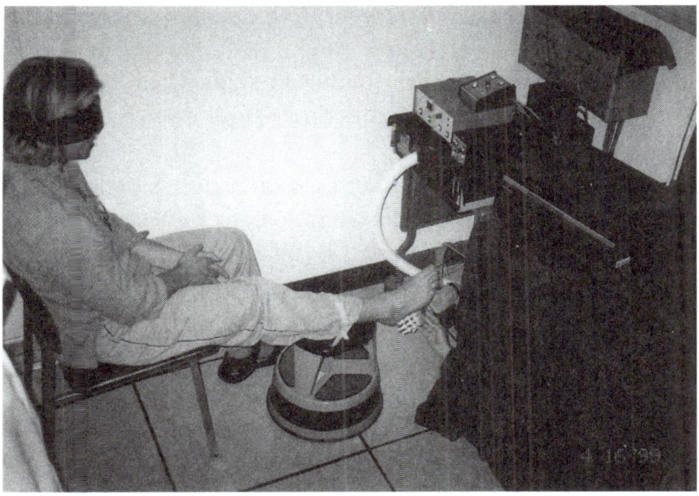

Die Versuchspersonen glaubten bloß, dass der Kitzelroboter (links im Bild) funktionierte. In Tat und Wahrheit wurden sie von der Studentin Meg Notman gekitzelt, die sich unter dem Tisch versteckt hielt.

nun zweimal gekitzelt würden: einmal von ihr selbst, einmal von der Maschine. Die Forscherin bat sie, den rechten Schuh und Strumpf auszuziehen, sich hinzusetzen und den nackten Fuß auf einen Schemel zu stellen, wo sie ihn in Reichweite des Roboterarms festband. Sie gab ihnen Ohrenstöpsel und verband ihnen die Augen, damit sie nicht abgelenkt würden, wie sie ihnen erklärte. In Tat und Wahrheit ging es ihr nur darum zu verhindern, dass ihre Manipulation aufflog.

Dann lehnte Harris sich vor und kitzelte die Fußsohle der Versuchsperson, oder sie setzte den Roboter in Gang, der das Kitzeln übernahm – das jedenfalls sollten die Versuchspersonen glauben. In Wahrheit langte in beiden Fällen Meg Notman aus ihrem Versteck zu und kitzelte die Probanden. So konnte Harris sichergehen, dass das Kitzeln von Mensch und Maschine identisch war. Dass die Versuchspersonen nie wirklich von einer Maschine gekitzelt wurden, war für das Experiment unwesentlich, solange alle glaubten, der Kitzelroboter habe seine Arbeit getan. Nur eine einzige Versuchsperson bemerkte den Bluff, als Meg Notman sich mit einer Haarklammer in den Tischtüchern verfing und sich zu befreien versuchte. Zu Ehren ihrer furchtlosen Assistentin taufte Harris den Kitzelroboter »Mechanical Meg«.

Videoaufnahmen der Gesichter der Versuchspersonen und ihre Selbsteinschätzung zeigten, dass die Intensität des Lachens immer die gleiche blieb, unabhängig davon, ob ein Mensch oder die »Maschine« kitzelte. Harris hatte die Antwort auf ihre Frage schließlich gefunden: Ja, Maschinen können kitzeln!

Harris vermutet, dass das Lachen beim Kitzeln nichts Soziales an sich hat, sondern einfach ein Reflex ist, wie der Kniereflex. Warum wir diesen Reflex haben, müssten allerdings weitere, zweifellos originelle Experimente klären.

◆ Harris, C. R., and N. Christenfeld (1999). Can a machine tickle? *Psychon Bull Rev* 6(3), 504-10.

1994 **Physik vor Gericht**

War das eine neue Sportart? Eine Kunstperformance? Ein Initiationsritus unter Bauarbeitern? Am 19. November 1994 konnte man auf dem Dach eines dreistöckigen Backsteingebäudes etwas außerhalb von New York 19 Männer sehen, die mit Pflaster gefüllte Eimer auf den Parkplatz vor dem Haus warfen. Ebenfalls auf dem Dach stand Psychologieprofessor Michael McCloskey, der den Männern Anweisungen gab: Sie sollten einer nach dem anderen über die Dachkante blicken, ein fünfeinhalb Meter vor der Hausmauer am Boden markiertes Ziel anvisieren, den zehn Kilogramm schweren Eimer fassen, Anlauf nehmen und das Behältnis ohne hinzuschauen runterwerfen – genau wie damals im Herbst 1993 Pedro José Gil, der deswegen jetzt im Gefängnis saß.

Auf dem Parkplatz in sicherer Entfernung stand Strafverteidiger Peter Neufeld, der nach jedem Wurf notierte, wo der Eimer gelandet war. 16 der Männer warfen den Eimer zu weit – durchschnittlich 2,5 Meter – und das, obwohl 10 von ihnen glaubten, ihr Wurf sei zu kurz gewesen. Dieses Resultat, hoffte Neufeld, würde seinem Mandanten Pedro José Gil eine langjährige Gefängnisstrafe ersparen.

Im Herbst 1993 hatte Gil eine große Dummheit begangen. Nachdem er beobachtet hatte, wie einige seiner Freunde nach einem Streit mit der Polizei in seiner Wohnstraße in Manhattan festgenommen worden waren, stieg er auf das Dach seines Hauses und warf einen Eimer voll Pflaster auf die Straße. Er sei wütend gewesen und habe die Leute erschrecken wollen, sagte er später. Doch Gil warf zu weit. Der Eimer landete nicht auf dem leeren Gehsteig, den er nach eigener Aussage habe treffen wollen, sondern auf dem Kopf von Polizist John Williamson, der auf der Straße stand. Williamson starb kurz darauf, Gil wurde festgenommen. Die Anklage lautete auf Totschlag. Es drohten ihm mehrere Jahrzehnte hinter Gittern. Jetzt wollte sein Vertei-

Von diesem Gebäude warfen die Testpersonen mit Pflaster gefüllte Eimer, um einem Angeklagten eine lange Gefängnisstrafe zu ersparen.

diger Peter Neufeld belegen, dass Gil gar nicht auf den Polizisten gezielt hatte, und dazu brauchte er McCloskey.

Als Michael McCloskey 1978 an der Johns Hopkins University Professor wurde, suchte er nach einem eigenen Forschungsbereich. »Ich wollte etwas Neues tun«, erinnert er sich. Kurze Zeit später riefen die National Science Foundation und das National Institute of Education dazu auf, Projekte zum Thema »Struktur des Wissens in Wissenschaft und Mathematik« einzureichen. McCloskey schlug vor, zu untersuchen, wie sich Leute mit unterschiedlichen Physikkenntnissen Bewegungen erklären. Er dachte dabei zum Beispiel an die Eiskunstläuferin, die sich bei einer Pirouette schneller dreht, wenn sie die Arme zum Körper zieht. Das Projekt wurde bewilligt. Doch nachdem McCloskey mit seinen Befragungen begonnen hatte, zeigte sich, dass die Mechanik der Eiskunstläuferinnen die Vorstellungskraft vieler Studenten bei Weitem überstieg. In den Gesprächen stellte sich heraus, dass sie selbst die viel grundlegenderen Bewegungen einer Kugel falsch deuteten.

McCloskey legte den Versuchspersonen Skizzen vor, in denen Leute Bälle schleuderten, Kugeln über Tischkanten rollten oder Flugzeuge Bomben abwarfen, und forderte sie auf, unter verschiedenen vorgeschlagenen Flugbahnen die richtige auszuwählen. Und er ließ sie selber Bälle werfen und die Aufprallstelle schätzen.

Selbst bei den einfachsten Fragen lagen viele völlig daneben. Bei einem Test sollten zum Beispiel zwanzig Versuchspersonen, während sie durchs Labor marschierten, einen Golfball so fallen lassen, dass er eine Markierung am Bo-

Test 1: Die Person im Bild rennt von links nach rechts. In der linken Position lässt sie den Ball fallen. Welchen Weg (A, B, C) wird der Ball nehmen? (Lösung im Text)

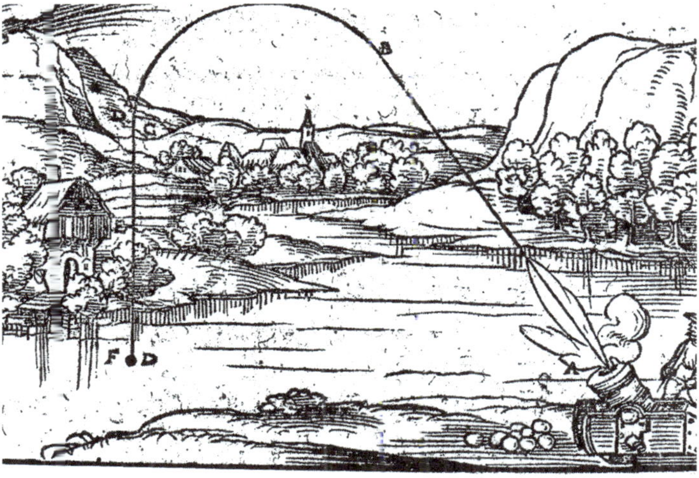

Intuitiv erklären sich auch heute noch viele Leute Bewegungen mit der Impetustheorie aus dem 14. Jahrhundert: Ein Körper kommt zum Stillstand, weil die ihm innewohnende Bewegungsenergie aufgebraucht ist. Deshalb fällt die Kanonenkugel im Bild auch plötzlich senkrecht herunter.

den traf. Zwölf davon ließen den Golfball los, als ihre Hand genau über der Markierung war, im festen Glauben, der Ball falle genau senkrecht zu Boden – McCloskey nennt das den »Gerade-abwärts-Glauben«. Auch wenn die Versuchspersonen die Bahn des Balls in einer Zeichnung bestimmten, wählten sie oft die senkrechte Linie oder vermuteten sogar, der Ball würde sich gegen die Marschrichtung rückwärts bewegen (Lösung von Test auf Seite 228: A).

McCloskey war nicht etwa entsetzt über so viel Unwissen. Vielmehr faszinierten ihn die systematisch falschen Antworten. Als Jugendlicher hing er selber dem »Gerade-abwärts-Glauben« an. »Ich erinnere mich, als Schüler Geschichten über den Zweiten Weltkrieg gelesen zu haben. Darin wurde auch über die Schwierigkeit gesprochen, eine Bombe zum richtigen Zeitpunkt aus dem Flugzeug abzuwerfen. Ich verstand nicht, was daran so kompliziert sein soll, wenn man einfach warten kann, bis sich das Flugzeug exakt über dem Ziel befindet, und die Bombe dann fallen lässt.«

Nach den Bewegungsgesetzen von Newton bewegt sich ein Ball, den man im Gehen fallen lässt, aber auf einer Kurve in Marschrichtung dem Boden zu. Solange die marschierende Person den Ball hält, hat er ja deren Geschwindigkeit. Wird er dann losgelassen, bewegt er sich mit dieser Geschwindigkeit weiter in Marschrichtung, nur dass ihn jetzt auch noch die Schwerkraft zu Boden zieht.

Zusammen ergeben diese zwei Komponenten die immer steiler werdende Kurve, die auch »Wurfparabel« genannt wird. Jeder Schlüssel, der einem beim Spurt zur Bushaltestelle aus der Tasche fällt, beschreibt eine Wurfparabel; warum also glauben so viele, dass er senkrecht fällt? Ein Grund dafür ist eine Täuschung der Wahrnehmung: Wenn Sie Ihre Schlüssel im Gehen fallen lassen, landen sie nicht hinter oder vor Ihnen, sondern genau neben Ihnen. In Bezug auf Ihren Körper sind sie also senkrecht gefallen – bloß dass der sich in dieser Zeit vorwärts bewegt hat. Eine ähnliche Verschiebung des Bezugsrahmens findet statt, wenn Sie eine andere Person beobachten, die im Gehen Schlüssel fallen lässt. Sie vergleichen die Bewegung der Schlüssel nicht mit dem ruhenden Boden, sondern mit der marschierenden Person – und in Bezug auf sie fallen die Schlüssel ja senkrecht. Bei einem anderen Problem waren die Resultate ähnlich falsch: McCloskey fragte nach der Flugbahn eines Balles, der an einer Schnur über dem Kopf im Kreis geschwungen und dann losgelassen wird (wie Davids Steinschleuder im Alten Testament). Ein Drittel der Studenten zeichnete eine gekrümmte Bahn ein, offenbar nicht wissend, dass ein Körper sich immer auf einer geraden Linie bewegt, wenn keine Kraft auf ihn einwirkt.

Wenn Sie die Aufgaben ebenfalls falsch gelöst haben, sind Sie zwar in guter Gesellschaft, aber mit Ihren Physikkenntnissen vor 400 Jahren stehen geblieben. McClos-

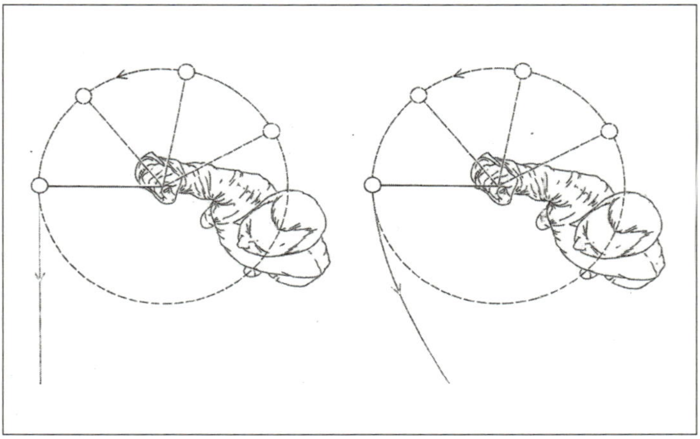

Test 2: Die Person im Bild schwingt an einer Schnur einen Ball über dem Kopf. Angenommen, die Schnur reißt. Beschreibt der Ball dann eine gerade oder eine gekrümmte Bahn? (Lösung im Text)

key fiel nämlich auf, dass die falschen Lösungen mit einer Theorie übereinstimmten, mit der man sich Bewegungen erklärt hatte, bevor Isaac Newton im 17. Jahrhundert seine Bewegungsgesetze aufstellte: mit der sogenannten Impetus-Theorie, die besagt, dass jede Bewegung von einer Kraft in Gang gehalten werden muss. Der Impetus war die Kraft, die einer Kugel innewohnt und sie in Bewegung hält, dabei aber langsam aufgebraucht wird. Auch die gebogene Wurfbahn aus dem Steinschleuderexperiment ließ sich so erklären: Der Ball speichert in seinem Inneren die Drehbewegung, die dann eine gekrümmte Bahn verursacht. Wie Strafverteidiger Peter Neufeld richtig hoffte, ließen sich McCloskeys Erkenntnisse auch auf einen mit Pflastersteinen gefüllten Eimer, der vom Dach eines sechsstöckigen Hauses geworfen wird, übertragen. Weil die meisten Leute intuitiv die Impetus-Theorie anwenden, glauben sie, die durch den Wurf auf den Eimer übertragene Kraft sei irgendwann aufgebraucht, und der Eimer bewege sich von diesem Moment an keinen Zentimeter mehr vorwärts, sondern nur noch senkrecht abwärts. Das hat zur Folge, dass sie systematisch unterschätzen, wie weit weg der Eimer landen wird, und deshalb ständig über das Ziel hinaus werfen.

Im Falle des Angeklagten Pedro José Gil heißt das: Hätte er den Polizisten wirklich treffen wollen, hätte er zu weit geworfen und ihn gerade nicht getroffen. Oder umgekehrt: Die Tatsache, dass der Eimer dem Polizisten auf den Kopf fiel, ist ein Beleg dafür, dass Gil den Gehsteig hatte treffen wollen.

Der zuständige Richter wies McCloskeys Bericht aus unklaren Gründen als für den Fall irrelevant ab. Doch die Geschworenen glaubten Pedro José Gil trotzdem und befanden nicht auf Totschlag, sondern auf fahrlässige Tötung.

McCloskeys Erkenntnisse tauchen heute oft in der pädagogischen Literatur auf. Es zeigte sich nämlich, dass selbst viele Versuchspersonen, die die Newton'schen Bewegungsgesetze kannten, die Aufgaben falsch lösten. Offenbar hatten sie die Gesetze in der Schule gelernt, ohne sie wirklich verstanden zu haben. Der Grund dafür war wohl, dass sie bereits eine intuitive – und falsche – Vorstellung von Bewegungsabläufen verinnerlicht hatten, die sie weiterhin

◆ McCloskey, M. (1995). Report: The People of the State New York versus Pedro Gil, Defendant. Surpreme Court of the State of New York.

anwendeten. Daraus zogen Pädagogen den Schluss, dass neues Wissen nur dann wirksam vermittelt werden kann, wenn bestehende falsche Vorstellungen vorher abgebaut werden.

1995 **Zuerst fernsehen, dann frühstücken**

Experimente, wie sie Seth Roberts durchführt, können Sie jederzeit auch machen. Sie brauchen dazu lediglich eine Uhr, ein Stehpult und sich selbst. Oder eine Badezimmerwaage, etwas Olivenöl und sich selbst. Oder einen Fernseher, ein paar Videos von Talkshows und sich selbst. Darüber hinaus ein Statistikprogramm und ziemlich viel Durchhaltewillen.

Seth Roberts ist Professor für Psychologie an der University of California in Berkeley. Seine Leidenschaft sind aber Selbstexperimente, die aus zufälligen Alltagsbeobachtungen entstehen. Mal bestimmt er den Einfluss einer Sushi-Diät auf sein Gewicht, mal misst er mit einer Stoppuhr, wie viele Stunden er pro Tag im Stehen verbringt, und berechnet daraus die Auswirkungen auf seinen Schlaf.

Das klingt nach müheloser Forschung, und Roberts sagt auch, dass ihn nur Dinge interessierten, die ihm leicht von der Hand gingen. Das kann man auch anders sehen: Roberts aß für Wochen nur Pasta, um eine seltsame Diättheorie zu überprüfen, und er trank vier Monate lang jeden Tag fünf Liter Wasser. »Das mit dem Wasser wurde mit der Zeit etwas hart«, gibt er zu; sonst mag er in seinen Experimenten nichts Ungewöhnliches sehen.

Angefangen hatte Roberts mit seinen Versuchen als Student: Er bestimmte zum Beispiel die Zeit, die er mit drei Bällen jonglieren konnte, wenn er ein Auge geschlossen hielt, oder testete systematisch die Medikamente, die sein Arzt ihm gegen Akne verschrieben hatte – die Salbe war viel wirksamer als die Pillen.

Anfang der 1980er-Jahre bekam Seth Roberts Schlafprobleme: Er wachte morgens sehr früh auf und konnte, obwohl müde, nicht mehr einschlafen. Ein klarer Fall für ein paar Selbstexperimente. Doch das Problem erwies sich als hartnäckig: Mehr als zehn Jahre probierte Roberts mit Sport, anderer Ernährung, unterschiedlichem Licht beim

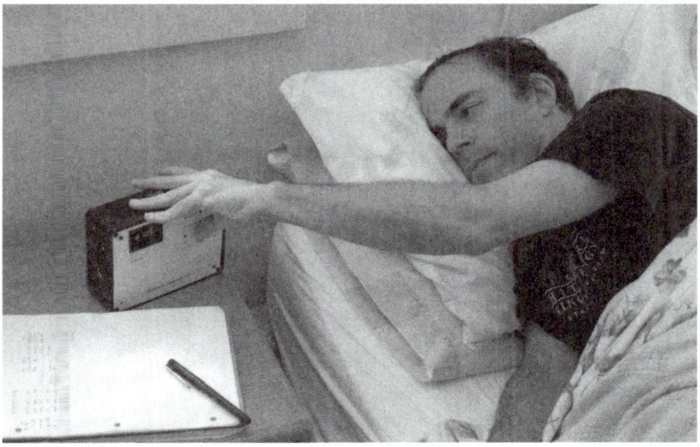

Seth Roberts versuchte seinen Schlafprobleme mit Selbstexperimenten auf den Grund zu gehen – mit seltsamen Resultaten.

Aufwachen herum – ohne Erfolg. Dann gingen ihm die Ideen aus, was er noch hätte versuchen können.

1993 – nun im Besitz eines Computers – erstellte er eine Grafik seiner Schlafdauer und stellte zufällig fest, dass sie sich ein paar Monate zuvor von ihm unbemerkt um 40 Minuten vermindert hatte, genau in der Zeit, in der er seine Nahrung umgestellt und dadurch fünf Kilo abgenommen hatte: Er aß mehr Früchte und Gemüse und weniger Teigwaren und Gebäck.

Eine weitere Steigerung des Früchtekonsums – anstelle von Haferbrei verleibte er sich eine Banane und einen Apfel zum Frühstück ein – wirkte sich zwar nicht mehr auf die Schlafdauer aus, doch das unangenehme frühe Erwachen trat jetzt noch häufiger auf. Roberts versuchte dem Problem erfolglos mit Joghurt, Crevetten oder Hotdogs zum Frühstück beizukommen.

Dann nahm er für 112 Tage überhaupt kein Frühstück mehr zu sich. Zu seiner Überraschung erwachte er jetzt viel seltener früh am Morgen. War das die Lösung? Roberts isst seither nicht mehr vor 10 Uhr morgens.

Er war nicht nur von dieser Idee fasziniert, sondern auch davon, dass sie aus dem Nichts gekommen zu sein schien. Er hatte nie daran gedacht, dass das Frühstück einen Einfluss auf den Zeitpunkt des Aufwachens haben könnte. Der Grund, weshalb er trotzdem darauf gestoßen war: Sein Experiment war ein Selbstversuch. Wenn Experimentator und Versuchsperson ein und dieselbe Person sind, fallen auch unerwartete Effekte auf, die in einem normalen Experiment gar nicht beachtet würden.

Roberts spekulierte, dass der Einfluss vom Frühstück auf das Aufwachen mit unserer evolutionären Vergangenheit zu tun haben könnte. »Ich zweifle daran, dass unsere Steinzeitvorfahren frühstückten. Vor der Erfindung der Landwirtschaft dürften sie kaum Vorräte angelegt haben. Unsere Gehirne wurden von einer Welt ohne Frühstück geformt.«

Diese gewagte Begründung führte zu seinem nächsten Experiment. Nicht zu frühstücken hatte sein Leiden, früh zu erwachen, nämlich nicht ganz behoben. Roberts entschloss sich, sein Leben noch mehr den Gewohnheiten der Steinzeitmenschen anzugleichen – mithilfe eines Fernsehers.

»Der durchschnittliche Steinzeitmorgen begann mit Gesichtskontakt. Ich hingegen lebte allein und arbeitete oft den ganzen Morgen, ohne jemanden zu sehen. Vielleicht verursachte der Mangel an Kontakt mit Menschen das frühe Erwachen«, beschrieb Roberts seine Überlegungen in einem Fachartikel.

Eines Morgens im Jahr 1995 erwachte Roberts um 4.50 Uhr und schaute sich 20 Minuten lang Aufnahmen von Late-Night-Shows an – ohne unmittelbaren Effekt am selben Tag. Als er aber am nächsten Morgen um 5.01 Uhr die Augen öffnete, fühlte er sich großartig, er war bester Stimmung und voller Energie. Gab es einen Zusammenhang mit den Late-Night-Shows und seinem Wohlbefinden? Das war selbst für Roberts schwer zu glauben. Doch »Selbstexperimente sind so einfach, dass man auch seltsame Ideen oder Ideen, die wahrscheinlich falsch sind, damit testen kann«.

Roberts hoffte, die richtige Dosis Frühstücksfernsehen könnte sein frühes Erwachen endgültig beseitigen. Doch endlose Tests mit unterschiedlicher Startzeit, Dauer und verschiedenen Programmen zeigten keinen Effekt. Schließlich gab er auf und wandte sich der Untersuchung der Stimmungsänderungen durch das Fernsehen zu.

Im Juli 1995 entwarf er einen Fragebogen, mit dem er mehrmals pro Tag seine Stimmung prüfte, und sah weiterhin jeden Morgen fern. Es zeigte sich, dass Dokumentarfilme die Stimmung weniger hoben als Kabarett. War der

Humor der Auslöser? Dagegen sprach, dass die Zeichentrickserie »The Simpsons« ohne Wirkung blieb.

Nach weiteren Versuchen hatte er den entscheidenden Faktor isoliert: Gesichter! Je höher die »Gesichtsdichte« einer Fernsehsendung war, desto besser seine Stimmung am nächsten Morgen. Er bestätigte diesen Befund, indem er bei seinem Fernseher für eine gewisse Zeit die oberen zwei Drittel des Bildschirms abdeckte – worauf die gute Stimmung verschwand!

Roberts vermutet, dass hinter diesem Effekt eine Art innere Uhr für die Reaktion auf Gesichter steckt: Zu bestimmten Zeiten wirkt sich Kontakt positiv auf die Stimmung aus, zu anderen negativ.

Sein einträglichstes Experiment bisher ist jenes, mit dem er herausfand, wie man Gewicht verlieren kann. Roberts behauptet, dass einige Löffel möglichst geschmacksneutrales Olivenöl (oder auch Zuckerwasser) zwischen den Mahlzeiten das Hungergefühl dämpfen – so stark, dass es ihm gelang, auf diese Weise problemlos 16 Kilo abzunehmen. Das Buch, das er darüber schrieb, wurde zum Bestseller: *Die Shangri-La-Diät*.

Die Theorie hinter dieser Diät hat Roberts selbst gezimmert, und sie ist bis heute nicht bestätigt: Jeder Körper hat bezüglich der Höhe seines Fettanteils einen bestimmten Sollwert. Dieser steuert den Hunger und verschiebt sich in Abhängigkeit vom Nahrungsangebot: Für unsere Urahnen war es sinnvoll, in fetten Jahren Fett anzusetzen und in mageren das Hungergefühl zu dämpfen. Bloß: Wie merkte der Körper, ob gerade viele Kalorien im Angebot waren oder nicht? An einem Mammutsteak hing ja keine Kalorientabelle.

Roberts geht davon aus, dass der menschliche Organismus lernte, einen bestimmten Geschmack mit einem bestimmten Nährwert zu verbinden. Je geschmackvoller ein kalorienreiches Nahrungsmittel, desto leichter entsteht diese Verbindung – und desto schneller wird in der Folge der Sollwert für den Fettanteil nach oben verschoben. Auf diese Weise wird heute, in einer Welt aus Hamburgern und Pommes frites, ständig mehr Hunger erzeugt.

Das Olivenöl führt dem Körper nun Kalorien zu, ohne den Sollwert zu heben. Weil es geschmacksneutral ist, kann

Statistische Analysen haben Seth Roberts gezeigt: Wenn er am Morgen eine Stunde lang in den Spiegel schaut, hat er den ganzen Tag gute Laune.

das Gehirn die Verbindung »Olivenöl gleich Kalorien« nicht herstellen.

Roberts wird von einem großen Teil seiner Kollegen ignoriert: Viele Forscher halten Selbstexperimente für unseriös, und dies aus zwei Gründen: Weil Roberts seine eigene Versuchsperson sei, könne er die Ergebnisse bewusst oder unbewusst beeinflussen, und weil es nur eine einzige Versuchsperson gebe, sei nicht sicher, ob die Resultate auch für andere gälten.

Roberts kennt diese Schwächen, weist aber auf die Stärken von Selbstversuchen hin: Sie sind billig, brauchen wenig Vorbereitung, und mit ihnen entdeckt man auch Veränderungen, die für das Experiment unwesentlich schienen. »Ich schaute frühmorgens fern, um meinen Schlaf zu verbessern, stattdessen verbesserte sich meine Stimmung.«

Diesen Effekt hat Roberts weiter untersucht und festgestellt, dass es nicht unbedingt fremde Gesichter im Fernseher sein müssen. Heute betrachtet sich Roberts morgens zwischen sechs und sieben eine Stunde lang im Spiegel.

◆ Roberts, S. (2004). Self-experimentation as a source of new ideas: Ten examples about sleep, mood, health, and weight. *Behavioral and Brain Sciences* 27(2), 227-288.

1996 Rückendeckung

Am 9. Februar 1996 ließ sich der Ulmer Orthopäde Peter Neef zwischen dem vierten und dem fünften Lendenwirbel ein Loch in die Bandscheibe bohren. Operationen am Rücken sind riskant und kommen nur als letzter Ausweg bei Patienten mit starken Schmerzen infrage. Neefs Rücken war jedoch gesund, als er in der Münchener Alpha-Klinik auf dem Operationstisch lag. Das hatte eine eigens angeordnete Kernspintomografie vier Wochen vor dem Eingriff ergeben.

Durch das Loch schob der Chirurg eine kleine Druckmesssonde zwischen die Wirbel. Neef hatte zuvor mit seiner Unterschrift bestätigt, dass er über die Gefahren dieser Prozedur im Bild war.

Mit der gewagten Intervention sollte eine Studie aus den 1960er-Jahren überprüft werden. Damals hatte der schwedische Orthopäde Alf Nachemson bei 19 Patienten eine ähnliche Operation vorgenommen. Die Resultate seiner Druckmessungen begründeten die Rückenschule, wie wir sie heute kennen. Dass man sich zum Beispiel besser aufrecht hinsetzt, anstatt sich hinzulümmeln, wurde indirekt aus der unterschiedlichen Belastung der Bandscheiben im Sitzen und im Stehen gedeutet: Im Sitzen war der Druck fast eineinhalbmal so hoch wie im Stehen. Also muss es rückenschonend sein, im Sitzen das Stehen nachzuahmen, aufrecht mit durchgedrücktem Rücken: Die Sekretärinnenhaltung war geboren.

Riskantes Unterfangen: Der Orthopäde Peter Neef ließ sich eine Druckmesssonde zwischen zwei Rückenwirbel schieben.

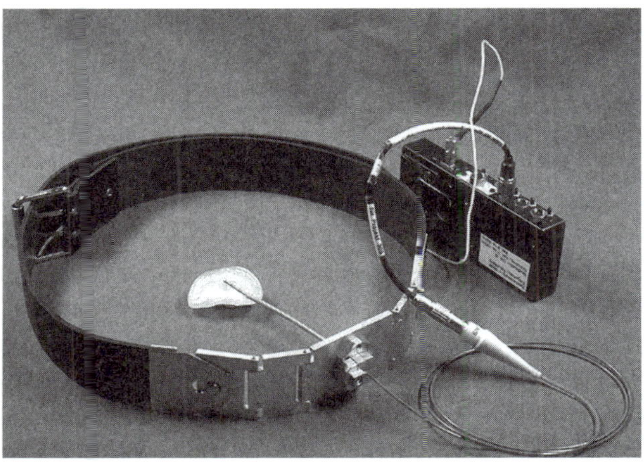

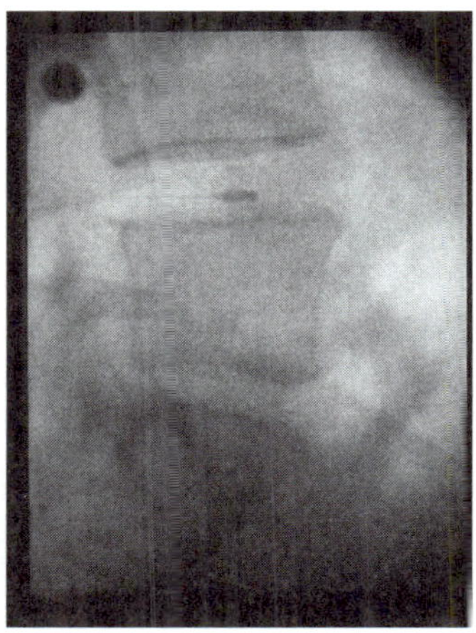

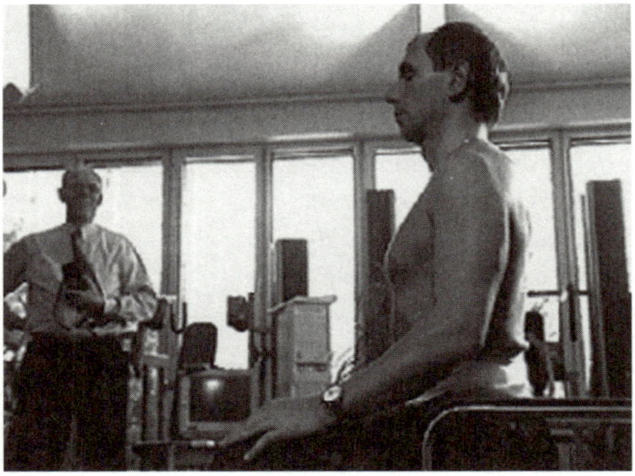

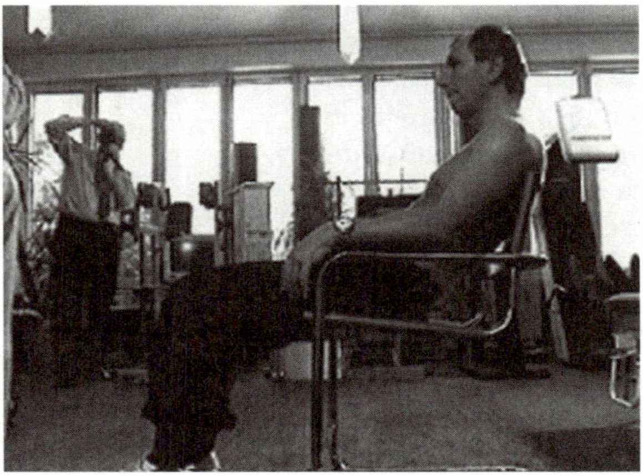

Sich hinlümmeln oder aufrecht sitzen? Die Messungen im Rücken von Peter Neef ergaben beim aufrechten Sitzen eine doppelt so hohe Belastung wie bei der angelehnten Position.

Doch Biomechanikern kamen immer wieder Zweifel an Nachemsons Messungen. Der Druckunterschied zwischen Stehen und Sitzen ließ sich nicht plausibel erklären. Zudem zeigten andere Studien, dass sich die Wirbelsäule nach dem Hinsetzen ausdehnt – ein Hinweis darauf, dass sie entlastet wird.

Dass da etwas nicht stimmte, sah auch der Biomechaniker Hans-Joachim Wilke von der Universität Ulm. Für das Design von Rückenimplantaten brauchte er aber korrekte Daten. Auch Neef war an einer Messung der Belastungen interessiert.

Er empfiehlt vielen Patienten mit Rückenschmerzen, ihre Rückenmuskeln zu kräftigen, deshalb wollte er wissen, welche Belastungen durch seine Trainingsgeräte verursacht werden. Neef und Wilke diskutierten immer wieder über die Widersprüche in den alten Daten. Schließlich entschieden sie sich, die Messung zu wiederholen.

Eigentlich waren für den Versuch zwei Versuchspersonen vorgesehen. Doch bei der ersten, dem Basler Arzt Marco Caimi, rutschte die Drucksonde noch auf dem Operationstisch aus der Bandscheibe heraus. Weil diese Gefahr bei Neef ebenfalls bestand, modifizierte Wilke die Messtechnik, und Neef begann nach dem Eingriff mit den am wenigsten belastenden Übungen: Liegen, Sitzen, Stehen, Lachen, Niesen. Dann folgten die Disziplinen Bücken, Seilhüpfen, Joggen und Heben einer Bierkiste. Auch die Belastung im Trainingsgerät und im Schlaf wurde gemessen. Am nächsten Morgen wären noch Flüge mit zwei verschiedenen Helikoptertypen vorgesehen gewesen, Radfahren und das Stehen am Presslufthammer. Doch als Neef in den Hubschrauber kletterte, rutschte die Sonde heraus, und das Experiment war zu Ende.

Beim Bierkistenschleppen hat die Rückenschule noch Gültigkeit: In die Knie mit geradem Rücken führt zur geringsten Belastung.

Die Resultate zeigten: Beim Liegen auf dem Rücken standen die Bandscheiben erwartungsgemäß unter dem kleinsten Druck. Bei entspanntem Stehen erhöhte sich der Druck um das Fünffache, blieb aber – anders als bei den alten Messungen – beim Sitzen im selben Bereich. Das für Laien Überraschendste kam zustande, als Neef immer tiefer in den Stuhl rutschte: Der Druck verringerte sich kontinuierlich und erreichte sein Minimum, als der Orthopäde eine Stellung zwischen Liegen und Sitzen eingenommen hatte, wie sie sonst nur Teenager und Rapper hinkriegen. Die Erklärung: Ein Teil der Last fließt über die Rückenlehne ab.

Zwar dürfe nicht allein aus den Druckwerten auf die Schädlichkeit einer Haltung geschlossen werden, sagt Wilke, doch sollte die Rückenschule überdacht werden. Man sollte es Patienten nach Rückenoperationen selbst überlassen, welche Stellung sie einnähmen. »Die Leute finden von selber die für sie richtige Position«, sagt Neef. Wichtig sei nicht die richtige Haltung, sondern die Sitzposition zu verändern. Dadurch würden Verkrampfungen vermieden und die Bandscheiben durch den Lastwechsel mit Nährstoffen versorgt.

◆ Wilke, H. J., P. Neef et al. (1999). New in vivo measurements of pressures in the intervertebral disc in daily life. *Spine* 24(8), 755-62.

1997 **Mein Freund, der Computer (I): Gefälligkeiten am Bildschirm**

Wer regelmäßig seinen Computer anfleht, seinen Bildschirm schlägt oder seiner Festplatte droht, weiß natürlich, dass die hartnäckige Neigung des Menschen, unbelebter Materie Persönlichkeit zuzuschreiben, sich auch auf elektronische Geräte erstreckt. Trotzdem kamen die Wissenschaftler ins Staunen, als sie feststellten, dass fast alle Anstandsregeln, die zwischen Menschen üblich sind, auch bei der Beziehung des Menschen zum Computer eingehalten werden – mit absurden Folgen.

Clifford Nass und seine Mitarbeiter von der kalifornischen Stanford University haben zum Beispiel herausgefunden, dass wir einen Computer als Individuum wahrnehmen und ihm einen Gefallen, den er uns erwiesen hat, erwidern. Bei ihrem einfachen Experiment half ein Computer Studenten beim Lösen einer Aufgabe. Danach sollten die Studenten umgekehrt einem Computer dabei behilflich sein, eine Farbpalette zu erstellen, die mit der Farbwahrnehmung des Menschen übereinstimmt. Das erstaunliche Resultat: Am Computer, der ihnen zuvor geholfen hatte, opferten sie der Aufgabe fast doppelt so viel Zeit wie an einem baugleichen anderen Modell.

Als Nass die gleiche Studie in Japan durchführte, zeigte sich, dass sich auch komplizierte Anstandsregeln auf den Kontakt zwischen Mensch und Computer ausdehnen lassen.

In Japan beziehen sich Verhaltensvorschriften oft nicht auf Individuen, sondern auf ganze Gruppen. Wenn ich einem japanischen Freund einen Gefallen tue, fühlt er sich nicht nur mir gegenüber zu einer Gegenleistung verpflichtet, sonderen auch gegenüber meinen Freunden oder meiner Familie.

Wie andere Kulturen übertragen auch die Japaner ihre zwischenmenschlichen Verhaltensregeln auf Computer – mit erstaunlichen Folgen.

Welche Absurditäten bei der Arbeit mit Computern daraus entstehen, trat zutage, als Nass das Experiment mit japanischen Studenten wiederholte: Wieder half zuerst ein Computer den Studenten. Dass es ein Windows-Computer war, ist in diesem Fall entscheidend. Anders als die amerikanischen Studenten waren die japanischen nämlich bereit, danach auch einem Rechner, der ihnen keinen Gefallen erwiesen hatte, zu helfen, vorausgesetzt, es war ebenfalls ein Windows-Computer. Einem Apple-Computer gegenüber zeigten sie sich viel weniger hilfsbereit.

Die Studenten übertrugen die gängigen Anstandsregeln einfach auf ihren Umgang mit Computern: Sie halfen jedem Windows-Computer, weil er zur gleichen Gruppe gehörte wie der Rechner, dessen Hilfe ihnen zuteil geworden war, also sozusagen sein Freund sein musste. Weil ein Apple-Computer aber bekanntlich kein Freund eines Windows-Rechners sein kann, hatte er kein Anrecht auf eine Gegenleistung.

◆ Fogg, B. J., and C. Nass (1997). How users reciprocate to computers: an experiment that demonstrates behavior change. Conference on Human Factors in Computing Systems archive. *CHI '97 extended abstracts on Human factors in computing systems: looking to the future*, Atlanta, Georgia.

1998 **An der Weinnase herumgeführt**

Es gibt Momente im Leben, da ist man besser dran, wenn man von Wein keinen blassen Schimmer hat. Zum Beispiel wenn man in eines von Frédéric Brochets Experimenten gerät. Brochet ist Professor für Weinkunde an der Universität Bordeaux und führt seine Studenten regelmäßig mit gemeinen Tests hinters Licht.

Für seinen berüchtigsten Versuch ließ er 1998 54 Studenten einen Weißwein und einen Rotwein degustieren. Die Studenten saßen in abgetrennten Kabäuschen in einem der großen Degustationssäle der Universität und machten Notizen. Für den Rotwein fanden sie Eigenschaften wie »dunkel«, »tief«, »holzig«, für den Weißwein »fruchtig«, »trocken«, »blumig«. Brochet hatte ihnen gesagt, er brauche ihre Notizen, um ein neues Degustationsprotokoll auszuarbeiten. Unter dem gleichen Vorwand degustierten sie einige Stunden später erneut einen Weißwein und einen Rotwein. Was die Studenten nicht wussten: Dieses Mal war es ein und derselbe Wein. Brochet hatte den Rotwein hergestellt, indem er den Weißwein aus dem ersten Test mit etwas Lebensmittelfarbstoff E 163 färbte.

Selbst Weinkenner halten einen rot gefärbten Weißwein für einen Rotwein.

Aus den Notizen wurde ersichtlich, dass kein einziger der Studenten etwas gemerkt hatte. Alle charakterisierten den gefärbten Weißwein mit dem klassischen Rotweinvokabular. Die Notizen für den Weißwein waren hingegen fast identisch mit jenen im ersten Versuch, was zeigte, dass die Studenten ihr Handwerk eigentlich verstanden. Wie konnte es dann sein, dass sie auf den plumpen Trick hereinfielen?

Brochet glaubt, dass die Erwartung, einen Rotwein zu degustieren, auch die Geschmackswahrnehmung in Richtung Rotwein dirigiert. Das ist im Grunde eine sinnvolle Strategie, die sich wahrscheinlich im Laufe der Evolution herausgebildet hat. Um effizient zu arbeiten, bezieht das Gehirn alle Informationen ein, die den Arbeitsaufwand verringern könnten. In diesem Fall hieß eine Information: Im Glas ist Rotwein, also kann ich mich auf mein Rotweinwissen beschränken. Deshalb wäre weniger Wissen von Vorteil gewesen: Wem die Erfahrung fehlt, dass ein Rotwein »dunkel«, »tief« und »holzig« schmecken kann, wird nicht von Anfang an den falschen Weg einschlagen.

Die Studenten reagierten interessiert und verständnisvoll, als Brochet sie über den wahren Zweck des Versuchs informierte. Ganz anders als bei einem zweiten, verwandten Experiment, das ihnen sauer aufstieß.

Brochet ließ 57 seiner Studenten im Abstand von einer Woche ein und denselben Bordeaux degustieren. Einmal sagte er ihnen, es handle sich um einen Tischwein, das andere Mal, es sei ein Spitzenwein. Wieder ließen sich Versuchspersonen in ihren Beschreibungen stark beeinflussen. Wenn sie glaubten, einen Spitzenwein zu trinken, waren sie enthusiastisch, im anderen Fall kritisch.

»Als ich die Täuschung offenlegte, reagierten sie heftig«, erinnert sich Brochet. »Einige erhoben sich und sagten: ›Was soll das? Das geht doch nicht! Sie sind ein Betrüger.‹«

Offenbar ist es weniger schlimm, einen roten nicht von einem weißen Wein unterscheiden zu können, als auf eine falsche Etikettierung hereinzufallen.

Dabei ging es Brochet gar nicht darum, die Studenten bloßzustellen. Er vermutet, dass er selbst auch nichts gemerkt hätte. »Ich glaube nicht an den Mythos des großen Degustators.« Vielmehr wollte er demonstrieren, dass die Wahrnehmung in unseren Köpfen eine Einheit bildet. Alle Informationen über den Wein, über den Ort, wo er getrunken wird, über die Leute, die dabei sind, werden untrennbar miteinander verwoben und beeinflussen einander gegenseitig. Das ist ein ganz normaler Vorgang, keiner ist davor gefeit. Einzig die Blinddegustation in schwarzen Bechern kann die Voreingenommenheit ausschalten.

»Deshalb gibt es keinen Sirup ohne künstlichen Farbstoff«, erklärt Brochet, »die Kunden sagen, er schmecke weniger stark.« Und damit haben sie in einem gewissen Sinn sogar recht. Der Einfluss von Informationen, die nicht mit dem Geschmack zu tun haben, ist nämlich alles andere als oberflächlich.

Gehirnscans zeigten zum Beispiel, dass derselbe Geruch unterschiedliche Regionen aktivierte, je nachdem, ob den Probanden gesagt wurde, es sei Cheddarkäse oder Körpergeruch. Das Gleiche gilt für den Preis eines Weins: Wenn die Leute glauben, einen teuren Wein zu trinken, sind die Genusszentren in Gehirn aktiver, als wenn der gleiche Wein billiger war.

Für Anfänger unter den Weinaficionados ist das eine gute Nachricht: Der Kauf von teurem Wein lohnt sich auf jeden Fall, auch wenn er schlecht ist.

✦ Brochet, F. (2002). La dégustation: étude des représentations des objets chimiques dans le champ de la conscience. *La Revue des Œnologues*(102).

1999 Unfähig, dafür selbstsicher

Haben Sie sich auch schon über Leute gewundert, die an Singwettbewerben teilnehmen, obwohl sie überhaupt nicht singen können? Oder die Witze erzählen, die niemand lustig findet?

Der Versuch, das Phänomen der verzerrten Wahrnehmung der eigenen Leistung zu untersuchen, mündete in die Arbeit »Unfähig und sich dessen nicht bewusst: Wie Schwierigkeiten bei der Einschätzung der eigenen Kompetenz zu einer übersteigerten Selbsteinschätzung führen«.

Die Forscher ließen Studenten Fragebogen zu Themen wie Humor, Grammatik oder Logik ausfüllen. Nach dem

Test mussten sie angeben, wie gut sie im Vergleich zu den anderen Studenten abgeschnitten zu haben glaubten.

Die fatale Erkenntnis lautete: Je schlechter das Testresultat, desto stärker die Selbstüberschätzung. In allen Tests glaubte der schlechteste Viertel der Studenten, weit über dem Durchschnitt zu liegen. Selbst als man ihnen später die unkorrigierten Testbogen der besten Versuchsteilnehmer zur Ansicht gab, blieben sie bei ihrer übersteigerten Selbsteinschätzung.

Diesem Problem, so die Autoren, sei kaum beizukommen, denn die Fähigkeiten, die den Studenten im Test fehlten, waren die gleichen, die sie gebraucht hätten, um sich richtig einzuschätzen. Mitleid mit den Einfaltspinseln dieser Welt ist also fehl am Platz: Ihnen mögen zwar bedauerliche Fehler unterlaufen, doch dank ihrer Inkompetenz merken sie nichts davon.

◆ Kruger, J., and D. Dunning (1999). Unskilled and Unaware of It: How Difficulties in Recognizing One›s Own Incompetence Lead to Inflated Self-Assessments. 77(6), 1121-1134.

1999 **Mein Freund, der Computer (II): Höflichkeit am Bildschirm**

Es gibt Verhaltensregeln, die so selbstverständlich sind, dass sie nicht ausgesprochen werden müssen. Dazu gehört, dass man einer Frau das wahre Urteil über die neue Frisur nie ungeschminkt ins Gesicht sagt. Um andere Menschen nicht zu verletzen, nehmen wir ein bisschen Unehrlichkeit in Kauf. Diese Konvention ist uns so in Fleisch und Blut übergegangen, dass sie auch für Dinge gilt, die nicht aus Fleisch und Blut bestehen. Wir lügen sogar einen Computer an, um seine Gefühle nicht zu verletzen.

Entdeckt haben das Clifford Nass und B. J. Fogg von der Stanford University in Palo Alto, Kalifornien. Den 30 Studenten, die an ihrem Experiment teilnahmen, sagten sie, es drehe sich um die Beurteilung eines Lerncomputers. Dieser ermittelte zuerst mit 20 Fragen den Kenntnisstand jedes Versuchsteilnehmers hinsichtlich der amerikanischen Kultur und unterzog ihn dann einem auf sein Wissen abgestimmten Test. Das jedenfalls sollte er glauben, in Wirklichkeit war der Test für alle derselbe. Die entscheidende Aufgabe kam danach: Die Studenten mussten die Leistung des Lerncomputers beurteilen, und zwar entweder am Bildschirm des Lerncomputers selbst oder an einem anderen

Gerät in einem anderen Raum beziehungsweise auf einem Fragebogen aus Papier.

Das Resultat zeigte, dass die Versuchsteilnehmer ihre gute Erziehung auch vor dem Computer nicht ablegten. Wer mit dem Lerncomputer gearbeitet hatte, beurteilte dessen Leistung nämlich deutlich besser als derjenige, der dieses Urteil einem anderen Computer anvertraute oder es auf Papier schrieb. Ganz offensichtlich hatten die Versuchspersonen Hemmungen, dem Lerncomputer ehrlich ihre Meinung mitzuteilen.

• Nass, C., Y. Moon et al. (1999). Are People Polite to Computers? Responses to Computer-Based Interviewing Systems. *Journal of Applied Social Psychology* 29(5), 1093–1109.

1999 **Warum gibt es den Heimvorteil?**

Keiner von Alan Nevills über 130 wissenschaftlichen Artikeln erregte auch nur annähernd die Aufmerksamkeit wie der kurze Brief, den er 1999 der Fachzeitschrift *Lancet* schickte. Der Wissenschaftler von der Universität Wolverhampton in England konnte seinen Namen danach in der *Washington Post* lesen und auf BBC hören. Alan Nevill hatte aber weder ein Malariamedikament entdeckt noch Einstein widerlegt. Er hatte den Heimvorteil im Fußball enträtselt. Mit einem raffinierten Experiment hatte der Statistiker herausgefunden, warum eine Mannschaft zu Hause eher gewinnt als auswärts.

Der Heimvorteil gehört zu jenen faszinierenden Phänomenen im Fußball, die einfach zu belegen, aber schwer zu erklären sind. Dass eine Mannschaft eher gewinnt, wenn sie im eigenen Stadion spielt, lässt sich leicht überprüfen: In mehreren großen Studien haben Statistiker festgestellt, dass von insgesamt 40 493 Spielen zu 68,3 Prozent die Heimmannschaft gewann. Ungefähr ein halbes Tor pro Match geht auf das Konto des Heimvorteils (für alle, die nicht mit halben Bällen spielen: in jedem zweiten Spiel fällt ein unverdientes Tor zugunsten der Heimmannschaft).

Drei mögliche Gründe sind den Wissenschaftern dazu eingefallen: die Reise zum Spielort, die Vertrautheit mit dem Stadion, die Unterstützung durch die Zuschauer. Die Reise konnte bald ausgeschlossen werden. Es zeigte sich, dass die Distanz, die eine Mannschaft zurücklegte, in keinem Zusammenhang stand mit der Tendenz, auswärts zu verlieren. Auch Teams, die lediglich in der Nachbarstadt antraten, bekamen den Auswärtsnachteil zu spüren. Die Vertrautheit mit dem Stadion konnte ebenso wenig der Grund für den Heimvorteil sein, sonst hätten zum Beispiel Mannschaften mit Kunstrasen im Heimstadion – wie es ihn in England vorübergehend gab – auswärts auf Naturrasen überproportional schlecht abschneiden müssen. Das war aber nicht der Fall.

Blieben noch die Zuschauer. Nevill analysierte die Zuschauerzahlen in verschiedenen englischen Ligen und stellte fest, dass der Heimvorteil sich mit der Anzahl der Matchbesucher erhöhte. Wird die Heimmannschaft auf den Wogen des Jubels ihrer Fans zu besonderen Leistungen getragen? Nevill zweifelte daran, denn bei Sportarten wie Golf oder Tennis, bei denen das subjektive Urteil des Schiedsrichters eine kleinere Rolle spielt als im Fußball, gibt es keinen Heimvorteil. Seine Statistik zeigte, dass der Schiedsrichter nur 30 Prozent der Regelverstöße bei der Heimmannschaft sah. Konnte es sein, dass Tausende von tobenden Fans den Unparteiischen parteiisch werden ließen?

Um das herauszufinden, entwarf Nevill 1999, was seine berühmteste Studie werden sollte: Er spielte elf Fußballern, Schiedsrichtern und Trainern am Bildschirm 52 Fouls vor. 26 wurden von der auswärts spielenden Mannschaft

Sind die Zuschauer verantwortlich für den Heimvorteil?

begangen, 26 von der Heimmannschaft. Das Band wurde jeweils kurz vor der Entscheidung des offiziellen Schiedsrichters gestoppt, und die Versuchsteilnehmer mussten ihr Urteil abgeben. Die entscheidende Versuchsbedingung: Sechs der Testschiedsrichter bekamen die Szenen ohne Ton zu sehen, fünf mit. Das Resultat: Mit den Lärmkulisse der Fans im Ohr fiel das Urteil signifikant zugunsten der Heimmannschaft aus. Offenbar ließen sich die Schiedsrichter im Zweifelsfall von den Zuschauern beeinflussen. Nevill führt einen großen Teil des Heimvorteils auf diesen Effekt zurück. Das halbe Tor schießt der »zwölfte Mann«, wie das Publikum im Fußball genannt wird.

(Ein anderes Sportexperiment finden Sie auf Seite 190ff.)

◆ Nevill, A., N. Balmer, et al. (1999). Crowd influence on decisions in association football. *The Lancet* 353(9162), 1416.

2000 **Mein Freund, der Computer (III): Intimitäten am Bildschirm**

Wie bringt ein Mensch einen anderen dazu, Intimitäten auszuplaudern? Ganz einfach: indem er zuerst Persönliches von sich selbst preisgibt. Und wie bringt ein Computer eine Person dazu, Intimitäten auszuplaudern. Ganz einfach: indem der Computer etwas Persönliches von sich selbst preisgibt.

Dieser Gedanke ist einfach zu lächerlich, um ernst genommen zu werden. Die Psychologin Youngme Moon von der Harvard University hat es trotzdem getan und dabei eine erstaunliche Entdeckung gemacht.

Moons Versuchsteilnehmer mussten am Computer elf persönliche Fragen beantworten: Auf welche Ihrer Eigenschaften sind Sie am meisten stolz? – Was war die größte Enttäuschung in Ihrem Leben? – Was sind Ihre Gefühle gegenüber dem Tod? Und so weiter. Die Fragen wurden auf dem Bildschirm eingeblendet, und die Versuchsteilnehmer gaben die Antworten über die Tastatur ein.

Bei einem Teil der Versuchsteilnehmer ging jeder Frage ein Text mit Informationen über den Computer voraus. Vor der Frage »Was sind Ihre Gefühle gegenüber dem Tod?« konnten die Versuchsteilnehmer zum Beispiel lesen: »Computer werden so gebaut, dass sie theoretisch Jahre überdauern können. Weil jedoch immer neuere und schnellere

Computer auf den Markt kommen, werden die meisten Computer nur wenige Jahre gebraucht, bis sie von ihren Besitzern entsorgt werden. Dieser Computer hier ist etwa sechs Monate alt.... Es bleiben ihm also etwa vier oder fünf Jahre, bis er durch ein neueres Modell ersetzt werden wird.« Und vor der Frage »Können Sie den Moment beschreiben, als Sie das letzte Mal sexuell erregt waren?« blendete der Computer diesen Text ein: »Vor einigen Wochen kam ein Benutzer hierher und brauchte diesen Computer, um ein digitales Video zu schneiden. Das hatte noch nie jemand auf diesem Computer gemacht.«

Als Moon die Antworten auswertete, zeigte sich, dass ihre Versuchspersonen dem Computer gegenüber exakt die gleichen sozialen Regeln befolgten, die zwischen Menschen üblich sind: Wenn der Computer ihnen verriet, dass seine Benutzer sich nie mit Programmen beschäftigten, die seine Leistung ausschöpften, beantworteten sie die Frage nach der größten Enttäuschung in ihrem Leben viel offener.

Immer wenn der Computer sein Innerstes offenlegte – dass er mit einem Pentium-II-Prozessor bestückt ist, eine 9 Gigabyte große Festplatte hat und mit 266 Megahertz getaktet ist –, waren die Antworten der Benutzer danach umfassender, tiefgründiger und enthielten eine größere Anzahl Details.

◆ Moon, Y. (2000). Intimate Exchanges: Using Computers to Elicit Self-disclosure from Consumers. *Journal of Consumer Research* 26(4), 324-340.

Dass diese Erkenntnis dereinst auch praktisch angewendet werden soll, legt der Name der Fachzeitschrift nahe, in der sie publiziert worden ist: *Die Zeitschrift für Konsumentenforschung*.

2001 **Die E-Mail-Verwandtschaften**

Wenn Sie schon einmal in einer E-Mail einen Fremden um einen Gefallen baten, wissen Sie: Die Chancen auf eine Antwort sind gering. Zu viele »einmalige« Angebote von roten Socken, ausgedienten Flugzeugbestuhlungen und preiswerten Potenzpillen verstopfen täglich die Mailbox, als dass die Bitte eines Unbekannten Beachtung fände.

Um die Wahrscheinlichkeit einer Antwort zu erhöhen, sind Psychologen auf ein probates Mittel gestoßen: Geben Sie sich als Namensvetter des Adressaten aus und unterschreiben Sie mit dem gleichen Vor- und Nachnamen wie er.

Sollte es der Zufall wollen, dass Sie nicht den gleichen Namen tragen wie die angefragte Person, müssen Sie halt lügen – es lohnt sich: Die Forscher verschickten 2961 E-Mails mit dem folgenden Text: »Hallo :-). Mein Name ist [Vorname des Absenders]. Ich bin Student und arbeite an einem Projekt über Maskottchen von Sportmannschaften. Ich wollte fragen, ob Sie mir helfen könnten: Ich möchte Sie bitten herauszufinden, welches das Maskottchen der Sportmannschaft Ihrer Stadt ist. ... Vielen Dank für Ihre Zeit. ... Ich hoffe, bald von Ihnen zu hören. Aufrichtig. [Voller Name des Absenders].«

Wenn weder Vorname noch Nachname derselbe war, antworteten nur gerade 2 Prozent der angefragten Personen, stimmten jedoch beide überein, kletterte die Quote auf 12 Prozent – sechsmal mehr! Wenn Sie nicht so dreist lügen wollen, können Sie auch nur einen Namen anpassen. Beim selben Vornamen beträgt die Antwortrate 3,7 Prozent, beim selben Nachnamen 5,8 Prozent.

Der tiefere Grund für dieses Verhalten liege darin, dass der Mensch biologisch darauf programmiert sei, anderen Familienmitgliedern zu helfen, und gleiche Nachnamen, so die Autoren, geben einen Hinweis auf eine mögliche, wenn auch entfernte Blutsverwandtschaft. Nur derselbe Vorname wirkt, weil Ähnlichkeit Leute einander generell sympathisch macht.

Dass Dwayne Banks seinem Namensvetter übrigens viel häufiger antwortete als Richard Smith dem seinigen, ist nur konsequent, gestattet doch ein seltener Nachname wie Banks einen sichereren Rückschluss auf eine Verwandtschaft als ein weit verbreiteter wie Smith.

◆ Oates, K., and M. Wilson (2002). Nominal kinship cues facilitate altruism. *Proceedings of the Royal Society B: Biological Sciences* 269(1487), 12-17.

2001 **Gedächtnistest für Spermien**

Peter Brugger träumte schon lange davon, ein Labyrinth für Spermien zu bauen. Hundert Jahre war es her, seit Wissenschaftler entdeckt hatten, dass man das Gedächtnis einer Ratte untersuchen konnte, indem man sie durch ein Labyrinth schickte (siehe *Das Buch der verrückten Experimente*, Seite 56). Jetzt hatte der Neurowissenschaftler vom Universitätsspital Zürich das Gleiche mit Spermien vor. Doch nachdem er die Maße für ein Spermienlabyrinth berechnet hatte, musste er den Plan verwerfen: So kleine Strukturen konnte niemand fertigen.

1996 dann stieß er in der *Neuen Zürcher Zeitung* auf das Bild eines menschlichen Haars, auf das Wissenschafter mittels eines Lasers den Namen ihrer Arbeitsstätte geschrieben hatten: »Laserlabor Göttingen«. Als Brugger sich das »L« von »Laserlabor« genauer anschaute, erkannte er, dass es genau die Dimensionen seines Spermienlabyrinths besaß. Also schrieb er einen Brief nach Göttingen. Erst im Nachhinein dachte er darüber nach, dass ihn die Leute dort wohl für verrückt halten müssten, wenn er um Mithilfe bei einem Gedächtnistest für Spermien bat. Doch die Zusammenarbeit kam zustande. Das Laserlabor Göttingen fertigte die zwei Mikrolabyrinthe, mit denen Brugger den Test durchführte.

Die Labyrinthe waren so einfach gebaut, dass sie diesen Namen eigentlich gar nicht verdienten. Das erste war T-förmig: ein kurzer Gang, an dessen Ende die Spermien links oder rechts abbiegen konnten. Von den 714 beobachteten Spermien schwammen 351 (49 Prozent) nach links und 363 (51 Prozent) nach rechts. Diese Verteilung war zu erwarten. Es gab keinen Grund, weshalb sie eine Seite hätten bevorzugen sollen.

Der eigentliche Gedächtnistest war das zweite Labyrinth. Es hatte eine T-Form wie das erste, jedoch einen rechtwinkligen Eingang, der eine Rechtskurve erzwang, bevor die Spermien in das T gelangten. Die 588 Spermien, die aus der Rechtskurve kamen, bogen jetzt an der T-Kreuzung häufiger (in 59 Prozent der Fälle) nach links ab, was nichts anderes bedeuten konnte, als dass sie sich daran erinnerten, eben rechts gegangen zu sein. Obwohl Spermien kein Nervensystem haben, gelang es ihnen offenbar, die Information irgendwie zu speichern.

So richtig überrascht hat Brugger dieses Resultat nicht. Bisher zeigte jeder Organismus – von der Assel bis zum Menschen –, den man in ein Labyrinth steckte, dieses Verhalten. Wenn zum Beispiel eine Ratte bei der ersten Gabelung nach links geht, erhöht sich die Wahrscheinlichkeit, dass sie bei der nächsten rechts abbiegt, dann wieder links, anschließend wieder rechts und so weiter. In der Wissenschaft heißt dieser Richtungswechsel ironischerweise

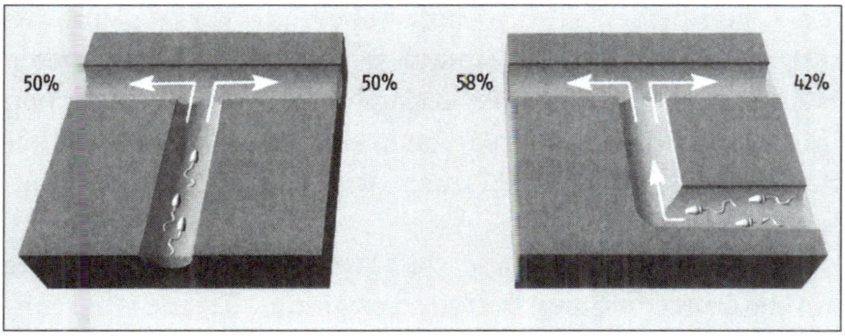

Spermien im Labyrinth: Nach einer erzwungenen Rechtskurve (Bild rechts) wenden sich mehr Spermien nach links. Das bedeutet nichts anderes, als dass sich die Spermien an die Rechtskurve erinnern konnten.

»spontanes alternierendes Verhalten«, obwohl es eben nicht spontan ist. Schließlich erinnern sich die Tiere an ihre letzte Entscheidung und richten ihre nächste danach aus. Es wird vermutet, dass darin bei der Nahrungssuche und der Erkundung eines Territoriums ein Überlebensvorteil steckt.

◆ Brugger, P., E. Macas et al. (2002). Do sperm cells remember. *Behavioural Brain Research* 136(1), 325-328.

2001 **Bei Ejakulation Tabulator drücken**

Fragebogen gehören zum Langweiligsten, was die Wissenschaft je hervorgebracht hat. Gelangweilte Studenten sitzen vor dicht bedruckten Blättern, auf denen sie weiße Kästchen ankreuzen. Aus den Antworten ziehen Forscher dann bahnbrechende Schlüsse: Frauen essen mehr Tofu als Männer, Achtzigjährige hören weniger Gangsta-Rap als Sechzehnjährige.

Doch die Befragung, die Dan Ariely im Jahr 2001 an der University of California in Berkeley durchführte, hatte einen besonderen Dreh. Die Computertastatur, mit der die Versuchsteilnehmer ihre Antworten eingaben, war nämlich so ausgelegt, dass »sie einfach mit der nicht dominanten Hand bedient werden konnte«, wie Ariely in seiner Studie »In der Hitze des Gefechts: Die Wirkung sexueller Erregung auf sexuelle Entscheidungen« schrieb. Die andere Hand wurde benötigt, um die im Titel der Studie erwähnte sexuelle Erregung herbeizuführen.

Die Idee für das Experiment kam Ariely, als er über eine in den USA übliche Maßnahme gegen Teenagerschwangerschaften nachdachte. Konservative und kirchliche Kreise propagieren den von der Drogenprävention übernommenen Appell »Just say no« (»Sag einfach Nein«) – als Mittel gegen Teenagersex. Ariely wunderte sich, warum der von vielen Jugendlichen so ernsthaft beherzigte Vorsatz, im entscheidenden Moment einfach Nein zu sagen, so wenig Wirkung zeigte. »Die Frage war: Wissen die Jugendlichen im Grunde, dass ihr Versprechen unrealistisch ist, oder haben sie wirklich keine Ahnung, wie sie sich später verhalten werden?«

Die Vermutung lag nahe, dass sich die sexuelle Erregung auf die Entscheidungsfindung auswirkte. »Triebe wie Hunger und Durst sind so angelegt, dass sie stärker ausgelebt werden, wenn sich die Gelegenheit bietet. Es gibt keinen Grund anzunehmen, dass Sex nicht dieser Regel gehorcht«, schreibt Ariely. Für Hunger und Durst war dieser Zusammenhang längst wissenschaftlich belegt, für Sex wusste man es höchstens aus eigener Erfahrung oder vom Hörensagen. Das wollte Ariely ändern.

Eigentlich arbeitete Ariely am Massachusetts Institute of Technology (MIT) in Cambridge, aber weil er gerade ein Jahr als Gast im kalifornischen Berkeley verbrachte, hängte er seine Zettel dort an die Anschlagbretter: »Gesucht: Männliche Versuchsteilnehmer, heterosexuell, 18 Jahre oder älter, für eine Studie über Entscheidungsfindung und Erregung«. Weiter unten stand: »Die Experimente können sexuell erregendes Material einschließen.«

Über mangelndes Interesse konnte sich Ariely nicht beklagen. Schon bald musste er Studenten abweisen. Nach langen Diskussionen mit seinen Assistentinnen und Assistenten entschied er sich, für die erste Studie nur Männer heranzuziehen. »Was Sex betrifft, ist ihre Verdrahtung viel einfacher als jene von Frauen«, schrieb er später in seinem Buch *Predictably Irrational.* »Eine Ausgabe des *Playboy* und ein abgedunkelter Raum waren so ziemlich alles, was wir brauchten, um ans Ziel zu kommen.«

Ariely wollte nicht direkt mit den Studenten in Kontakt treten. Einigen wäre es wohl peinlich gewesen, nach dem Experiment in seiner Vorlesung zu sitzen. Ein Forschungsassistent übernahm die Aufgabe, die Versuchsteilnehmer zu instruieren. Von der Idee, den Versuch in einem Labor durchzuführen, war Ariely schnell abgekommen. Wenn er auch nur halbwegs ehrliche Antworten auf seine delikaten Fragen erhalten wollte, musste das Ganze in privater Atmosphäre stattfinden und so unkompliziert wie möglich sein. Deshalb verzichtete er auch darauf, den Grad der Erregung mit den in der Sexforschung üblichen ringförmigen Dehnmessstreifen zu bestimmen, die über den Penis gestülpt werden und die Veränderung des Durchmessers anzeigen. Vielmehr drückte sein Forschungsassistent den jungen Männern einen Laptop in die Hand und wies sie an, sich in ihr Zimmer zurückzuziehen, die Tür abzuschließen und sich aufs Bett zu legen, den Computer so positioniert, dass ihre nicht dominante Hand bequem die in Zellophan gewickelte Tastatur erreichte.

Auf dem Bildschirm konnten sie sich dann durch Pornobilder klicken, die zwei Studenten zuvor im Auftrag von Ariely ausgesucht hatten. »Ich wollte Material, das bei ihnen wirkte, deshalb mussten die Bilder von Studenten ausgewählt werden.« Den Grad ihrer Erregung gaben sie mit den Pfeiltasten auf einem Leuchtbalken an, der sie rechts neben den nackten Körpern ständig daran erinnerte, dass sie im Dienste der Wissenschaft standen. Wenn sie bei »75 Prozent Erregung« angekommen waren, wurde auf dem Bildschirm die erste Frage eingeblendet, die sie beantworten konnten, indem sie mit den Pfeiltasten eine Markierung irgendwo zwischen »Ja« und »Nein« auf einem zweiten Leuchtbalken positionierten, je nachdem, ob sie eher zustimmten oder ablehnten. Falls sie aus Versehen ejakulierten, erhielten sie die Anweisung, die Tabulatortaste zu drücken. Das Experiment wäre dann abgebrochen worden, was aber nie geschah.

Die Fragen, die die Versuchsteilnehmer beantworten mussten, hatten es in sich, und wer keine sexuell explizite Passagen lesen will, sollte spätestens jetzt weiterblättern. Es begann harmlos mit »Halten Sie die Schuhe von Frauen für erotisch?«, ging dann aber weiter mit »Könnten Sie sich vorstellen, Sex mit einer vierzigjährigen Frau zu haben?«, »mit einer fünfzigjährigen?«, »mit einer sechzigjährigen?« – »Könnten Sie sich zu einem zwölfjährigen Mädchen hingezogen fühlen?« – »Könnten Sie Sex genießen mit jemandem, den Sie hassen?« – »Ist eine Frau sexy, wenn sie schwitzt?« – »Würden Sie versuchen, Ihre Chancen auf Sex zu erhöhen, indem Sie einer Frau sagten, dass Sie sie liebten?«, »indem Sie sie ermutigten, Alkohol zu trinken?«, »indem Sie ihr Drogen gäben?« – »Würden Sie ein Kondom

Diese Darstellung sahen die Studenten auf dem Bildschirm: In der Mitte ein Pornobild. Rechts den Balken für ihren Erregungszustand, den sie mit den Pfeiltasten eingaben. Bei 75 Prozent Erregung wurden unten die Fragen mit dem Antwortbalken eingeblendet, den sie ebenfalls mit den Pfeiltasten ansteuerten.

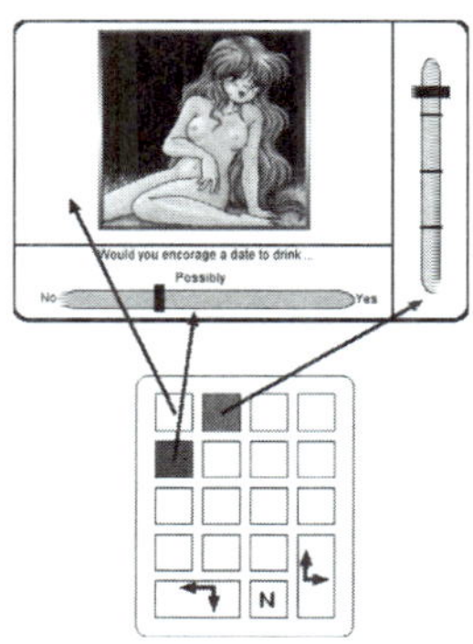

benutzen, wenn die Gefahr bestünde, dass die Frau ihre Meinung ändert, während Sie es holten?«

Ariely bildete aus den 35 Versuchsteilnehmern drei Gruppen: Die bedauernswerte erste Gruppe beantwortete die Fragen nur in nicht erregtem Zustand und wurde dann entlassen. Die zweite Gruppe antwortete zuerst erregt und mindestens einen Tag später nicht erregt und die dritte Gruppe zuerst nicht erregt, dann erregt und schließlich wieder nicht erregt. Ariely wollte damit klären, ob die Reihenfolge der verschiedenen Situationen einen Unterschied machte. Sie machte keinen, die Resultate waren erstaunlich konsistent: Sexuell erregt, waren die Studenten viel eher bereit zu ungewöhnlichen sexuellen Praktiken, zu arglistigem Verhalten gegenüber einer Partnerin und zu risikoreichen Handlungen.

Der Effekt war erstaunlich groß. Ariely hatte den Leuchtbalken, den die Studenten zur Eingabe ihrer Antworten benutzten, in eine Hunderterskala verwandelt. »Nein« lag bei 0, »vielleicht« bei 50, »ja« bei 100. Die Durchschnittsantwort auf die Frage »Würde es Ihnen Spaß machen, Ihre Partnerin zu fesseln?«, lag nicht erregt bei 47, erregt bei 75. Für »Ist nur küssen frustrierend?« nicht erregt bei 41, erregt bei 69.

Ariely musste mehrere Anläufe nehmen, bis die Fachzeitschrift *Journal of Behavioral Decision Making* die Arbeit veröffentlichte. Vielen anderen Publikationen war das Experiment zu heiß. Die Reaktionen ließen nicht lange auf sich warten. »Einige Leute sagten, ›das Resultat ist trivial‹, oder ›das wussten wir schon lange‹«, erinnert sich Ariely. Er hielt das Ergebnis für ganz und gar nicht trivial. »Wenn alle das schon wussten, warum unterscheiden sich die Antworten dann so stark?«, fragt er. In Wirklichkeit seien sich die wenigsten Leute dieses Effekts bewusst – jedenfalls nicht bei sich selbst.

Dass jeder von uns – egal, für wie edel er sich hält – die Wirkung der Leidenschaft auf seine Handlungen unterschätzt, hat weitreichende Folgen. »›Sag einfach Nein‹ geht davon aus, dass man seine Leidenschaft auf Knopfdruck abstellen kann«, schreibt Ariely. Und weil man das nicht könne, bliebe nur die Alternative: »Entweder lehren wir unsere Teenager, wie man Nein sagt, bevor sich eine Situation entwickelt, in der es unmöglich ist, zu widerstehen, oder wir bereiten sie auf die Konsequenzen vor, wenn sie in entflammter Leidenschaft Ja gesagt haben (indem sie zum Beispiel Kondome benutzen).« Eines ist sicher: »Wenn wir unsere jungen Leute nicht lehren, wie sie mit Sex umgehen sollen, wenn sie halb wahnsinnig sind, halten wir nicht nur sie zum Narren, sondern auch uns selbst.«

Nach seinem Gastjahr in Berkeley kehrte Ariely ans MIT zurück, wo er das Experiment wiederholen und auf Frauen ausweiten wollte. Er fragte den Dekan der Sloan School of Management am MIT, wo er arbeitete, um Erlaubnis. »Der Dekan sagte, ›lass uns eine Kommission einsetzen‹«, erinnert sich Ariely, »und jedes Mal, wenn man das Wort ›Kommission‹ hört, weiß man, dass es lange dauern wird.«

Obwohl dieses Gremium nicht nur aus Frauen bestand, nannte sie Ariely bald die ›Kommission der wütenden Frauen‹. »Da gab es zum Beispiel eine Frau, die nie nach Frankreich reisen würde, weil die Werbung dort zu gewagt war. Mit solchen Leuten musste ich mich herumschlagen.«

Wie nicht anders zu erwarten, hatte die Kommission einige Einwände. So wurde zum Beispiel befürchtet, dass masturbationssüchtige Versuchsteilnehmer rückfällig würden oder dass die Pornobilder unterdrückte Erinnerungen an früheren Missbrauch heraufbeschwören könnten. Ariely hielt beide Einwände für weit hergeholt, einerseits war krankhafte Masturbationssucht extrem selten, andererseits war wissenschaftlich höchst zweifelhaft, ob es das, was die Kommission unter »unterdrückte Erinnerungen« verstand, wirklich gab.

Schließlich wurde die Bewilligung unter drei Bedingungen erteilt: Für das Experiment durften keine MBA-Studenten der Sloan School rekrutiert werden, alle Anfragen der Presse mussten direkt an die Kommunikationsabteilung weitergeleitet werden, und es war Ariely verboten, von diesen Experimenten im Unterricht zu erzählen. Vor allem der letzte Punkt kam Ariely reichlich seltsam vor: »Warum sollten wir Experimente machen, wenn wir dann nicht darüber reden dürfen?«

In der Zwischenzeit hatte sich Ariely zur Sicherheit die Bewilligung bei einem anderen MIT-Institut eingeholt, für das er tätig war. Doch die Schwierigkeiten nahmen trotzdem kein Ende, denn als Nächstes machte Ariely die Tatsache zu schaffen, dass Studentinnen viel seltener masturbieren als Studenten und dabei größere Schwierigkeiten haben, in Erregung zu geraten. »Bei den Männern kann man jeden nehmen, alle wissen, wie man masturbiert, doch wenn wir die Studie nur mit jenen zwanzig Prozent Frauen machen konnten, die Selbstbefriedigung betrieben oder sich dazu bekannten, hätten wir eine sehr unausgewogene Stichprobe gehabt.« Daraus hätte sich nicht auf das Verhalten der Frauen im Allgemeinen schließen lassen.

Ariely erwog schließlich sogar den Einsatz von Vibratoren, um seine Studie zu retten, doch das Zulassungsgremium hielt das für keine gute Idee. »Ich glaube, sie befürchteten, der *Boston Globe* würde schreiben: ›MIT-Professor lehrt Frauen das Masturbieren!‹« Ariely musste das Projekt schließlich aufgeben, und so wissen wir bis heute nicht, ob Frauen Männerschuhe erotischer und Männerschweiß anziehender finden, wenn sie sexuell erregt sind.

◆ Ariely, D., and G. Loewenstein (2006). The Heat of the Moment: The Effect of Sexual Arousal on Sexual Decision Making. *Journal of Behavioral Decision Making* 19, 87-98.

2002 **Wenn Hollywoodschauspieler Tankstellenräuber wären**

Kennen Sie die beiden Männer auf den Bildern unten? Wenn Sie ab und zu ins Kino gehen, sollten Sie eigentlich. Na? Wenn nicht, befinden Sie sich wenigstens in guter Gesellschaft. Die zwei Porträts sind Phantombilder

Wer ist das?
(Lösung Seite 259)

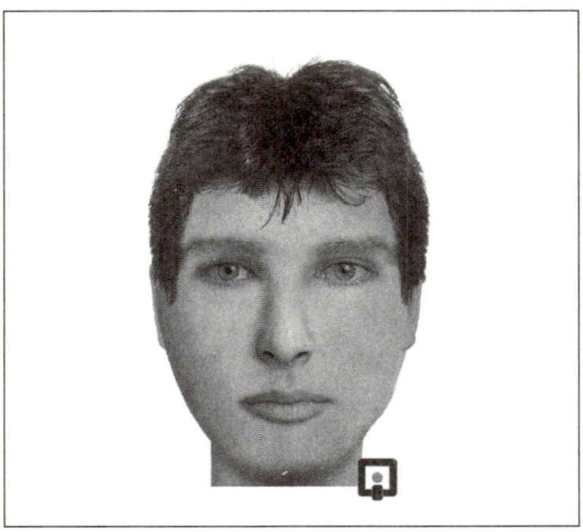

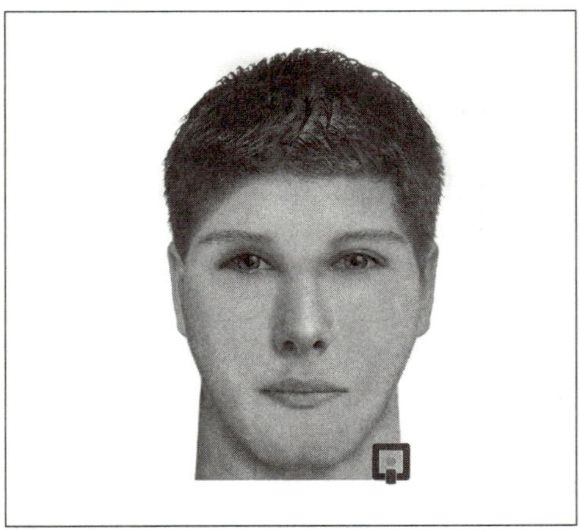

der Schauspieler Ben Affleck und Matt Damon. Von den 80 Studenten, denen man sie vorlegte, erkannte sie kein einziger. Anschaulicher kann man nicht zeigen, wie es um Brauchbarkeit von Phantombildern steht. Wir können von Glück sagen, dass Hollywoodschauspieler es nicht nötig haben, Tankstellen zu überfallen.

Das Experiment mit Affleck und Damon – und acht weiteren Gesichtern prominenter Schauspieler und Musiker – war die Idee des Psychologen Charlie Frowd von der Universität Stirling in Schottland. Er beschäftigte sich schon lange mit Phantombildern und fand, dass es an der Zeit sei, die in Großbritannien eingesetzten Programme und Verfahren zu testen – nicht zuletzt deshalb, weil er selber ein Programm entwickelt hatte, das er mit ihnen vergleichen wollte.

Am liebsten hätte Frowd natürlich ein Verbrechen mit ahnungslosen Zeugen inszeniert. Weil das nicht möglich war, mussten die Prominenten herhalten. »Es ist zwar ein bisschen ungewöhnlich, berühmte Gesichter zu verwenden, schließlich sind Verbrecher ja nicht berühmt«, sagt Frowd, »aber es ist sehr praktisch.« Allerdings sei es schwierig, Prominente mit dem richtigen Bekanntheitsgrad zu finden. Unbekannt genug, damit man Versuchsteilnehmer findet, die sie nicht kennen – wenn die Zeugen den Bankräuber kennen, bräuchte man ja kein Phantombild. Aber bekannt genug, damit man ihr Phantombild anschließend genügend Leuten vorlegen kann, denen das Gesicht eigentlich bekannt vorkommen müsste. Zu der Zeit, als Frowd den Versuch durchführte, fielen Ben Affleck und Matt Damon in diese Kategorie.

Frowd legte ihre Porträts zu den acht anderen, dann ließ er den Stapel nacheinander von 50 Leuten durchblättern, bis sie auf die erste ihnen unbekannte Person stießen. Dieses Gesicht konnten sie dann eine Minute lang betrachten. Zwei Tage später – eine in der Polizeiarbeit typische Verzögerung bei der Zeugenbefragung – saßen sie wieder im Labor und erstellten mithilfe eines Spezialisten ein Phantombild. Dabei kamen eines der drei verbreiteten Programme E-Fit, PROfit oder FACES, ein geschulter Zeichner oder Frowds eigene Software zum Einsatz.

Das Ergebnis war nicht nur im Fall von Damon und

Das Resultat eines anderen Experiments aus den 1990er-Jahren. Hier durfte ein Experte mit seiner Software Prominente direkt von einer Bildvorlage erstellen. Kennen Sie einen einzigen? (Lösung Seite 260 in der Randspalte)

Affleck ernüchternd. 800-Mal wurde eines der 10 Phantombilder einer Jury aus 80 Studenten gezeigt. Nur gerade 22-Mal erkannten sie ein Gesicht. Das entspricht einer Quote von 2,8 Prozent. Und das, obwohl die Bedingungen geradezu ideal waren: Die Testzeugen wussten von Anfang an, dass sie sich die Gesichter einprägen mussten, die Bilder waren gestochen scharf und konnten eine Minute lang in Ruhe angesehen werden. Das wäre, wie wenn sich ein Bankräuber bei bestem Licht vor die Zeugen stellen und langsam bis sechzig zählen würde, bevor er davonrennt.

Dass solch schlechte Resultate weder mit der Fähigkeit des Zeichners noch mit der Leistung der Computerprogramme zu tun haben, weiß man schon lange. Es liegt vielmehr am Verfahren, wie die Bilder zustande kommen. Fast immer müssen Augen, Ohren, Nase, Mund und andere Gesichtsmerkmale einzeln beschrieben und aus einer Vielzahl abgelegter Formen ausgewählt werden. Doch dafür ist unser Gehirn nicht geschaffen. Wir prägen uns nicht einzelne Merkmale ein, sondern verarbeiten ein Gesicht als Ganzes. »Selbst bei Paaren, die 15 oder 20 Jahre verheiratet sind, kann es passieren, dass der Mann oder die Frau nicht in der Lage ist, auch nur ein einziges Gesichtsmerkmal des Partners präzise zu beschreiben«, sagt Christopher Solomon, technischer Direktor der Firma VisionMetric, die das von Frowd ebenfalls getestete Programm E-Fit vertreibt.

Wie genau die Gesichtserkennung beim Menschen funktioniert, ist immer noch ein Rätsel, sicher ist aber: Wir erkennen ein Gesicht wieder, ohne zu wissen, dass es aus einer breiten Nase, großen Augen, schmalen Lippen und kleinen Ohren zusammengesetzt war. Doch genau nach diesem Wissen verlangen die Programme.

Und selbst wer ein Phantombild von einem Foto erstellt, das er vor sich liegen hat, wird auf Probleme stoßen. Auch wenn er die richtigen Augen, Augenbrauen, die richtige Nase und den richtigen Mund auswählt, kann es sich als schwierig erweisen, sie in der korrekten Konfiguration zusammenzusetzen. Es gibt eine Studie, derzufolge die Erkennungsrate eines Phantombilds sich nicht erhöht, wenn man ein unbekanntes Gesicht anstatt aus der Erinnerung direkt von einem Foto rekonstruiert. »Das ist erschreckend!«, konstatiert Frowd.

Frowd bestreitet nicht, dass mit herkömmlichen Programmen wie den von ihm getesteten hin und wieder ein brauchbares Phantombild entsteht. Die vereinzelten Erfolge seien jedoch der Grund dafür, dass viele Polizeikräfte und auch die Öffentlichkeit den Phantombildern zu sehr vertrauen. Über die Täter, die mithilfe eines Phantombilds festgenommen werden konnten, liest man in der Zeitung – über die Verbrechen, die trotz Phantombilds unaufgeklärt bleiben, nicht. Es wäre interessant zu erfahren, in welchem Verhältnis Erfolg bringende Phantombilder zu nutzlosen stehen. Aber solche Statistiken werden kaum geführt. Restlos im Dunkeln bleibt, in wie vielen Fällen ein schlechtes Phantombild die Aufklärung verhinderte, weil es vom wirklichen Täter ablenkte.

Dieses Phantombild wurde mit EvoFit erstellt. Kennen Sie den Mann? (Lösung Seite 260 in der Randspalte)

Charlie Frowds Software EvoFit löst das Problem mit den Einzelmerkmalen elegant: Bei EvoFit beschreibt der Zeuge nicht schmale Augen oder dicke Lippen, er bekommt einfach 72 Gesichter gezeigt, aus denen er die 6

Zum Vergleich: Matt Damon und Ben Affleck im Original.

Auflösung von Seite 258: Bill Cosby, Tom Cruise, Ronald Reagan, Michael Jordan.

Auflösung von Seite 259: Robbie Williams.

◆ Frowd, C. D., D. Carson et al. (2005). Contemporary Composite Techniques: the impact of a forensically-relevant target delay. *Legal & Criminological Psychology* 10(1), 63-81.

dem Täter ähnlichsten auswählt. EvoFit wirbelt die Merkmale dieser 6 durcheinander, kreiert daraus 72 neue Gesichter, und das Ganze beginnt von vorne. Nach der dritten Runde wählt der Zeuge das geeignetste Gesicht aus, das dann als Phantombild verwendet wird. Auch andere Firmen sind dabei, ähnliche Techniken zu entwickeln.

EvoFit schnitt in Frowds Test 2002 ebenso gut ab wie die besten merkmalbasierten Systeme, doch inzwischen hat Frowd das Programm weiterentwickelt, und seine Treffergenauigkeit liegt heute nach zwei Tagen Wartezeit bei erstaunlichen 25 Prozent (gegenüber 5 Prozent der besten herkömmlichen Programme).

Sollten die Geschäfte für Ben Affleck und Matt Damon dereinst nicht mehr so gut laufen, kann man ihnen also nur raten, anständig zu bleiben.

2002 **Warum die Kellnerin den Gast nachäffen sollte**

Seit den ersten Experimenten in den 1980er-Jahren konnte die internationale Trinkgeldforschung immer wieder mit erstaunlichen Erkenntnissen aufwarten: So erhielt das Servierpersonal mehr Trinkgeld, wenn es den Gast kurz berührte (siehe *Das Buch der verrückten Experimente*, Seite 258), sich mit Namen vorstellte, eine kleine Sonne auf die Rechnung zeichnete oder für die Bestellaufnahme am Tisch kauerte. Im Jahr 2002 machte der Psychologe Rick B. van Baaren von der Universität Nijmegen in Holland eine weitere Möglichkeit ausfindig, einen Gast großzügig zu stimmen: nämlich ihn nachzuäffen.

Dass Menschen unbewusst andere imitieren, haben Psychologen schon vor einiger Zeit herausgefunden. So beginnen wir zum Beispiel während einer Unterhaltung zu sprechen und zu lachen wie unsere Gesprächspartner. Oft ist diese Synchronisation ein Zeichen dafür, dass wir unser Gegenüber mögen. Wer eine Person geschickt nachahmt, kann sogar bewusst erreichen, dass er ihr sympathisch wird – immer vorausgesetzt, sie merkt nichts von der Manipulation.

Dass dieser Effekt im Alltag Konsequenzen haben kann, zeigte van Baaren in einem Restaurant in Holland. Dort

Kellnerinnen, die die Bestellung ihrer Gäste Wort für Wort wiederholten, nahmen 68 Prozent mehr Trinkgeld ein.

erhielt eine Kellnerin 68 Prozent mehr Trinkgeld, wenn sie jede Bestellung Wort für Wort wiederholte, als wenn sie es nicht tat.

»Servierpersonal, das mehr verdienen will«, schreibt der amerikanische Trinkgeldforscher Michael Lynn von der Cornell University, »sollte sich stärker darauf konzentrieren, ... die Stimmung der Gäste zu heben und ein harmonisches Verhältnis zu ihnen aufzubauen, als darauf, sorgfältig und technisch korrekt zu bedienen.«

• Van Baaren, R. B., R., W. Holland et al. (2003). Mimicry for money: behavioral consequences of imitation. *Journal of Experimental Social Psychology* 39, 393-398.

2003 **Welche Musik mögen Affen?**

Musik ist eine der merkwürdigsten Beschäftigungen des Menschen. Obwohl es sie in allen Kulturen gibt, bei Beduinen, Bergbauern und Buchhaltern, bleibt sie aus Sicht der Evolution unerklärlich. Damit universelle menschliche Verhaltensweisen überhaupt entstehen konnten, mussten sie auf lange Sicht zu mehr Nachkommen geführt haben. Bei Eigenschaften wie der Angst vor großen Höhen oder dem Fluchtreflex, die allen Menschen eigen sind, ist dieser Zusammenhang offensichtlich. Bei der Musik hingegen ist er völlig rätselhaft.

Um mehr darüber herauszufinden, wäre es interessant zu erfahren, ob auch Tiere Musik mögen. Denn falls sie tatsächlich eine Vorliebe für Musik hätten, wäre des Men-

Mit dieser Vorrichtung testete Josh McDermott die Musikvorlieben von Affen.

schen Liebe zur Musik wohl ein evolutionäres Überbleibsel eines angeborenen Verhaltens, das nicht direkt mit Musik zu tun hatte. Tiere machen ja selber keine Musik – jedenfalls nicht so, wie wir Menschen den Begriff verstehen.

Bloß: Wie findet man heraus, ob Tiere Musik mögen? Wir können ihnen Mozart oder die Kastelruther Spatzen vorspielen und beobachten, wie sie reagieren. Doch selbst wenn sie in Heulen und Zähneklappern ausbrechen: Vielleicht mag das Tier von allen Volksmusikformationen ausgerechnet die Kastelruther Spatzen nicht und von Mozart nur das 14. Klavierkonzert in Es-Dur, und wir haben für unseren Test das 20. in d-Moll ausgewählt.

Josh McDermott vom Massachusetts Institute of Technology und Marc Hauser von der Harvard University lösten dieses Problem so: Sie bauten für sechs Tamarine, das sind kleine Krallenaffen, einen V-förmigen Käfig, in dem einer nach dem anderen getestet wurde. Hielt sich eines der Tiere im einen Arm des Käfigs auf, hörte er aus dem dort angebrachten Lautsprecher wohlklingende Akkorde aus jeweils zwei zusammenpassenden Tönen, ging es hingegen in den anderen Arm, spielten Hauser und McDermott ihm eine Serie schrecklich dissonanter Tonkombinationen vor, auf die Stockhausen stolz gewesen wäre. Mit seinem Aufenthaltsort konnte der Affe also bestimmen, was er zu hören bekam.

Ganz egal, ob Krallenaffen die Kastelruther Spatzen mögen oder nicht: Wenn sie Musik ähnlich empfinden wie Menschen, sollten sie den »Stockhausenflügel« ihres Käfigs meiden. Doch das taten sie nicht. Die Tamarine waren in beiden Käfigteilen gleich häufig anzutreffen, hörten sich also die harmonischen Tonkombinationen ebenso lange an wie die dissonanten.

Hauser und McDermott ziehen daraus den Schluss, dass die Vorliebe der meisten Menschen für harmonische Klänge entstanden sein muss, nachdem der letzte gemeinsame Vorfahre der Krallenaffen und Menschen vor 40 Millionen Jahren gelebt hatte, und vielleicht sogar eine dem Menschen eigene Anpassung für Musik sein könnte. Umgekehrt würde das auch heißen, dass die Musik nicht aus einem umfunktionierten Verhalten unserer tierischen Vorfahren entstanden sein kann, sondern eine zutiefst menschliche Angelegenheit ist.

Weil sich die Apparatur dafür eignete, auch andere Hörvorlieben zu erkunden, ließen es sich die Forscher nicht entgehen, die Reaktion der Affen auf das rätselhafteste aller Geräusche zu erkunden: das Wandtafelkratzen (siehe Seite 172 ff. bzw. Seite 187 ff.). Den Affen war das gleichgültig. Wenn sie zwischen Wandtafelkratzen und einem gleich lauten Rauschen auswählen konnten, gaben sie keinem von beiden den Vorzug.

In weiteren Experimenten mit russischen Wiegenliedern, deutscher Technomusik und Mozarts Streichkonzert in B-Dur (KV 458) fanden die Wissenschafter schließlich heraus, was Affen wirklich mögen: nämlich Ruhe.

◆ McDermott, J., and M. Hauser (2004). Are consonant intervals music to their ears? Spontaneous acoustic preferences in a nonhuman primate. *Cognition* 94, B11-B21.

2003 Schwimmen im Sirup

Obwohl der Schwimmer Brian Gettelfinger die US-Qualifikation für die Olympischen Sommerspiele in Athen 2004 knapp verpasste, wurde er in seiner Sportart berühmter als die meisten Olympiateilnehmer. Am 18. August 2003 kraulte er im Wassersportzentrum der Universität von Minnesota in Minneapolis durch 650 000 Liter Sirup und entschied damit eine 400 Jahre alte Kontroverse. Auf die Frage, ob es sich in Sirup schneller, langsamer oder gleich schnell schwimmt wie in Wasser, gab es seit dem 17. Jahrhundert zwei Antworten. Isaac Newton glaubte, dass sich die Geschwindigkeit verringern müsste, schließlich ist Sirup dickflüssiger und bremst den Schwimmer ab. Christiaan Huygens war dagegen der Meinung, dass der Widerstand, den ein Schwimmer spürt, in erster Linie

22 Bewilligungen waren nötig, bis das Wasser im Pool mit 310 Kilogramm Geliermittel eingedickt werden durfte.

vom Quadrat seiner Geschwindigkeit abhängt: Wer doppelt so schnell schwimmen will, muss sich viermal mehr anstrengen. Huygens' Hypothese hat den interessanten Nebeneffekt, dass die Viskosität der Flüssigkeit – ob dick- oder dünnflüssig – keine Rolle spielt. In Ermangelung eines Schwimmbeckens voll Sirup wurde die Diskussion in den nächsten Jahrhunderten vor allem theoretisch geführt.

Auch Ed Cussler, Professor für Chemie an der Universität Minnesota, hatte schon vor mehr als drei Jahrzehnten von Huygens' und Newtons Kontroverse gehört. »Eine eher rundliche Studentin aus Uruguay forderte mich zu einem Schwimmwettkampf heraus«, sagte Cussler dem Unimagazin *Inventing Tomorrow*. Zu seiner Überraschung gewann sie. Die Niederlage weckte sein Interesse an der Physik das Schwimmens, und dabei tauchte unweigerlich die Frage nach dem Einfluss der Viskosität beim Schwimmen auf.

Doch erst als der Schwimmer Brian Gettelfinger zu Cusslers Student wurde, dachte er über ein Experiment nach. »Er stellte mir alle möglichen guten Fragen, auf die ich keine Antwort wusste«, sagte Cussler der Zeitschrift *Pool & Spa News*, in der sich einer von hunderten Artikeln über das Experiment fand. »Er wollte zum Beispiel wissen, ob er seinen ganzen Körper rasieren soll, wie seine Trainer es vorschlugen, oder ob er alles rasieren soll außer seinen Armen.« Die Idee dabei war, dass der Körper dem Wasser möglichst wenig Widerstand bieten sollte, die Arme, die ihn wie Paddel vorwärtstreiben, möglichst viel.

Am Schluss ihrer Diskussionen landeten Gettelfinger und Cussler immer wieder bei Newton und Huygens. Beide waren überrascht, als eine Literaturrecherche zeigte, dass bisher niemand den Versuch unternommen hatte, die Kontroverse zu klären. Ein Grund mag der Aufwand gewesen sein, der mit einem solchen Experiment verbunden ist.

Nicht weniger als 22 Bewilligungen musste Cussler einholen. Zuerst wollte er das Wasser im Schwimmbecken mit Maissirup eindicken, doch die Behörden befürchteten, die Kläranlage würde ob der Masse an Zuckerwasser kollabieren. Schließlich kam Guarkernmehl zum Einsatz, ein Geliermittel, das sonst zum Verdicken von Salatsaucen und Eiscreme verwendet wird.

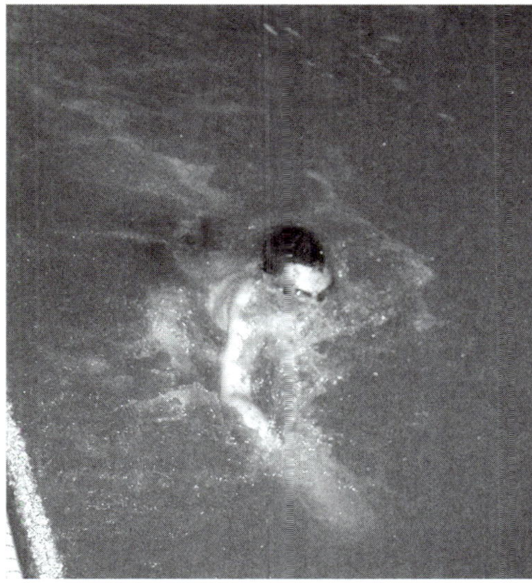

Schwimmt sich im Sirup schneller oder langsamer als im Wasser? Diese Frage wurde hier endlich geklärt.

Der Leiter des Schwimmzentrums war etwas erstaunt über den Vorschlag, 310 Kilogramm Geliermittel in eines seiner Schwimmbecken zu kippen, sah dann aber ein, dass das Experiment ein erstklassiger Bildungsanlass war. Doch wie stellt man sicher, dass sich so viel Pulver gleichmäßig im Wasser auflöst? Guarkernmehl tendiert nämlich dazu, Klumpen zu bilden, wenn es nicht gründlich vermischt wird. Die Lösung war ein zweckentfremdeter Abfalleimer, in dem das Geliermittel unter Zusetzung einer kleinen Menge Wasser und mithilfe eines starken Mixers gemischt wurde. Ein Pumpe leitete dann am Samstag vor dem Experiment vier Stunden lang das Wasser des Schwimmbeckens durch diese Tonne, sodass sich das Pulver überall verteilte. Vier Unterwasserpumpen unterstützten die Durchmischung, sodass Cussler am Montag ein Pool voll grünlichem Schleim zur Verfügung stand, doppelt so dickflüssig wie Wasser.

Cussler ließ es sich nicht nehmen, am Montag als Erster ein Schleimbad zu nehmen. Als er wohlbehalten wieder auftauchte, konnte das Experiment beginnen. Neben Gettelfinger zogen neun weitere Wettkampf- und sechs Freizeitschwimmer ihre Bahnen im Pool: zuerst 25 Meter in normalem Wasser eines zweiten Beckens, dann 50 Meter im Sirup, dann wieder 25 Meter im normalen Wasser. Die gemessenen Zeiten zeigten, dass die Geschwindigkeit in Wasser und Sirup praktisch identisch ist.

Erklären lässt sich das vereinfacht so: Der Schwimmer kämpft im Sirup zwar gegen einen größeren Widerstand, seine Armzüge haben aber in der dickeren Flüssigkeit auch eine größere Wirkung, er kann sich sozusagen besser daran abstoßen. Diese beiden Effekte waren immer schon bekannt. Das Experiment zeigte, dass sie für einen Schwimmer etwa gleich groß sind und sich deshalb aufheben. Erst wenn der Sirup etwa 1000-mal so dick wäre wie Wasser, würde sich etwas daran ändern. Anders sind die Verhältnisse auch für sehr kleine Organismen wie Bakterien, bei denen sich die Viskosität stärker auf die Schwimmgeschwindigkeit auswirkt.

Cussler und Gettelfinger wurden für ihre Forschung im Jahr 2005 mit dem Ig-Nobel-Award für Chemie ausgezeichnet, dem Spaß-»Nobelpreis« der jedes Jahr im Oktober in Boston vergeben wird.

◆ Gettelfinger, B., and E. L. Cussler (2004). Will Humans Swim Faster or Slower in Syrup. *American Institute of Chemical Engineers Journal* 50, 2646-2647.

2005 **Wehret den Anfängen**

Es war eine kalte Dezembernacht im Jahr 2005, als Kees Keizer mit drei Spraydosen in der Tasche zur Tingtanggasse schlich und dort innerhalb einer Viertelstunde die Hauswände mit Graffiti verunstaltete. Keizer hatte sich lange überlegt, was er der Polizei gesagt hätte, wenn er erwischt worden wäre, aber ihm war beim besten Willen nichts Gescheites eingefallen: »Das ist Teil meiner Doktorarbeit an der Universität Groningen.« – »Ich spraye für ein psychologisches Experiment.« – »Ich habe die Tingtanggasse zuvor selber gestrichen.« Obwohl all das stimmte, machte sich Keizer keine Illusionen über die Glaubwürdigkeit dieser Antworten. »Es wäre sehr schwierig gewesen, den Groninger Polizisten die Sache zu erklären«, sagt der Doktorand der Sozialwissenschaften rückblickend, denn dazu hätte er ihnen eine lange Geschichte erzählen müssen, die 1969 begann.

Im diesem Jahr parkte der Psychologe Philip Zimbardo einen alten Oldsmobile am Straßenrand gegenüber der New York University, entfernte die Nummernschilder und öffnete die Motorhaube. Danach beobachtete er aus der Ferne, wie Plünderer und Vandalen einer nach dem anderen das Auto innerhalb von 26 Stunden zu einem Wrack machten. Als er das Experiment in der kalifornischen Universitätsstadt Palo Alto wiederholte, geschah erst gar nichts. Doch als Zimbardo zu einem Vorschlaghammer griff und kurz auf das Auto einschlug, war auch der schlummernde Vandalismus in Palo Alto geweckt: Passanten zerstörten das Auto in kurzer Zeit (siehe *Das Buch der verrückten Experimente* Seite 192).

Zimbardo vermutete, dass Anzeichen des Verfalls die Bereitschaft zu destruktivem Verhalten nicht nur bei seinen Abbruchautos erhöhten, sondern auch sonst überall, wo sie zutage treten. Aus diesen Erkenntnissen entwickelten der Kriminolge George L. Kelling und der Politikwissenschafter James Q. Wilson später eine Theorie über die schrittweise Verslumung von Stadtteilen, die sie 1982 in der Zeitschrift *Atlantic Monthly* unter dem Titel »Broken Windows« beschrieben.

Die Broken-Windows-Theorie, wie sie schon bald genannt wurde, besagt, dass harmlose Übertretungen wie Graffiti, Vandalenakte und Abfall liegen lassen den Boden für weit schlimmere Taten bereite, weil sie das Gefühl erzeugten, die Situation sei außer Kontrolle geraten und niemand werde für irgendetwas zur Rechenschaft gezogen.

Als der New Yorker Polizeichef Bill Bratton in den 1990er-Jahren in seiner Stadt die sogenannte Null-Toleranz-Politik einführte, bei der selbst kleine Verstöße sofort geahndet wurden, berief er sich auf die Theorie von Kelling und Wilson. Obwohl die Kriminalität in New York in der Folge tatsächlich stark zurückging, blieb umstritten, ob das wirklich eine Folge von Brattons Maßnahmen war.

Die Broken-Windows-Theorie war nämlich eine weitgehend unüberprüfte und darüber hinaus ziemlich allgemein gehaltene Theorie. Es gab kaum saubere wissenschaftliche Untersuchungen, und niemand wusste, was man unter den vermeintlich harmlosen Übertretungen genau zu verstehen hatte und wie stark und wie schnell sie ein illegales Verhalten bei anderen Menschen auslösten.

Genau deshalb stand Kees Keizer in jener Nacht mit pochendem Herzen in der Tingtanggasse und sprayte zum allerersten Mal in seinem Leben mit zittriger Hand ein R, ein B und ein paar Schlangenlinien an die Hauswand. Den ein-

Was tun die Leute mit den Flyern an ihren Lenkern? Links werfen sie 33 Prozent auf den Boden, rechts 69 Prozent. Normverletzungen wirken ansteckend.

zigen Anspruch, den Keizer an die Motive stellte, war, dass sie nichtssagend genug waren, um nicht als Kunst wahrgenommen zu werden.

Ein paar Wochen zuvor war er schon einmal nachts in der Tingtanggasse unterwegs gewesen. Damals hätte die Polizei noch mehr gestaunt: Keizer strich nämlich mitten in der Nacht die ganze Gasse in Grau. Dann stellte er ein Verbotsschild für Grafitti auf jener Seite der Gasse hin, die von einem Fahrradparkplatz eingenommen wurde.

Am nächsten Tag hängte Keizer an den Lenker jedes dort abgestellten Fahrrads einen Flyer eines nicht existierenden Sportgeschäfts mit der Aufschrift »Wir wünschen allen frohe Festtage« und beobachtete, was geschah, als die Besitzer der Räder auftauchten. Da es in der Nähe keinen Abfalleimer gab, hatten sie nur die Wahl, den Flyer entweder in die Tasche zu stecken oder ihn auf den Boden zu werfen, was 33 Prozent von ihnen taten (ihn am Lenker zu belassen, hätte sie beim Fahren behindert). Nachdem Keizer die Wand in der Nacht mit seinen Graffiti verschandelt hatte, hängte er am nächsten Tag wieder Flyer an die Lenker. Jetzt waren es plötzlich 69 Prozent, die sie wegwarfen.

Ein paar unansehnliche Graffiti, und die Leute vergaßen ihre gute Kinderstube. Nicht nur die Wucht des Effekts war erstaunlich – die Zahl der Übertretungen hatte sich mehr als verdoppelt –, sondern auch, dass hier die Verletzung einer Norm (hier darf nicht gesprayt werden) die Verletzung einer anderen Norm (man wirft Abfall nicht einfach auf den Boden) begünstigte. Offenbar wirkte die Normverletzung wie eine Infektion, die andere Normen befallen konnte.

Dieses Resultat hatten der Soziologe Siegwart Lindenberg und die Psychologin Linda Steg nicht anders erwartet. Lindenberg und Steg waren Kees Keizers wissenschaftliche Begleiter und hatten die sogenannte Goal-framing-Theorie entwickelt, die das Verhalten der Leute in der Tingtanggasse erklären konnte. Die Goal-framing-Theorie besagt, dass die Ziele, die das menschlichen Verhalten steuern, in drei Kategorien fallen:

1. Normorientiert: Ich verhalte mich, wie es sich gehört.

2. Genussorientiert: Ich tue, was sich gut anfühlt, zum Beispiel was nicht anstrengend ist.

Durchgang verboten! Wenn das zweite Verbot (keine Räder anketten) nicht verletzt wurde, drängten 27 Prozent der Passanten zwischen den Gittern durch, wenn Räder angekettet waren, dreimal so viele.

3. Gewinnorientiert: Ich tue, was meine materielle Stellung verbessert.

Oft stehen diese Ziele in Konkurrenz zueinander, und ihre Prioritäten können durch äußere Vorgänge verschoben werden. Der Blick auf die verbotenen Graffiti schwächte zum Beispiel das Ziel der Radfahrer, sich überhaupt an Verhaltensnormen zu halten. Nach der Theorie musste dieser Effekt auch auftreten, wenn es nicht um eine Normverletzung geht, sondern um eine Weisung der Polizei. Dafür dachten sich Keizer, Lindenberg und Steg ein zweites Experiment aus.

Keizer schloss den Eingang des Parkplatzes eines Krankenhauses mit einem mobilen Gitter, sodass nur noch ein Durchgang von 50 Zentimetern blieb. Am Gitter befestigte er zwei Verbotstafeln: »Keine Fahrräder anketten« und »kein Durchgang, bitte Nebeneingang benutzen«. Und wieder führte die Verletzung der ersten Regel zur Verletzung der zweiten. Wenn Keizer vier Fahrräder am Gitter ankettete, drängten 82 Prozent der Passanten durch den verbotenen schmalen Durchgang. Wenn er die gleichen vier Räder nicht ankettete, waren es nur 27 Prozent – dreimal weniger.

In weiteren Experimenten fanden Keizer, Lindenberg und Steg heraus, dass selbst Regeln, die von Privaten aufgestellt wurden, demselben Effekt unterworfen waren und dass sich auch nicht visuell wahrnehmbare Normverletzungen auf dieselbe Weise fortpflanzen: Wenn Fahrradbesitzer hörten, dass in der Nähe des Fahrradparkplatzes je-

Wenn es bei diesem Briefkasten sauber war, stahlen 13 Prozent der Passanten den Briefumschlag mit dem Geld. Wenn Abfall herumlag, waren es doppelt so viele.

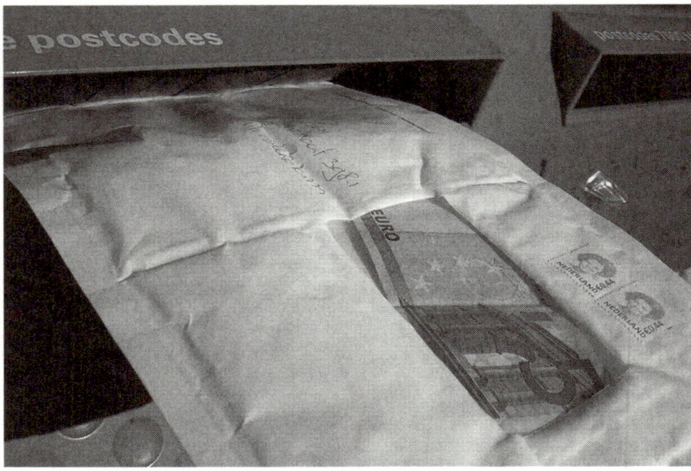

mand verbotenerweise Feuerwerk abbrannte, warfen sie den Flyer 30 Prozent häufiger weg, als wenn keine Regelverletzung wahrnehmbar war.

Als Keizer sich daranmachte, die letzte und wichtigste Frage zu klären, war er unter den Obdachlosen von Groningen bereits gut bekannt. »Sie grüßten mich regelmäßig. Da ich tagelang auf der Straße herumstand, um die Leute zu beobachten, nahmen sie zweifellos an, ich sei einer von ihnen.« Die wichtigste Frage war: Kann eine harmlose Regelverletzung auch auf eine viel bedeutendere Norm überspringen? Geht der Effekt so weit, dass eine zahme Übertretung einer sozialen Norm eine Kettenreaktion auslösen kann, die mit einer kriminellen Handlung endet?

Um das herauszufinden, wollten die drei Forscher die Leute zum Stehlen verleiten. Keizer steckte einen Briefumschlag mit einen gut sichtbaren Fünf-Euro-Schein im Sichtfenster zur Hälfte in einen Briefkasten der holländischen Post, sodass der Geldschein gut zu sehen war. Den Briefkasten versah er im ersten Fall mit Graffiti, im zweiten verstreute er etwas Abfall in seiner Umgebung, im dritten war alles sauber. Wieder waren die Resultate eindeutig: Wenn der Briefkasten sauber war, stahlen 13 Prozent der Passanten das Geld, in den beiden anderen Fällen doppelt so viele.

»Was ich sah, ließ mich an der Menschheit zweifeln«, sagt Keizer heute. Selbst alte Mütterchen wurden unter dem

Eindruck des verdreckten Briefkastens zu Diebinnen. Zu Hause müssen sie dann enttäuscht gewesen sein: Der vermeintliche Geldschein war bloß eine Kopie.

Nachdem die drei ihre Resultate im Herbst 2008 veröffentlicht hatten, erhielten sie Hunderte von Reaktionen. Nicht alle davon positiv. Eine Großstadt ohne Graffiti sei keine Großtadt, hieß es aus der Sprayerszene. Als Lindenberg vorschlug, in Amsterdam Wände zum legalen Sprayen freizugeben, reagierten die Sprayer empört: Erst die Illegalität erzeuge die Spannung, die eine künstlerische Entwicklung erlaube. Beeinflusst von der Studie, hat die Gemeinde Amsterdam mittlerweile ein Gesetz verabschiedet, nach dem jedes neue Graffito sofort entfernt werden muss.

Lindenberg warnt allerdings davor, zu glauben, ein heruntergekommenes Wohnviertel könne wieder aufblühen, nur indem man Scheiben flickt und Wände streicht. »Wenn schon alles verludert ist, hilft nur aufzuräumen nicht mehr«, sagt der Soziologe. Die Normverletzungen seien dann längst auf Bereiche übergesprungen, die öffentlich nicht mehr sichtbar seien und bei denen es wenig helfe, nur die physische Ordnung wiederherzustellen.

◆ Keizer, K., S. Lindenberg et al. (2008). Science. *The Spreading of Disorder* 322, 1681-1685.

2006 **Hunde (I): Versager auf vier Pfoten**

Es geschah auf einem Spaziergang, den Silke S., wie sie später in der Zeitung genannt wurde, oft mit ihrem Berner Sennenhund Balu unternahm: Mitten im Wald bedrohten plötzlich zwei Männer die junge Frau. Balu, der sonst selbst vor kleinen Hunden die Flucht ergriff, »wuchs über sich hinaus und verteidigte Silke S. gegen die Angreifer«, bis sie sich aus dem Staub machten.

Für seinen Mut verlieh die Zeitschrift *Ein Herz für Tiere* Balu den Titel »Retter auf vier Pfoten«. Er erhielt ein goldenes Herz und einen »Pedigree«-Fresskorb.

Wenn es nach dem Psychologen William A. Roberts von der kanadischen Universität Western Ontario ginge, hätte Balu besser auf die Ehrung verzichtet. Natürlich weiß Roberts, dass sich Hunde erstaunliche Fähigkeiten aneignen können. Sie führen Blinde oder spüren Lawinenopfer auf. Doch auf solche Leistungen muss man sie lange und intensiv vorbereiten. Was Roberts nicht recht glauben will, ist, dass ein untrainierter Hund erkennen kann, wann ein Mensch Hilfe braucht.

Aus Sicht vieler Tierbesitzer ist das ein dicker Hund. Schließlich kann man immer wieder in der Zeitung lesen, welch außergewöhnliche Taten Hunde vollbringen. Schäferhund Freddie zog sein Herrchen aus dem eisigen Wasser. Irish Setter Caleigh holte Hilfe, als sein Besitzer einen Herzinfarkt erlitt. Golden Retriever Toby sprang seinem Frauchen auf den Brustkorb, als diese an einem Apfelstückchen zu ersticken drohte.

»Ich zweifle nicht daran, dass Hunde Dinge tun, die Menschen in Notfällen helfen, sondern daran, dass sie dies mit Absicht tun«, sagt Roberts. Die Tatsache, dass es so viele Geschichten über Hunde als Retter gebe, sei vielleicht bloß darauf zurückzuführen, dass Hunde die häufigsten Haustiere sind. »Deshalb sind sie oft zugegen, wenn jemand in Not gerät, und tun manchmal aus purem Zufall das Richtige.« Und damit werden sie dann bekannt. Ein Hund hingegen, der sein Herrchen verletzt liegen lässt, um einer Hundedame ins Gebüsch zu folgen, macht keine Schlagzeilen. Damit er in die Zeitung kommt, wenn er das Falsche tut, muss er schon durch eine gewisse Originalität auffallen, wie jener Jagdhund, der in Texas seinen Meister erschoss, als er den Abzugbügel des Gewehrs berührte.

Roberts besitzt selbst keinen Hund und kannte sich mit den Tieren auch nicht besonders gut aus; deshalb dauerte es eine Weile, bis er seinen Zweifeln auf den Grund gehen konnte. 2005 saß Krista Macpherson in einem seiner Kurse an der Uni. Als Roberts erfuhr, dass sie Hundezüchterin und Hundetrainerin war, schlug er ihr vor, die Hilfsbereitschaft von Hunden in einem Experiment wissenschaftlich zu untersuchen.

Als Erstes mussten sich die beiden Forscher für einen Notfall entscheiden, der sich für den Versuch einfach inszenieren ließ. Die nächstliegenden Ideen waren »Herrchen ist am Ertrinken« oder »Frauchen wird angegriffen«. Roberts und Macpherson verwarfen beide. »Wir befürchteten, dass tatsächlich jemand hätte ertrinken oder gebissen werden können«, erinnert sich Roberts. Sie entschieden sich für zwei andere Situationen: einen simulierten Herzinfarkt und einen von einem umgestürzten Regal eingeklemmten

Menschen. Beide waren inspiriert von den berühmten Studien aus den 1960er-Jahren über die Hilfsbereitschaft von Menschen.

Anders als bei den meisten wissenschaftlichen Studien mit Versuchstieren war die Rekrutierung der Hunde kinderleicht. Die Hundebesitzer verlangten geradezu, dass ihr Hund getestet würde – immer in der unausgesprochenen Annahme, er erweise sich als selbstloser Retter.

Für den Versuch mit dem Herzinfarkt trainierte Macpherson zwölf Hundebesitzer darin, eine solche Attacke vorzutäuschen. Dann schickte sie einen nach dem anderen mit ihrem Hund auf den verlassenen Schulhof, der ihr für die Experimente zur Verfügung stand. In der Mitte des Hofes brachen sie zusammen. In elf Metern Entfernung saß eine Person auf einem Stuhl und las Zeitung (manchmal waren es auch zwei Personen).

Mit einer einzigen Ausnahme berührte kein Hund die Zeitung lesenden Personen, um sie auf den Notfall aufmerksam zu machen. Sie bellten auch nicht. Vielmehr vertrieben sie sich die sechs Minuten, bis der Test zu Ende war, damit, in der Nähe des Opfers herumzuschnüffeln und hie und da ein wenig auf dem Boden zu scharren. Einige waren auch nervös, legten die Ohren an und senkten den Schwanz. Macpherson glaubt, dass den Hunden die Situation nicht gleichgültig war, »aber ihr Instinkt war

Geht ein Hund Hilfe holen, wenn sein Besitzer einen Herzinfarkt simuliert? Nein! Nur ein einziger ging zur Person auf dem Stuhl – sprang auf ihren Schoß und wollte gestreichelt werden.

Ein Hundebesitzer wird von einem umstürzenden Regal eingeklemmt und fleht das Tier an, Hilfe zu holen. Kein Hund versteht.

nicht, im nächsten Dorf den Sheriff zu holen. Ich glaube, sie sehen den Menschen als Mitglied des Rudels, und blieben bei ihm.« Oder auch nicht. Ein Spaniel ließ sich durch ein Eichhörnchen von den Leiden seines Besitzers ablenken. Der Hund rannte ihm nach und erlegte es mit einem Nackenbiss. Und ein kleiner Pudel sprang nach dem Herzinfarkt seines Besitzers sofort auf den Schoß des Zeitungslesers; er wollte gestreichelt werden.

Beim zweiten Test begrub ein Bücherregal die Hundebesitzer unter sich, sodass sie sich nicht mehr regen konnten, aber bei Bewusstsein waren. Sie simulierten Schmerzen und befahlen dem Hund, bei der Person, die er zuvor im Nebenraum gesehen hatte, Hilfe zu holen.

Doch auch bei diesem Versuch versagten die Hunde: Kein einziger ging Hilfe holen! Eine Hundebesitzerin war darüber so wütend, dass sie ihren Hund anschrie: »Du bist die 700 Dollar nicht wert, die ich für dich bezahlt habe!«

Als die Resultate publik wurden, waren Roberts und Macpherson tagelang mit Radio- und Fernsehinterviews beschäftigt. Viele Hundebesitzer wollten ihre Schlussfolgerung aber nicht glauben, dass Hunden die Fähigkeit fehle, zu erkennen, wann ein Mensch in Not sei. Sie riefen während der Sendung an und steuerten ihre eigenen Anekdoten von den Rettern auf vier Pfoten bei.

Kritiker warfen Roberts und Macpherson vor, ihre Szenarien seien nicht dramatisch genug gewesen. Nur bei der Bedrohung durch Feuer oder durch einen Gewalttäter oder bei der Gefahr des Ertrinkens produziere ein Opfer die Pheromone, die einen Hund instinktiv spüren ließen, dass es sich wirklich um einen Notfall handle.

Roberts weiß, dass mit dieser Studie nicht das letzte Wort zum Thema Hunde als Retter gesprochen ist, aber dass sich von den 44 Hunden aus 15 Rassen kein einziger als Lassie hervorgetan hat, verlangt nach einer Erklärung.

Hunde sind die ältesten Haustiere, seit 10 000 oder 15 000 Jahren sind sie Begleiter des Menschen. Roberts vermutet, dass in dieser Zeit die Fähigkeit, sich selbstständig in der Welt zu bewegen, herausgezüchtet worden ist. »Auf sich selbst gestellt, sind Hunde nicht besonders gut.«

Während der Domestizierung ist den Hunden offenbar auch ihr räumliches Gedächtnis abhanden gekommen. In Labyrinthversuchen, die Roberts und Macpherson kürzlich unternommen haben, schnitten sie jedenfalls deutlich schlechter ab als Ratten und Tauben.

◆ Macpherson, K., and W. A. Roberts (2006). Do dogs *(Canis familiaris)* seek help in an emergency? *Journal of comparative psychology* 120(2), 113–119.

(Für alle Hundeliebhaber: Besser kommen die Hunde im Experiment auf Seite 280 ff. weg und im *Buch der verrückten Experimente* auf Seite 275.)

2006 **Riechen in Stereo**

Hunde sind erstklassige Spurensucher. Können Menschen das auch?

Warum haben Menschen und Tiere zwei Nasenlöcher? Bei anderen Sinnesorganen ist die Frage, warum sie in Paaren kommen, einfach zu beantworten: Wir haben zwei Augen, damit wir räumlich sehen, zwei Ohren, damit wir Geräusche orten können – aber zwei Nasenlöcher? Die Frage blieb vor allem deshalb lange Zeit unbeantwortet, weil die einzige brauchbare Hypothese schwer zu glauben und noch schwerer zu überprüfen war.

Diese Hypothese besagte, dass die beiden Nasenlöcher einem Tier das Richtungsriechen erlaubten. Das Gehirn könne aus den unterschiedlichen Konzentrationen und Ankunftszeiten der Geruchsmoleküle in den Nasenlöchern auf den Standort der Quelle schließen.

Wenn der Mensch auf die Knie geht, kann er wie hier einer Schokoladenspur folgen. Aus den Konzentrationsunterschieden in beiden Nasenlöchern extrahiert er Richtungsinformationen.

Schwer zu glauben war dies, weil die Nasenlöcher so nahe beieinanderliegen, dass diese Unterschiede nicht sehr groß sein konnten. Und noch schwerer zu überprüfen war es, weil selbst geduldige Hunde, geschweige denn andere Tiere höchst empfindlich auf Manipulationen an ihren Nasen, wie zum Beispiel das Verschließen eines Nasenlochs für ein Experiment, reagieren. Das einzige Tier, dass solche Prozeduren klaglos über sich ergehen lässt, ist der Mensch.

Experimente des Nobelpreisträgers Georg von Békésy in den 1960er-Jahren ergaben, dass der Mensch tatsächlich in der Lage sei, die Richtung, aus der ein Geruch kommt, auf 7 bis 10 Grad genau zu bestimmen. Doch anderen Forschern gelang es nicht, diese Resultate zu bestätigen. Überdies war auch nicht klar, ob diese Fähigkeit praktische Folgen hatte: Ermöglichten zwei Nasenlöcher, einer Geruchsspur schneller zu folgen als ein Nasenloch? Weil der Mensch kein Meister im Spurenerschnüffeln ist, stellte sich aber zuerst eine ganz andere Frage: Kann er *überhaupt* einer Geruchsspur folgen?

Genau das wollte Jess Porter, Studentin in Biophysikstudentin an der University of California, herausfinden. Sie legte auf dem Rasenstück vor der Barker Hall am Rand des Campus einen Bindfaden aus, den sie zuvor in eine stark verdünnte Schokoladenlösung getunkt hatte. Darauf verband sie 32 Versuchspersonen die Augen, zog ihnen Gehörschützer, Knieschoner und dicke Handschuhe an und ließ sie drei Meter von der Schokoladenspur entfernt auf den Knien mit Schnüffeln beginnen.

Zwei Drittel der Probanden konnten die Fährte aufnehmen und schafften es, dem Schokoladenduft bis ans Ende zu folgen. Doch welche Rolle spielten die Nasenlöcher dabei? Porter klebte 14 Versuchspersonen ein Nasenloch zu. Jetzt erreichte nur noch ein Drittel von ihnen das Ziel, und die waren dabei auch noch langsamer. War für dieses schlechtere Resultat tatsächlich die fehlende Richtungsinformation verantwortlich? Porter war sich nicht sicher, schließlich werden durch ein offenes Nasenloch nur halb so viele Geruchsmoleküle eingeatmet wie durch zwei, die noch dazu nur zu halb so vielen Sinneszellen gelangen, was die schlechtere Leistung ebenfalls hätte erklären können. Um diese Möglichkeit auszuräumen, baute Porter einen kleinen Nasenaufsatz, mit dem die Luft durch ein Loch angesaugt dann aber auf beide Nasenlöcher verteilt wurde. Wieder waren die Versuchspersonen weniger erfolgreich und langsamer. Damit war zweifelsfrei belegt, dass sie die Fähigkeit, in Stereo zu riechen, beim vorangegangenen Versuch nutzten.

Die Geschwindigkeit, die der Mensch beim Spurensuchen an den Tag legt, ist zwar nicht berauschend – 10 Meter in 38 Sekunden –, aber Porter zeigte, dass sie mit wenig Training stark erhöht werden kann. Vier Versuchsteilnehmer, die dreimal pro Tag an drei Tagen zum Spurensuchen antraten, waren am Ende doppelt so schnell. Messungen zeigten, dass sie ihre Leistung erhöhten, indem sie ihre Schnüffelfrequenz verdoppelten: Von einmal in drei Sekunden auf einmal in eineinhalb Sekunden – ein Hund schnüffelt zehnmal so schnell. Vorausgesetzt, der Mensch schnüffelt schnell genug, kann er also zu einem ganz akzeptablen Spurensucher werden – aber nur, wenn er die Demut hat, auf die Knie zu gehen.

verrueckte-experimente.de

◆ Porter, J., B. Craven et al. (2007). Mechanisms of scent-tracking in humans. *Nature Neuroscience* 10, 27-29.

2007 Hunde (II): Asymmetrisch wedeln

Giorgio Vallortigara hat aus seinem Experiment zwei ganz persönliche Lehren gezogen. Erstens: Was Journalisten angeht, hatte er bisher mit der falschen Tierart gearbeitet. Und zweitens: Sich stundenlang Videoaufnahmen von Hundeschwänzen anzuschauen ist langweilig.

Vallortigara ist Neurowissenschafter an der Universität Triest in Italien. Den größten Teil seiner wissenschaftlichen Karriere verbrachte er damit, Hirnasymmetrien bei Tieren zu untersuchen, wie zum Beispiel die Spezialisierung der beiden Hirnhälften. Auf diese Asymmetrie ist es etwa zurückzuführen, dass Menschen und andere Primaten bevorzugt die rechte Hand gebrauchen.

Weil die rechte Gehirnhälfte die linke Körperseite steuert und die linke Gehirnhälfte die rechte Körperseite, hatten Forscher bisher immer bei paarweise vorhandenen Körperfunktionen nach dem Effekt der Asymmetrie gesucht: bei Händen eben, aber auch bei Augen, Ohren, Beinen. Vallortigara fragte sich nun, wie sich die Asymmetrie bei Körperteilen auswirken würde, die es nicht als Paar gab. Und als erstes solches Organ fiel ihm – vielleicht weil er selbst einen Chihuahua besitzt – der Hundeschwanz ein.

Der Hundeschwanz eignete sich ganz besonders für das Experiment, weil der Hund mit ihm sein emotionales Befinden anzeigt, und man wusste, dass auch die beiden Gehirnhälften für unterschiedliche Emotionen zuständig sind: Die linke Gehirnhälfte ist generell für Annäherung und Vertrauen zuständig, bei Menschen zum Beispiel für Liebe, ein Gefühl von Sicherheit und Ruhe. Die rechte Gehirnhälfte hingegen ist spezialisiert auf Flucht, Misstrauen, Angst, Depression. Das zeigt sich zum Beispiel darin, dass beim Menschen die Muskeln auf der rechten Gesichtshälfte Freude und Zufriedenheit reflektieren, jene auf der linken Trauer und Unzufriedenheit.

Da beim Hund die linke Gehirnhälfte die Muskeln steuert, die den Schwanz gegen rechts bewegen und umgekehrt, vermutete Vallortigara, dass Hunde je nach ihrem Gemütszustand asymmetrisch wedeln müssten.

Um das zu überprüfen, arbeitete er mit zwei Tierärzten von der Universität Bari zusammen, die 30 Hunde für Versuche rekrutierten. Sie bauten eine zwei mal zwei mal vier Meter große, dunkle Kiste, in denen die Hunde einer nach dem anderen durch das einzige Fenster abwechselnd eine Katze, einen dominanten Hund, eine unbekannte Person oder ihren Besitzer zu sehen bekamen. Wenn die Hunde ans Fenster der Kiste traten, zeichnete eine Videokamera von oben auf, wie ihr Schwanz wedelte.

In tagelanger, mühseliger Kleinarbeit bestimmte Vallortigaras Mitarbeiter Marcello Siniscalchi auf 18 000 Einzelbildern wedelnder Hundeschwänze deren exakte Position. Die Statistik brachte dann an den Tag, dass Vallortigara mit seiner Vermutung recht gehabt hatte: Wenn die Hunde ihre Besitzer sahen, wedelten sie mit einem Rechtsdrall: durchschnittlich 80 Grad gegen rechts, aber nur 65 Grad gegen links. Ebenfalls eine Tendenz gegen rechts hatten sie bei der unbekannten Person und bei der Katze, der Schwanz bewegte sich allerdings deutlich weniger stark als beim An-

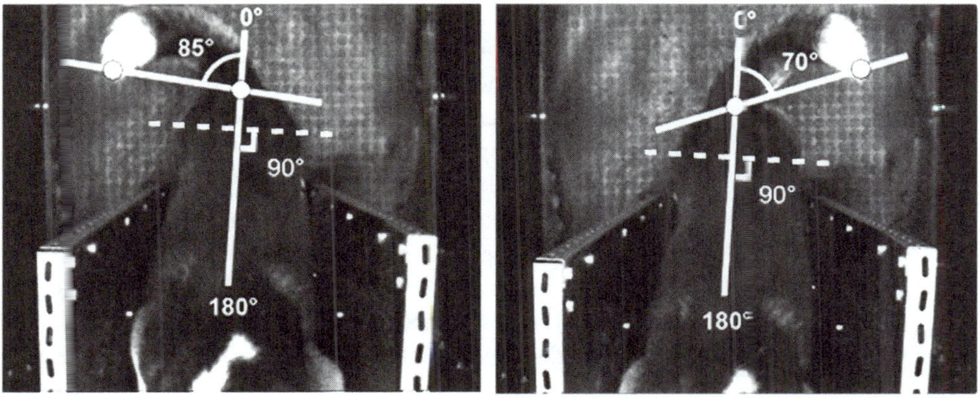

Der italienische Neurologe Giorgio Vallortigara hat mit seinen Mitarbeitern auf 18 000 Bildern den Maximalausschlag von wedelnden Hundeschwänzen bestimmt.

blick des Herrchens. Hatten sie dagegen den dominanten Hund vor sich, schlug der Schwanz stärker in die linke Richtung aus.

Alle Reize, von denen sich die Hunde angezogen fühlten – einschließlich einer Katze –, führten zu rechtsseitigem Wedeln. Wenn der Hund sich auf Flucht einstellte, wedelte er nach links.

Vallortigara ist der Erste, der zugibt, dass dieses Resultat im Grunde nicht überrascht, umso erstaunter war er von der Reaktion der Medien. Von Moskau bis Tokio vermeldeten die Zeitungen seine Erkenntnis zum Wedeln der Hunde, und als auch noch die *New York Times* darüber berichtete, war es endgültig vorbei mit der Ruhe. »Wie Andy Warhol es vorausgesagt hatte, bekam ich meine 15 Minuten Ruhm«, sagt der Forscher. Mehr noch als über die Spezialisierung der Hirnhälften sagte das Medienecho etwas über die spezielle Beziehung zwischen Mensch und Hund aus: »Meine früheren Versuche mit Fischen und Vögeln haben nicht annähernd so viel Aufsehen erregt.«

Bleibt die Frage, warum das Gehirn überhaupt asymmetrisch gebaut ist. Lange glaubte man, dass es die Spezialisierung der Hirnhälften nur beim Menschen gibt. Eine Erklärung war schnell gefunden: die Sprache. Die beiden Gehirnhälften kommunizieren nämlich nur durch ein relativ schmales Nervenbündel, den sogenannten Balken. Sprache erfordert aber eine derart schnelle Datenverarbeitung im Gehirn, dass dieser Balken zum Flaschenhals würde, wenn die Sprachfähigkeiten auf beide Hirnhälften verteilt wären. Also entwickelte sich das Sprachzentrum nur in einer Hirnhälfte (bei den meisten Menschen in der linken). Andere Funktionen rutschten in die rechte.

Die Sprache kann allerdings nicht die ganze Erklärung sein, denn es zeigte sich, dass auch das Gehirn von Bienen, Hühnern, Hunden und anderen Tieren asymmetrisch ist. Wissenschafter vermuten heute, die Spezialisierung der Hirnhälften habe sich entwickelt, weil sie einen Überlebensvorteil bietet. Sie erlaubt es, zwei Dinge gleichzeitig zu tun: zum Beispiel zu fressen und nach Feinden Ausschau zu halten. Zudem könnten auch die asymmetrische Anordnung der inneren Organe und ihre Verbindung zum Gehirn zur Asymmetrie der Hirnhälften beitragen.

◆ Quaranta, A., M. Siniscalchi et al. (2007). Asymmetric tail-wagging responses by dogs to different emotive stimuli. *Current Biology* 17(6), R199-201.

2008 **Hunde (III): Das große Gähnen**

Von allen Alltagsphänomenen dürfte das Gähnen den Wissenschaftlern am meisten Rätsel aufgeben. Obwohl sie so bemerkenswerte Studien publiziert haben wie »Gähnen und Verhaltensstadien bei Frühgeborenen« oder »Altersabhängige Veränderungen der serotonischen Modulation beim Gähnen von Ratten«, wissen wir noch immer nicht, welchen Zweck es hat, den Mund reflexartig mit einem tiefen Atemzug weit zu öffnen und ihn dann – manchmal mit einem langen, undefinierbaren Urlaut – wieder zu schließen. Alle paar Jahre tauchen neue Theorien auf, doch bisher wurde keine bewiesen und kaum eine widerlegt. Als gesichert gilt nur, dass Gähnen nicht, wie lange behauptet, durch Sauerstoffmangel ausgelöst wird. Leute mit weniger Sauerstoff im Blut gähnen nämlich nicht häufiger. Die neueste Idee lautet übrigens: Gähnen kühlt das Gehirn.

Zu den wenigen Gewissheiten über das Gähnen gehört, dass es ansteckend ist. Wenn in einer Runde einer zu gähnen beginnt, gähnen bald alle. Das brachte einige Wissenschafter auf die Idee, dem Gähnen eine soziale Funktion zuzuschreiben. Regelte das Gähnen früher den Schlaf-Wach-Rhythmus von Jägern und Sammlern? Oder führte es zu höherer Aufmerksamkeit der ganzen Gruppe? Ist das Gähnen für die Menschen, was das Heulen für die Wölfe ist: eine Art Vorbereitung auf die Jagd? Wenn das alles nach wilden Spekulationen klingt, dann aus dem einfachen Grund, weil sie es sind.

Eine dieser Spekulationen fand der Psychologe Atsushi Senju von der University of London besonders interessant: Gähnen könne seine ansteckende Wirkung nur entfalten, weil Menschen die Fähigkeit besitzen, sich in andere zu versetzen. Oder andersherum: Wer nicht mit der intuitiven Gewissheit lebt, andere Menschen seien Wesen mit Erwartungen und Meinungen, Gefühlen und Absichten wie man selbst, sollte gegen das ansteckende Gähnen immun sein. Zu den wenigen Gruppen, denen diese Gewissheit fehlt, gehören die Autisten. Es wird vermutet, dass ihre großen Schwierigkeiten im Umgang mit anderen Menschen genau von dieser Gefühlsblindheit herrühren.

Senju spielte also 49 Kindern, darunter 24 Autisten, Videobänder mit sechs gähnenden Gesichtern vor und beobachtete sie dabei. Und tatsächlich gähnten die Autisten dreimal weniger häufig als die anderen Kinder.

Nachdem Senju die Resultate 2007 veröffentlicht hatte, erhielt er ungewöhnliche Post: Zahlreiche Hundebesitzer meldeten sich bei ihm und behaupteten, ihre Tiere ließen sich vom Gähnen eines Menschen anstecken. Das überraschte Senju, denn eigentlich erfüllten Hunde die Voraussetzung nicht, sich in jemand anderen versetzen zu können. Laut der gängigen Theorie waren dazu komplexes Denken und die Fähigkeit, sich selbst zu erkennen, erforderlich. Beides konnten Hunde nicht vorweisen. Senju beschloss, der Sache nachzugehen, und rekrutierte 29 Hunde.

Hunde lassen sich vom Gähnen der Menschen anstecken und beginnen auch zu gähnen. (Im Spiegel ist ein Wissenschaftler zu sehen, auf dessen Gähnen der Hund mit Gähnen reagiert.)

Der erste Versuch, den Hunden die Videoaufnahmen vorzuführen, misslang kläglich. Die Hunde taten das einzig Vernünftige, als man ihnen den Film mit den gähnenden Gesichtern zeigte: Sie schauten weg. Dass die Kinder in der ersten Studie nicht das Gleiche getan hatten, lag einzig daran, dass Senju sie beauftragt hatte, die Anzahl Männer- und Frauengesichter in der Filmsequenz zu zählen. Weil das bei den Hunden nicht ging, kam Senjus Mitarbeiter Ramiro M. Joly-Mascheroni zum Einsatz. Er hatte die reichlich bizarre Aufgabe, sich vor den jeweiligen Hund zu setzen, zu warten bis er ihn anschaute und dann während der nächsten fünf Minuten 10- bis 20-mal zu gähnen. Und prompt begannen 21 der 29 Hunde auch zu gähnen – durchschnittlich nach 1 Minute und 39 Sekunden.

Um sicherzugehen, dass die Hunde nicht einfach das Öffnen des Mundes imitierten, setzte sich Joly-Mascheroni ein zweites Mal vor sie hin und öffnete und schloss mehrmals seinen Mund, ohne jedoch zu gähnen. Die Hunde zeigten keine Reaktion.

Dieses Resultat ist gleich doppelt erstaunlich – einerseits weil die ansteckende Wirkung des Gähnens vom Menschen zum Hund über eine Artengrenze hinweg erfolgt, andererseits weil der Anteil der gähnenden Hunde sehr hoch ist: 21 von 29 Hunden, das sind 72 Prozent – mehr als bei Menschen untereinander (45 bis 50 Prozent) oder Schimpansen (33 Prozent)! Sollten diese Zahlen tatsächlich etwas über das Mitgefühl der Hunde für den Menschen aussagen, dann könnten sie bedeuten, dass die Hunde die Menschen besser verstehen als die Menschen einander. Aber das haben Hundebesitzer ja schon immer gewusst.

verrueckte-experimente.de

◆ Joly-Mascheroni, R. M., A. Senju et al. (2008). Dogs catch human yawns. *Biology Letters* 4(5), 446-448.

Dank

Ein Buch schreiben ist ein bisschen wie sich um einen Säugling kümmern: Es bereitet zwar Freude, aber man macht sich vorher keine Vorstellung, wie viel Arbeit damit verbunden ist (selbst wenn man schon mehrere Bücher geschrieben hat). Schreibstau, durchgearbeitete Nächte, Kleinigkeiten, die sich zu monströsen Problemen entwickeln. Unter dieser Pein ächzend, ist man auf die Unterstützung einer ganzen Armee von Leuten angewiesen.

Da wären mal die Protagonisten dieses Buches selbst, deren Zeit ich stehlen durfte, um sie mit lästigen Fragen nach Details zu nerven. Viele haben auch uraltes unveröffentlichtes Material oder verschollen geglaubte Bilder hervorgezaubert.

Mein Dank gilt auch meinen Kollegen von *NZZ Folio*, in dem der größte Teil dieser Texte erschienen waren. Sie sorgen jeden Tag dafür, dass diese Redaktion ein wunderbar angenehmer und überaus inspirierender Ort bleibt.

Mit meinem Agenten Peter Fritz führte ich viele anregende Diskussionen (nicht nur über Experimente).

Thomas Häusler hat das Manuskript gelesen und mit seinem kritischen Auge manche inhaltliche und stilistische Dummheit verhindert. Kathrin Hofmann von Partner & Partner hat sich für *NZZ Folio* um die Bildrecherche gekümmert. Armin Ulrich von der Zollikofer AG hat aus uralten Bildvorlagen das Maximum herausgescannt.

Bei Bertelsmann hat die unermüdliche Dietlinde Orendi die Rechte von 150 Bildern eingeholt. Johannes Jacob hat mir großzügigerweise Aufschub gewährt, Max Widmaier hat sich um das Layout gekümmert, und mein Lektor Dieter Löbbert wurde dort fündig, wo ich nach langer Suche nach dem treffenden Ausdruck aufgegeben und den falschen hingeschrieben hatte.

Meine Frau Regula von Felten musste nicht nur als Testleserin, sondern auch spontane Vorträge über das Vierkartenproblem oder Kreuzigungsversuche ertragen. Und noch etwas für dich, Tim: Ich hoffe, die anschaulichen Tierversuche im Buch gefallen dir. Die Suche nach einem lustigen Experiment mit einem Kamel dauert noch an.

Sachregister

Z

Personenregister

Y

Z

Bildnachweis

S. 13: Otto von Guericke Gesellschaft, Magdeburg
S. 14 o.: Bundesministerium der Finanzen, Berlin/Entwurf Gerhard Stauf
S. 14 Mi.: Bundesministerium der Finanzen, Berlin/Entwurf Prof. Christof Gassner
S. 14 u.: Bundesministerium der Finanzen, Berlin
S. 16 o.: Bundesministerium der Finanzen, Berlin
S. 16 Mi.: Bundesministerium der Finanzen, Berlin
S. 16 u.: Stadt Magdeburg
S. 17 o.: Picture Alliance, Frankfurt (Gambarini/Maurizio)
S. 17 u.: Abtshof Magdeburg GmbH / http://www.abtshof.de
S. 19: Corbis Images, Düsseldorf (Bettman/Corbis)
S. 21: James Lind Library, Oxford/UK
S. 23 o.: Corbis Images, Düsseldorf
S. 23 u.: IMPS, Belgien
S. 24 o.: Eric Ferrante (»Bolt of Lightning« by Isamu Noguchi)
S. 24 u.: Off The Mark Cartoons, Melrose/MA
S. 25 o.: Smithsonian National Postal Museum, Washington
S. 25 u.: Nationales Postamt Sierra Leone
S. 26: Museum of London
S. 27: American Institute of Physic, Melville/NY, USA (Aus: Physics Today/January 2006, S. 41, Fig 5)
S. 31: Wellcome Library, London
S. 32: Universität Bern, Institut für Medizingeschichte, Nachlass Theodor Kocher
S. 33: Aus: Zur Lehre von Schusswunden, Theodor Kocher, Fischer & Co, 1895
S. 34: Wikipedia
S. 35: Aus: Handbuch of Sensory Physiology 1978, Springer Verlag, mit Genehmigung der Universität Tübingen
S. 36: Wikipedia

S. 37 o.: Wikipedia
S. 37 u.: The University of Chicago
S. 39: Wikipedia
S. 40: Hale Observatory
S. 43: Wikipedia
S. 45: Library of Congress, Prints and Photographs Division, Washington
S. 46: ETH Bibliothek/Sammlung Alte Drucke, Zürich (Aus: Brown, H. P. (1888). Death-Current Experiments at the Edison Laboratory. Electrical World 12, 393-394)
S. 47: Wikipedia
S. 49: Interfoto, München/Mary Evans
S. 50: Bayerische Staatsbibliothek, München (Med.for. 1pd-20, S. 627, 629, 630)
S. 51: Bayerische Staatsbibliothek, München (Med.for. 1pd-20, S. 627, 629, 630)
S. 52: Bayerische Staatsbibliothek, München (Med.for. 1pd-20, S. 627, 629, 630)
S. 54: Artemis Images, Centennial/Co/USA
S. 55: Zeitungsausschnitt
S. 56: American Medical Association, Chicago/Ill (Aus: Davis, C. M. (1928). Self-selection of diet by newly weaned infants: an experimental study. American journal of diseases of children 28, 651-679)
S. 57: American Medical Association, Chicago/Ill (Aus: Davis, C. M. (1928). Self-selection of diet by newly weaned infants: an experimental study. American journal of diseases of children 28, 651-679)
S. 58: The University of Queensland, Australia (Prof. J. S. Mainstone)
S. 59: The University of Queensland, Australia (Karen Kindt)
S. 60: The University of Queensland, Australia (Prof. J. S. Mainstone)
S. 63: Interfoto, München
S. 64 o.: Aus »Daily Mail«
S. 64 u.: Aus: »The Morning Herald«
S. 67: Mitzi Wertheim (Aus: McGraw, M. (1935). Growth: A Study of Johnny and Jimmy. New York, D. Appleton-Century Company)
S. 68: Mitzi Wertheim (Aus: McGraw, M. (1935). Growth:

A Study of Johnny and Jimmy. New York, D. Appleton-Century Company)
S. 69 Mitzi Wertheim (Aus: McGraw, M. (1935). Growth: A Study of Johnny and Jimmy. New York, D. Appleton-Century Company)
S. 70 o.: Aus: Stevens Point/Daily Journal, March 15, 1934
S. 70 u.: Aus: »Daily Journal Gazette, 14.12.1946«
S. 72: Aus: »The Sheboygan Press«
S. 74: Aus: Les Cing Plaies du Christ von Pierre Barbet 1937, Seiten 60/63
S. 75: Aus: Les Cing Plaies du Christ von Pierre Barbet 1937, Seiten 60/63
S. 78 r., 78 li.: Corbis Images, Düsseldorf (Laura Dwight)
S. 80: Piaget Archiv, Genève
S. 87: Piaget Archiv, Genève (Aus: The essential Piaget, Jason Aronson, Northvale, New Jersey)
S. 89: Zeitungsausschnitt
S. 93: William Vandivert
S. 96: Edwards Air Force Base/History Office/AFB/CA/USA
S. 97: Getty Images, München
S. 98: Edwards Air Force Base/History Office/AFB/CA/USA
S. 99: David Hill Collection
S. 101: Muzafer Sherif (Aus: The Robbers Cave Experiment. Intergroup Conflict and Cooperation, Wesleyan University Press, 1988)
S. 103 o., 103 u.: (Aus: The Robbers Cave Experiment. Intergroup Conflict and Cooperation, Wesleyan University Press, 1988)
S. 104: (Aus: The Robbers Cave Experiment. Intergroup Conflict and Cooperation, Wesleyan University Press, 1988
S. 105 o., 105 u.: (Aus: The Robbers Cave Experiment. Intergroup Conflict and Cooperation, Wesleyan University Press 1988)
S. 107: Scott Adams, Inc.Dist.by UFS Inc.
S. 111: Ann Linton (Aus: Introduction to Psychology 10th edition by Atkinson/HBJ, 1989)
S. 115: Sol Mednick, Philadelphia (Aus: The Tell Tale Eye, Eckhard H. Hess, Van Nostrand 1975

S. 116 r., 116 li.: Aus: The Tell Tale Eye, Eckhard H. Hess, Van Nostrand 1975
S. 118: Aus: Science and Mechanics, October 1961, S. 110
S. 119: Aus: Science and Mechanics, October 1961, S. 110
S. 120: Getty Images, München (Fritz Gore/Time Life)
S. 122: Aus: Lowe, K. C. (2006). Blood substitutes: from chemistry to clinic. J. Mater. Chem 16, 4189-4196
S. 124: Cinetext, Frankfurt
S. 125: Corbis Images, Düsseldorf (Museum of Flight)
S. 128: AFP Agence France Press GmbH, Berlin
S. 129: AFP Agence France Press GmbH, Berlin
S. 131: Aus: »The New York Times«
S. 136: Warner Bros/The Kobal Collection
S. 139 r., 139 li.: Getty Images, München (Don Gravens/ Time Life Pictures)
S. 141: The Schutz Archive at Waseda University 1999-2007
S. 145: Harvard Edu:/Prof. E.O.Wilson
S. 146 o., 146 u.: Harvard Edu:/Prof. E.O.Wilson
S. 150: The University of Maryland/Prof. Harold Sigall
S. 153: Columbia University/Psychology Department
S. 155: Columbia University/Psychology Department
S. 157: Karl Blessing Verlag, München
S. 160: Corbis Images, Düsseldorf (Nancy Brown)
S. 163: Museum of Comparative Zoology, Cambridge/ USA (Aus: Essapian F S 1955 Speed-induced skin folds in the bottle-nosed porpoise Tursiops. truncatus. Breviora Mus. Comp. Zool. 43, S. 1–4)
S. 165: Corbis Images, Düsseldorf (Stephen Fink)
S. 167: Aus: Weiskrantz, L., J. Elliott, et al. (1971). Preliminary observations on tickling oneself. Nature 230(5296), 598-9
S. 169: Robert Scoble
S. 171: Getty Images, München (Jeff Randall)
S. 175: Norman Heglund
S. 177: Norman Heglund
S. 181: Corbis Images, Düsseldorf (Lynn Goldsmith)
S. 183: Ph.d. Frederick T. Zugibe, New York
S. 185: The University of Chicago/Martha McClintock

S. 191: Getty Images, München
S. 192: Corbis Images, Düsseldorf (Reuters)
S. 194: Corbis Images, Düsseldorf (Hulton-Deutsch Collection)
S. 196: AP Images, Frankfurt
S. 197: Aus: Artikel von Susan Sugarman, unterstützt vom Max Planck-Institut, ©American Psychological Society
S. 198: Aus: Artikel von Susan Sugarman, unterstützt vom Max Planck-Institut, ©American Psychological Society
S. 199: AP Images, Frankfurt
S. 201: Corbis Images, Düsseldorf (Roger Ressmeyer)
S. 202: Corbis Images, Düsseldorf (Roger Ressmeyer),
S. 205 r., 205 li.: Melissa Hines/Elsevier/Copyright Clearence Center/Boston/MA (Aus: »Alexander & Hines (2002) Evolution and Human Behavior 23: 467-479.«)
S. 207 o. 207 Mi., 207 u.: The University of Hawaii/Craig R. Smith
S. 209: The University of Hawaii/Craig R. Smith
S. 210: Nature, London (Stephen Dalton)
S. 212 o.: Jim Glasheen
S. 212 u.: Nature Publishing Group, London (Aus: : Glasheen, J. W. and McMahon, T. A. (1996a). A hydrodynamic model of locomotion in the basilisk lizard. Nature 380, 340-342)
S. 217: Getty Images, München (AFP)
S. 220 r., 220 li.: Jon Jefferson/Jefferson Bass.com
S. 222: Hoffmann & Campe Verlag, Hamburg, 2005
S. 225 o., 225 u.: The University of San Diego/Chris Harris
S. 228: Scientific American/Michael McCloskey (Aus: : Michael McCloskey, Intuitive Physics, Scientific American, 248 #4, 1983, Seiten 114-122)
S. 229: Scientific American/Michael McCloskey (Aus: : Michael McCloskey, Intuitive Physics, Scientific American, 248 #4, 1983, Seiten 114-122)
S. 230: Scientific American/Michael McCloskey (Aus: : Michael McCloskey, Intuitive Physics, Scientific American, 248 #4, 1983, Seiten 114-122
S. 233: Lea Delson, Berkeley/CA/USA
S. 236: Lea Delson, Berkeley/CA/USA
S. 237 r. 237 li.: Spine Magazin (Aus: Wilke, H. J., P. Neef,

et al. (1999). New in vivo measurements of pressures in the intervertebral disc in daily life. Spine 24(8), 755-62

S. 238 o., S. 238 u.: Clinical Biomechanics: (Aus: Wilke H., Neef P., Hinz B., Seidel H., Claes L. Intradiscal pressure together with anthropometric data-a data set for the validation of models. 2001 Clinical Biomechanics 16, Suppl 1, pp S111-26, with permission of Elsevier, Oxford)

S. 239: Clinical Biomechanics (Aus: Wilke H., Neef P., Hinz B., Seidel H., Claes L. Intradiscal pressure together with anthropometric data-a data set for the validation of models. 2001 Clinical Biomechanics 16, Suppl 1, pp S111-26, with permission of Elsevier, Oxford)

S. 240: Corbis Images, Düsseldorf (Shun Suke Yamamoto/amanaimages)

S. 242: Corbis Images, Düsseldorf (Hammamond/photocuisine)

S. 246: Getty Images, München (Adrian Dennis/AFP)

S. 251: The New Scientist Magazine, London

S. 253: Dan Ariely

S. 256 li., 256 r.: Dr. Charlie Frowd/School of Psychology/University of Central Lancashire, Preston, UK. (Aus: Sinha, Pawan. (2002). Recognizing Complex Patterns. Nature Neuroscience (suppl). Vol. 5, 1093-1097

S. 258: Dr. Charlie Frowd/School of Psychology/University of Central Lancashire, Preston, UK. (Aus: Sinha, Pawan. (2002). Recognizing Complex Patterns. Nature Neuroscience (suppl). Vol. 5, 1093-1097

S. 259 Mi.: Dr. Charlie Frowd/School of Psychology/University of Central Lancashire, Preston, UK. (Aus: Sinha, Pawan. (2002). Recognizing Complex Patterns. Nature Neuroscience (suppl). Vol. 5, 1093-1097

S. 259 u.r.: Corbis Images, Düsseldorf (Frank Trapper)

S. 259 u.li.: Corbis Images, Düsseldorf (Stephane Cardinal)

S. 261: Getty Images, München (Anderson Ross)

S. 262: The University of Minnesota/Josh McDermott

S. 263: The University of Minnesota/New Service

S. 265: The University of Minnesota/New Service

S. 267 r., 267 li.: Keez Keizer

S. 269: Keez Keizer

S. 270: Keez Keizer

S. 273: Krista MacPherson
S. 274: Krista MacPherson
S. 275: Courtesy Noam Sobel lab, UC Berkeley (Aus: UC Berkeley News/ Two nostrils better than one, researchers show By Robert Sanders, Media Relations 18. December 2006)
S. 276: Courtesy Noam Sobel lab, UC Berkeley (Aus: UC Berkeley News/ Two nostrils better than one, researchers show by Robert Sanders, Media Relations, 18 December 2006)
S. 279 r., 279 li.: Current Biology (Aus: Asymmetric tail-wagging responses by dogs to different emotive stimuli A. Quaranta, M. Siniscalchi and G. Vallortigara) with courtesy of G. Vallortigara
S. 280: Ramiro M. Joly-Mascheroni
S. 281: Ramiro M. Joly-Mascheroni

Die Rechteinhaber der Fotos von Seite 133, 227 konnten trotz intensiver Recherche bis Redaktionsschluss leider nicht ermittelt werden. Der Verlag bittet Personen oder Institutionen, welche die Rechte an diesen Fotos haben, sich zwecks angemessener Vergütung zu melden.